# 住宅植栽

植栽選用規劃全圖解

110個栽植重點與主題設計 ✕

山崎誠子——著

施金英——譯

# 推薦序

　　近年來隨著永續概念的發展逐漸受世人所重視，繼而環保及綠化設計成為共同關心的議題，如今所面對的挑戰在於如何讓此理想更生活化，使大眾都能共襄參與、並將理念付諸實踐，投入根本的綠色設計細節。景觀與植栽設計除承接宏旨，做為解決地球暖化的策略，更創造將自然引入周遭環境的機會。其基礎雖與生活息息相關，若欲鑽研其中的精要，則免除不了更專業的知識與創新的思維。所以除了應地制宜配合當地文化特色與建築物的配置等目標，更需思考以環境平衡的角度來建立健全的生態系。

　　本書精闢的分析、整理景觀設計與植栽計畫，深入淺出以淺顯易懂之圖文傳達知識，提供給讀者關鍵性的規劃指標。內容包含景觀設計相關的知識，由了解植物到景觀設計的手段，引導讀者大眾對植栽創造美好生活的想法，這一本實用的工具書，藉由成功案例分析，讓植栽設計生活化不再是紙上談兵，我深深相信這本書是一本值得專業與非專業人士共同閱讀的好書！

**邱英浩**

臺北市立大學市政管理學院　　教授兼院長

　　植栽為住宅景觀之重要元素，合適之樹種與配置模式，可支持我們日常生活行為，並牽動對環境之心理與體驗。本書以易懂之文字，結合照片與圖示，對於有興趣綠美化住家庭院，卻不知如何下手者，可做為教戰守則之一；對於多數住在公寓大廈之都市人來說，亦可據以評估可選用於陽台、露台之植栽種類，讓自宅在千篇一律之都市叢林中增添個性與特色，提升領域性。人、植栽與空間三者透過日常生活彼此交互影響，若能加以整合思考設計，將能促進都市永續性與創造健康居住環境。

**邱啟新**

美國紐約市立大學環境心理學博士、建築師

國立臺北大學不動產與城鄉環境學系　　副教授

住得好是基本人權，好宅不必是豪宅，綠建築也不是豪宅的代名詞。

我的理想是發展平民化的「綠適居」，幫助所有的朋友，不管來自社會哪一個階層，不管住的是獨棟、雙拼、大廈式集合住宅、小公寓或是透天厝，每一個人都可以用合理的預算，享受安全、健康及舒適的基本住宅環境，包括乾淨、衛生、安全的水，新鮮、無臭味、無污染的空氣，恆適溫、乾濕適中的室內環境。

然而影響室內環境最巨的就是這房子本身的室外環境，本人累積了現勘數百棟住宅的經驗，發現如果室外愈多綠色的植栽，愈可創造出舒適的室內環境，就像本書所說的，住宅植栽後綠化的效果可以掌握微氣候、控制日照強度、調節溫度、調節風速、控制視線、防犯入侵、防火防煙、隔音及防止土壤流失等等。

誠心希望各位看完這本書之後，每個人都能勇於實踐打造自己的幸福家園，用植栽讓住宅居住品質大升級。

**邱繼哲**

台灣綠適居協會　　理事長


「享受綠意、接觸自然，從居家開始！」

近年來，在健康生活概念下，營造綠色居家空間不只是一種生活的態度，更是一種生活的實踐，這當中，植栽設計是一種直接有效且具多元效益的實踐方式，不僅能強化建築與室內設計在空間層次的美感，亦能增進居家與日常生活在實質環境的品質。本書可貴之處在於兼具植栽設計之理論與實務，以住宅尺度下之不同空間類型為寫作架構，圖文並茂地告訴大家如何自己動手做。這是一本易讀易懂的工具書，適合建築、景觀、室設、園藝等相關科系學生，或相關專業工作者，或對植栽設計、居家營造有興趣的一般大眾，參考使用。

**周融駿**

中原大學景觀學系　　專任副教授

都市是人、建築與自然結合的生活環境，面對熱島效應及地球暖化，小市民可以立大功的方式，是舉手之勞從自家居室空間做植栽。只要對居家環境再多一點點的貼心，綠化美化建築空間的角落、陽台、露台，乃至建築立面與屋頂；亦可齊力營造社區的開放空間，使生態植被攀爬社區縱向與橫向的壁面，隨季節展現不同風貌綠意、創意與生意，不僅可強化社區意象與都市景觀，為生活帶來情趣，美化居家環境，更是找回失落空間與節能減碳最直接的方法。本書頗能提供讀者如何掌握植物特性與規劃植栽設計，以及營造充滿綠意景觀居家生活的參考。

**彭光輝**

國立台北科技大學　　　　榮譽教授


本書作者山崎誠子副教授算是一位相當罕見之學術與產業界雙棲，以及擁有園藝家、景觀建築師與日本一級建築師資歷的跨領域的學者。正因為如此，《住宅植栽》一書不僅把住宅庭園植栽的專業理論平民化、生活化，同時也把庭園植栽在實務操作上常會遇到的問題進行一個流暢的結合，讓不懂植栽的讀者，在最短的時間就可以馬上進入狀況。

透過淺顯易懂、有趣的簡圖與精彩的表格整理，將每個主題的重點畫龍點睛地鋪陳，特別適合忙碌的現代人閱讀。這些淺顯易懂的圖面，在內容上不僅考慮到真實環境中植栽間彼此的互動與植栽對微氣候環境的改善，同時還考慮到植栽種植後，在視覺上的設計風格與心理上的紓壓放鬆效果，非常適合非專業與園藝、景觀和建築專業者閱讀。

《住宅植栽》是一本難得一見富有專業知識理論基礎的實用住宅植栽書籍。

**黃宜瑜**

東海大學景觀學系　　　　副教授

# 目錄

# 第三章
# 空間的綠意演出

# 第四章
# 發揮綠化的效果

# 第五章
## 各種主題的植栽

## 第六章
## 特殊樹種的植栽

## 第七章
## 植栽的工程與管理

# 第一章
## 設計住宅植栽

BESS SQUARE あきつ木屋

# ― 001 ―
# 什麼是住宅植栽

## 充實植栽的相關知識

「植栽」一詞，《大辭林辭典》（三省堂）解釋為「培育草木」，是指栽種植物的意思。不過，在建築、土木以及造園的領域中，栽植樹木除了觀賞的目的之外，還必須考量樹木的機能特性及管理方法，把樹木和花草配置在適當的位置。

因此，就進行建築的植栽計畫時，在配合建築物和庭院條件下，要使用什麼特徵的樹木、配置多少數量等的設計，是首先必須具備有的能力。

而且，樹木喜好什麼樣的環境、何時會開花、會長成什麼樣的樹形、一年後又會變化成什麼樣子等，這些植物學上的知識也是必須具備的。此外，樹木應該在何時、以何種方式載運到建築現場等，在設置方面與植栽工程相關的知識也都不可或缺。

## 選擇適合住宅用的植栽

住宅庭院與公園等公共設施不同，庭院是完全依照建築主人的個人喜愛所打造的。因此，在植栽設計時，規劃適量、且容易維護、照顧的植栽種類，就是最基本的概念。

而所謂適合住宅的植栽數量，主要是以樹木成長後的外觀大小為考量（參照第56頁）。比方說，經常用來做為街道路樹的櫸木，不僅樹形美、且葉色充滿變化的樂趣；但是，櫸木在良好的環境之下，約莫十年左右就可以長到15公尺高。所以如果想要在私人住宅種植櫸木，像這種情形情形就得仔細考量過才行。

另外，容易維護、照顧的植栽，指的則是樹木在栽種後的管理方法必須得在建築主人日常生活中做得到的範圍內。好比說，要讓玫瑰開出漂亮的花，平常就需要做細膩的照顧，如果建築主人無法每天管理庭院的話，玫瑰就會變成一點都不適合種植的樹木了。

# 檢討住宅各區域適合的植栽種類

主庭的植栽設計
・方位（66～69頁）
・主題（151～213頁）
・樹木高度 （56～57頁）
・樹種（215～229頁）

綠籬的植栽設計
樹木的特性（70～85頁）
樹木的機能（119～149頁）

甲板・露台的植栽設計
（108～109頁）

中庭・坪庭的植栽設計
（92～95頁）

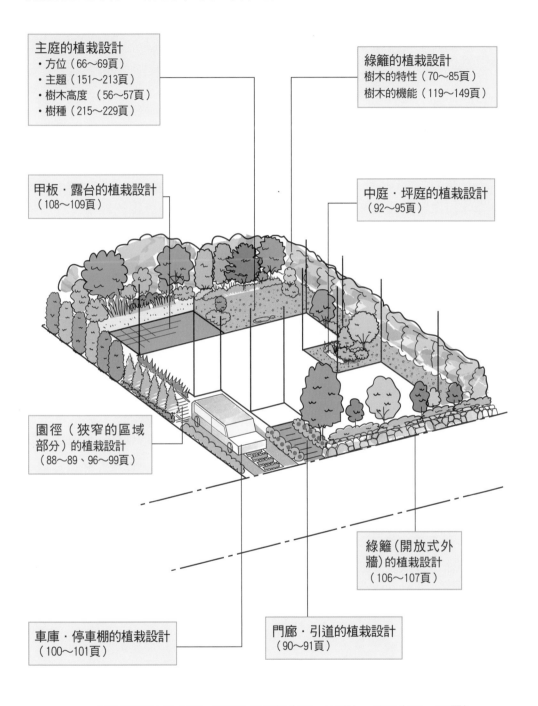

園徑（狹窄的區域
部分）的植栽設計
（88～89、96～99頁）

綠籬（開放式外
牆）的植栽設計
（106～107頁）

車庫・停車棚的植栽設計
（100～101頁）

門廊・引道的植栽設計
（90～91頁）

其他如浴室中庭（102～103頁）及棚架（110～111頁）、屋頂（108～109頁）、
牆面 （116～117頁）等區域，也都可能是植栽的範圍。

# ─ 002 ─
# 住宅植栽的基本原理

**Point** | 要使獨棟住宅的庭院在 3 年後、或集合式住宅在遷入時，就能夠展現出一定程度的庭院風貌。

## 獨棟住宅的植栽

植栽設計，應該在什麼時間點完成，將會影響到植栽的數量及配置（植栽密度）。若是獨戶建築的植栽，樹木[1]要以栽植後 3 年、草本植物[2]（多年生草本除外）要以 2 個月後，視生長狀況做為判斷植栽密度的標準。

庭院植栽的樹種，要符合屋主的管理習性，檢討樹木、及草本植物的均衡比例。樹木在一整年的生長速度有限，幾乎不需費心照料。然而，草本植物的話，從春季開始到夏秋更迭之際，每天在院子裡待上幾小時，灑水、或清除雜草、摘除開過的花蒂[3]等，都是免不了的。

建築主人的喜好是挑選樹種時最主要的考量，設計前最好能事先聽取業主對植物的想法。其次是、因為植栽設計也有流行的風潮，幾年過去了，難保到時候建築主人對植栽的需求不會改變，到時也要能修改得了，所以在植栽設計時保留一些餘裕空間，也是應該要留意到的重點。

## 集合式住宅的植栽

如果是集合式住宅的話，通常在住戶入居時，就會要求植栽設計得完成到某一程度。為了看起來有完成的感覺，通常會把植栽的間隔設計得比較窄。特別是出入口周邊代表了建築物的門面，因此更有必要高密度地種植華麗的花木（參照第 162 ～ 169 頁）。不過，這樣做的話，幾年後就會出現植栽過密的情形，到時候也就需要加以修剪及疏散植栽[4]才行。

種植的樹種最好避免必須經常換植的草本植物，改為選擇樹木、或以多年生的草花做為整個設計構成的中心。

在集合式住宅的植栽管理方面，並非都有管理公司可提供照料的服務，而且由住戶自行整理也有日益增加的趨勢，因此，選擇不必費事照顧的植物種類，就變得很重要（參照第 212 ～ 213 頁）。

此外，栽種高大型樹木時，為避免宵小容易從種在住宅開口部附近的高木入侵室內，栽種的位置也有必要與住宅保持一定的距離。

---

※ 原注
1 樹木　屬木質部發達、多年生的莖幹植物。樹枝與樹幹在冬天不會枯萎，成長的速度反而會加快。在四季分明的日本，木質部當中也會形成年輪。
2 草本植物　植物的莖部組織柔軟且富含水分。因為不會木化，所以成長高度有限。
3 摘除花蒂　凋零或枯萎的花朵除了外觀欠佳之外，也會散播病蟲害。除了為採集種子而特意之外，其餘的均有必要好好地摘除乾淨。
4 疏散植栽　為了減低植栽密度，把新長出植物的一部分剪除掉。

# 住宅的植栽計畫

## ①獨棟住宅

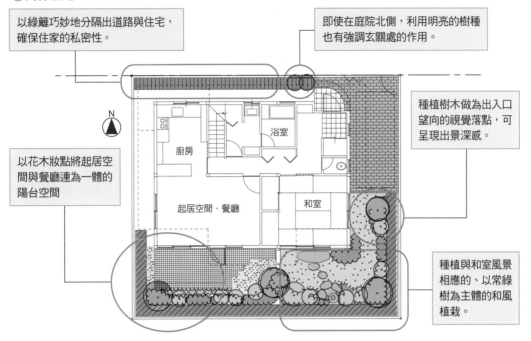

以綠籬巧妙地分隔出道路與住宅，確保住家的私密性。

即使在庭院北側，利用明亮的樹種也有強調玄關處的作用。

種植樹木做為出入口望向的視覺落點，可呈現出景深感。

以花木妝點將起居空間與餐廳連為一體的陽台空間

種植與和室風景相應的、以常綠樹為主體的和風植栽。

廚房

浴室

起居空間·餐廳

和室

## ②集合式住宅

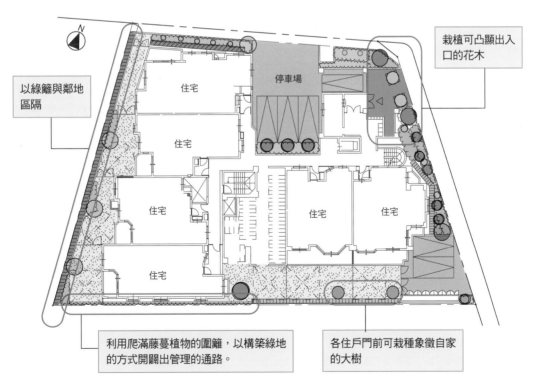

以綠籬與鄰地區隔

栽植可凸顯出入口的花木

住宅

停車場

住宅

住宅

住宅

住宅

住宅

利用爬滿藤蔓植物的圍籬，以構築綠地的方式開闢出管理的通路。

各住戶門前可栽種象徵自家的大樹

# — 003 —
# 委託植栽設計專家

**Point** | 將想要栽植的樹種、庭院規模、及主題等，與委託的植栽設計專家先行討論。

## 植栽設計的專家

從事植栽設計相關行業的人士各有不同的頭銜。除了植栽設計者之外，還有花園設計師、景觀設計師（景觀設計藝術）、園藝家、造園專家、庭院設計專家等等。若以證照資格分類的話，也可以透過已取得「造園施工管理技士」[5]、「登錄景觀設計師」[6]等資格的有照技師一同規劃主要的植栽設計。當建築設計師或屋主無法自行設計時，就可以委託上述專家代為設計。

## 選定樹種與庭院主題

隨著植栽的樹種、庭院的主題、及設計風格的不同，委託的植栽設計師也會有所改變。最後取決的標準，可由以下幾個面向來做思考。

若想營造成花園、或香草園之類、以草花為主的小規模庭院，一般多會委託花園設計師和園藝專家。

有些販售苗木的業者也能統包到施工完成，不妨各方打聽看看。

若是要規劃成以樹木為主、較大規模庭院，多半都會委託植栽設計者、造園專家、庭院設計專家、及景觀設計專家。

至於要找哪一位，除了從專門刊載園藝相關情報的雜誌、書刊中得知以外，從各類設計者的網站等尋找，效率也很高。此外，也可以透過植栽相關的協會及團體的介紹找設計師與施工者，詢問看看在計畫用地附近有無符合理想風格的庭院設計師。

此外，建築營造公司當中多半也有一些經常配合的造園公司及造園師傅，透過營造業者代為尋找設計專家也是不錯的方法。

---

※ 原注

**5 造園施工管理技士** 為了讓造園工程正確施工無誤，提升造園施工技術，依據建設業法施工令所制訂的一種專業證照資格。只有通過施工計畫、繪製施工圖、以及工程・品質・安全等相關的造園施工管理技術檢定的合格者，才能取得此證照。

**6 登錄景觀設計師** 是指在庭園、及公園、綠地等的造園上，或是都市空間、建築群等的景觀規劃、設計上，具有一定水準的知識與能力的技術人士。只有在經過專門教育、實務訓練、以及認證考試後，才能進行登錄。

# 植栽設計及植栽工程相關人員

| 職務類別 | | 工作內容 |
|---|---|---|
| 設　計 | 植栽設計師 | 負責造園計畫、庭園設計，以及工程監督等作業。規模大小不一。 |
| | 景觀設計師 | 負責造園計畫、庭園設計等，主要會從事大規模的植栽設計。像是市容、公園、街路、綠徑、牆垣外構、袖珍公園、生態環境等，所跨的領域範圍很大。 |
| | 花園設計師 | 從事個人住宅、到住宅小區、以及集合式住宅的外構設計。多半走西式風格，特別是以草花植栽為設計重點。 |
| | 造園師 | 以日式庭園設計為主。個人住宅的庭園、茶庭、庭石組合、流水以及瀑布等。 |
| 施　工 | 造園施工業者 | 承攬與植栽相關的所有工程。像是植物的栽植工程、整修、綠籬、庭石組合、假山、流水、瀑布，以及簡單的舖設工程等。 |
| | 植木專家 | 除了販售植樹材料外，也承做植物的栽植工程、整修、綠籬、假山、石燈籠之類等。 |
| | 土木綠化建設業者 | 植栽工程只是其中之一。主要會承攬道路及橋樑的大規模工程。以及像是造景工程、植栽工程、道路工程、舖裝工程、外觀工程與建築工程等。 |
| 材料販賣 | 生產者（育苗者） | 販售及培育植物，以培育種苗為大宗。 |
| | 外觀工程施工業者 | 以圍籬及庭園大門等外構資材的設計、施工及販賣為主。 |
| | 園藝行‧五金量販店 | 販售園藝材料。近幾年來，有些大型的園藝店及量販店也開始承攬植栽設計及與工程。 |
| 其　他 | 樹木醫生‧樹醫 | 治療樹木的病蟲害，回復老樹的樹勢外觀。 |

# 日本的植栽協會及相關團體

| 團體名稱 | 地址 | 電　話 | 官方網站 |
|---|---|---|---|
| （社團法人）日本造園組合聯合會（簡稱：造園連） | 〒101-0052 東京都千代田区神田小川町3-3-2 マツシタビル7階 | 03-3293-7577 | http://jflc.or.jp/ |
| （社團法人）日本植木協會 | 〒107-0052 東京都港区赤坂6-4-22 三沖ビル3F | 03-3586-7361 | http://www.ueki.or.jp/ |
| （社團法人）景觀設計諮詢協會 | 〒102-0082 東京都千代田区一番町9-7 一番町村上ビル2階 | 03-3237-7371 | http://www.cla.or.jp/ |
| JAG（日本園藝設計協會） | 〒156-0041 東京都世田谷区大原2-17-6 B1 | 03-5355-0630 | http://jagdesigner.com/ |
| 日本樹木醫會 | 〒113-0021 東京都文京区本駒込6-15-16六義園第6コーポ302号 | 03-5319-7470 | http://jumokui.jp/ |
| 日本園藝協會 | 〒151-8671 東京都渋谷区元代々木町14-3 創芸元代々木ビル | 03-3465-5171 | http://www.gardening.or.jp/ |

# — 004 —
# 與植栽設計師一同討論

**Point** | 事先蒐集各類圖面資料，與設計師討論時，也可確認費用與管理方法。

## 事先蒐集資料

委託給植栽設計師時，爲了討論的過程可以順利進行，最好事先準備好建築用地圖、配置圖及平面圖（建築物一樓的部分，可用來區分建築物與庭院相接的圖面）。另外像是屋簷的形狀、大小，以及從二樓眺望庭院的視野，也都很重要，所以也必須備妥二樓的平面圖、可看出窗戶大小及大門比例的立面圖，以及可了解屋外與室內高低差的斷面圖。此外，用來分辨與植栽工程相關的設備及配管位置的平面圖也是必備資料。最後，也要準備好畫出建築物外牆素材及顏色的透視圖，這對檢討建築物與植栽之間的均衡會很有用。

除此之外，了解地質與地下水位的地質調查資料，對土壤改良及決定植栽地的高度方面，也是極爲重要的依據。另外，事先準備好樹木的照片，可讓彼此在設計構思上取得共識，有助於討論順利進行。

## 確認施工費用及管理方法

討論的時候，不能只針對植栽設計的圖面討論，工程費用以及施工後的管理方法也都必須一一確認過。

若是選擇以稀有樹種、或是使用同一樹種，展現整座庭院錯落有致的均衡感，材料費勢必會提高。決定做哪些植栽工程、以及最後要達到什麼程度的成果，都要在初期的討論階段，先與設計者及施工人員確認好大約需要花費多少工程費用。

另外，施工後的管理方法、以及管理頻率、花在管理上的成本等，都會影響樹木的成長狀況，所以說，選擇栽植哪些樹種就會是非常重要的關鍵因素。若不事先確認好屋主對植栽管理的想法，將來要是因爲庭院中栽種太多一整年都必須修剪殘花枯枝的一年生草本植物，或是種了必須經常費工夫施肥的玫瑰花等花草，而與業主產生糾紛，那就不好了。

## 與植栽設計師一同討論

**造園計畫基地的相關資料**

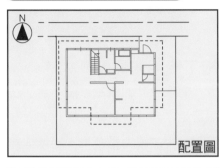

配置圖

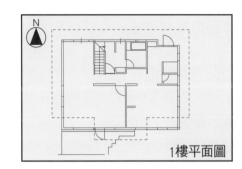

1樓平面圖

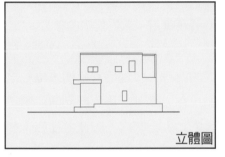

立體圖

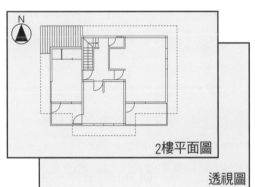

2樓平面圖

透視圖

**造園用地附近環境概況的資料**

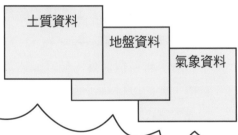

土質資料

地盤資料

氣象資料

委託植栽設計業者規劃時，要備妥建築物的建造計畫與外形的設計圖面、以及用地內的環境（土質、地盤狀況、氣象條件）資料。在這論階段時，還要就報價、與施工後的管理方法等，做好必要的調整。

# — 005 —
# 植栽的費用

**Point** | 植栽費用不能併入建築工程款中，而是要將植栽設計、施工所花費的勞務費用單獨算出。

## 植栽成本的明細

在植栽上所花的費用一般可分為植栽設計費、與植栽工程費二種。

植栽設計費是用來支付給植栽設計者的費用，包括了決定樹木種類、大致配置方針等的基本設計、製成實際圖面的施作設計、後續施工時的現場參與等、以及監工[7]費等。

而植栽工程的費用則是支付給施工業者的費用，又可以分為材料費及施工費二大種。施工費方面，包括了植入費、支撐樹木的支柱材料費、以及當有土質改良[8]必要時的土質改良費。此外，將樹木從栽培地搬送過來、在現場將樹木立起，除了架設支柱的費用外，材料的搬運費、植栽的養護費等各種經費也必須計算在內。

依據樹木的大小，評估需使用吊車等大型起重機具的費用也是有必要的。而且如果施工現場的聯外道路過於狹窄，無法一次大量運送材料的話，也要把可能產生的額外搬運費用計算在內。

## 施工費用的標準

植栽設計的費用，並不含括在建築工程費用之內，而是會以植栽的設計、及監工需動用的人力為基準，另做估算。這部分可以日本國土交通省每年公告的「工程師勞務費用」做為估價的參考。

施工費用會因使用材料的不同而有極大的落差。像是培育松樹、扁柏之類的樹木，在成為可販售的商品前必須花費相當大的功夫來照料，因此每棵樹木的單價都很高。相反地，造園效果極佳的草坪植物，依種類不同，每平方公尺的價格在大約是日幣 1,500 元左右，與裝潢用的地板材料相比，價格也平實許多。

除了材料費以外，植栽植入及搬運等費用，大約以材料費的二倍來做估算，應該就不至於有太大的誤差。

---

※ 原注

**7 監工** 依據設計書的內容進行施工，設計者對工程施工者加以指導的業務稱為監工。相對而言，施工者針對工程、施工品質及安全管理方面，按照流程進行施工，則稱之為管理。

**8 土質改良** 為了讓植物能夠有良好的生長環境，將土壤環境以人工方式加以改善。主要是改善土壤的通氣性、排水性、保水性、保肥性、及土壤的硬度，以及調整土壤酸鹼值、補給土壤養分、並去除有害物質等。

## 植栽費用的組成

植栽費用 ＝ 植栽設計費 ＋ 工程費用

### ①植栽設計費含括的範圍

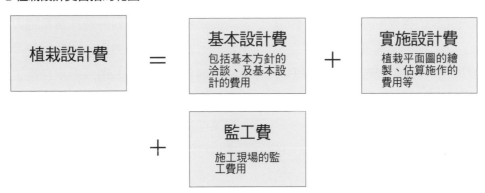

植栽設計費 ＝ 基本設計費
包括基本方針的洽談、及基本設計的費用
＋ 實施設計費
植栽平面圖的繪製、估算施作的費用等

＋ 監工費
施工現場的監工費用

設計者投入的技術量會影響技術費的收費標準。在建築工程中，把設計費納入建築工程費計算的做法相當罕見，而比較接近依據投入多少設計行為來計價報酬的人事費。

順帶一提，人事費的計價基準，很多人會參考日本國土交通省每年公告的「工程師勞務費用」。日本國土交通省「估價基準」的官方網站是：http://www.mlit.go.jp/tec/sekisan/index.html

### ②施工費用含括的範圍

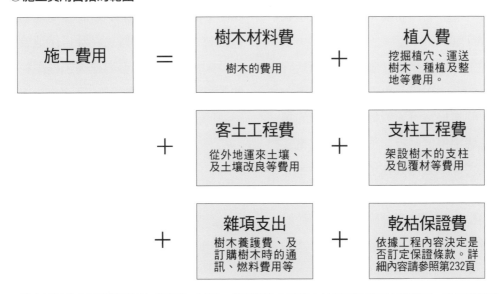

施工費用 ＝ 樹木材料費
樹木的費用
＋ 植入費
挖掘植穴、運送樹木、種植及整地等費用。

＋ 客土工程費
從外地運來土壤、及土壤改良等費用
＋ 支柱工程費
架設樹木的支柱及包覆材等費用

＋ 雜項支出
樹木養護費、及訂購樹木時的通訊、燃料費用等
＋ 乾枯保證費
依據工程內容決定是否訂定保證條款。詳細內容請參照第232頁

樹木材料費會因流通量而有所變動。而且，搬運費也會與樹木的起運地點而有所差異。比如說椰子樹之類的樹種，因為大多在溫暖的九州一帶培育而成，由於要負擔搬運費，若要在東京栽植的話，就會是價格相當昂貴的樹種。

# ― 006 ―
# 植栽設計與工程規劃

**Point** | 獨棟住宅的植栽設計及工程規劃，以一週設計、加上一週施工為最低評估基準。

## 植栽計畫以二週為基準

植栽設計及工程規劃通常會以「聽取客戶意見」→「現場‧周邊環境的調查」→「開始計畫」→「進行施工」→「管理」這樣的流程來進行。整個流程必須與建築物的設計及施工計畫密切地配合。

現場‧周邊環境的調查，雖然與工程規模的大小有關，但就算是面積不大的透天住宅，現場勘查也會需要一～三天、周邊環境的調查則會需要一～二天，因此整體而言大約會需要一週的時間。

若能事先取得計畫用地的測量圖及現況圖，先對樹木栽種的位置，以及給、排水設備等的位置有所了解，也能夠縮短實地調查的時程。

與屋主、或建築設計者所需的商談時間，也會依造園規模及實際狀況而有所改變。有的個案只需一天就能完成初步的規劃，也有個案得要將近二個月才能定案。一般來說，標準型透天住宅規模的話，光是擬訂植栽計畫就需要一週左右的時間，若需要到現場‧周邊環境調查的話，從計畫完成後到施工結束最好能設定為二週的時間。

## 工程以一週為基準

植栽工程可分為材料採購及施工二個階段。在採購材料方面，因為植栽工程所使用的是生物材料，所以至少在施工開始的前二週就必須準備完成（如果是施工者經常使用到的材料，在施工前一週採買完成也可以）。

施工期間，植栽工程會受到工程規模、用地周邊的狀況、施工的時機點、及天候狀況等因素所影響。以小規模的個人住宅來說，如果用地周邊狀況良好、天候條件也很配合，大約設定一週左右、充裕一點的施工期比較妥當。

不過要注意的是，若計畫用地周邊的道路狹窄、工程車無法在計畫用地或周邊長時間停駐、或是影響建築工程順利進行的各種狀況等，都會使施工時程被迫延長。

# 植栽設計・工程的基本流程

植栽設計

植栽計畫

## 決定植栽基本的設計重點

①聽取意見
聆聽客戶的需求及管理體制・方法等各方面的想法

②實地調查及分析
實地確認地形、土質、氣候、植被、涵水量、日照等各種條件
與設備裝置的情形,以及周邊環境等。(參照第20~25頁)

## 確認植栽設計的意象

③區分圖・動線規劃
規劃出主庭・副庭的配置、提出整體意象,檢討進入・展示動
線、以及觀賞視線。

④**基本設計**[9]
檢討主要樹木及添景物、舖裝材料、及工程費的概算。

## 完成設計圖

⑤**施工設計**[9]
檢討配植圖(樹種・形狀・數量)、裝飾物的配置、舖裝材
料配置、大門、隔塀・外牆,綠籬,以及估算工程費用

植栽工程

## 選定施工業者

⑥選定施工者
交付施工設計圖,並於計畫用地實地確認、估價,決定施工
金額。

## 購買材料

⑦購買材料
下單採購植栽的樹種。施工業者與材料供應商可能會分屬不同
的廠商。

## 工程發包

⑧施工
需配合建築物工程的進度,進行植栽施工。

## 工程驗收

⑨驗收
設計者、施工者、業主一同確認、驗收工程品質。

---

※ 原注
**9 基本設計 ・ 施行設計** 基本設計主要是針對樹木的種類以及配置等,決定植栽計畫的整體方針。施工設計則是依照
基本設計規劃施工進行方式、及工程執行細節繪製設計圖。

# — 007 —
# 掌握植栽基地的周邊環境

**Point** | 實地調查前，應先檢視地形圖上的相關資料，了解計畫用地周邊的地形、氣象條件的概況。

## 取得地形圖

影響樹木生長所需的日照、水、土及風等條件，取決於計畫用地周邊的地形所形成的微氣候型態（參照 120 頁）。因此，植栽計畫時必須確實了解用地周邊地形的實際狀況，以及這些因素對計畫用地帶來的影響。

為了確實掌握計畫用地大致的地形概況，必須備妥一份縮圖比例二萬五千分之一的地形圖（日本國土地理院出版）。

地形圖也可以在大型書店購得。有些地方政府也會把地形圖放在網路上提供閱覽，事先確認清楚比較好。

## 周邊環境情報的解讀要點

確認方位，是第一個要掌握住的要點。弄清楚計畫用地在周圍地形中，位於哪個方位。若位於丘陵地、或山的北側，因為日照相當有限，這時可選擇做植栽的樹木就會受限於耐陰性強的植物。

其次要確認用地四周有無凹凸不平的地形。一般而言，靠近山丘及台地頂部附近的高處，因為日照充足且溫暖，大多很適合做為植栽用地。不過，高處通常位處迎風面、會比較乾燥，但風到底會強到什麼程度，還是有必要實地確認過才行。另一方面，山谷及河床等低窪處，因日照時間有限，容易滯留寒氣與濕氣，植栽時就要挑選耐寒、耐濕性強的樹木，也要考慮是否需要設置排水孔[10]等設施以利排水順暢。

除此之外，最好也能夠掌握計畫用地的海拔標高、河川的水路位置及分水嶺[11]等相關資訊。如果計畫用地位於山腳下，更要確實調查清楚是否有湧泉流出。如果想要了解更細部的資料，最好能取得一千五百分之一比例的詳細地圖，或是政府機關公告的住宅地圖，然後親自到現場去實地勘查（參照 26 頁）。

---

※ 原注
10 排水孔　設置在屋外配水管的合流點或分流點上、專供清掃用的排水孔
11 分水嶺　將河川分流為二條以上溪流的的山稜

## 確認地圖資訊的重點

### 計畫用地附近有山、或丘陵時

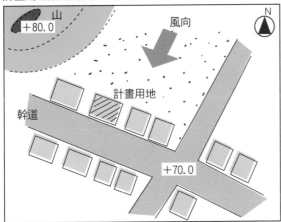

由於比山、或丘陵低的地方容易成為風口,所以要先確認從計畫用地的北側是否有北風吹入。另外,用地若是靠近馬路幹道,也要掌握附近交通流量的程度。

### 計畫用地附近有河流經過時

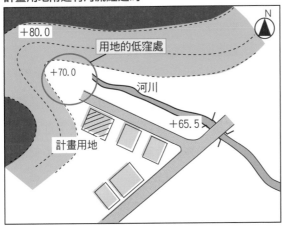

河川的流向、以及豪雨期間河川水位上升的程度等相關資訊,都必須列入調查的項目。例如左圖,當植栽用地靠近低窪處時,必須確認清楚下雨時,會形成什麼樣的水流狀態。

另外,由於河川經常有改道的情形,最好也能與舊地圖資料等比對過,確認早先是否曾有河川流經現今的計畫用地。

### 用地附近有小山、但沒有低窪處時

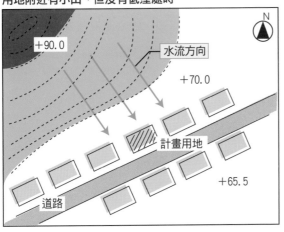

降雨時,山上的水流如何流洩、會不會有土石崩落的疑慮,有沒有構築擋土牆的必要等,這些問題最好都能一併確認清楚。

地面若沒有低窪處,
就無法疏散水流。

# 實地勘查確認植栽用地的環境

**Point** | 實地調查時，要確認清楚用地的日照、水分、土壤、風向及氣溫等微氣候條件。

## 植物生長不可缺的三大要素

到計畫用地實地勘查時，必須確認日照、水分及土壤三大要素的充裕程度。

①日照：樹木分成陽性樹、陰性樹及中性樹三種（參照第62～63頁）。勘查清楚計畫用地上日出面東的區域、終日日曬充足的區域、以及西曬的區域，是非常重要的。

②水分：無論怎樣耐旱的樹種，如果完全缺水的話也將無法生長。所以用地的土壤乾濕狀況、有無可供澆水的水道設備，都是必須調查清楚的要點。

③土壤：植物多半喜好生長在弱酸性、且富含有機質、排水良好的土壤（參照第28～29頁）。如果計畫用地的土壤不符合這些條件，就必須做好土壤改良、從他處移入客土[12]等因應對策。除了要確保土質之外，還要確認有足夠的土壤深度及範圍。因為樹木的根部擴張的範圍，與樹枝的範圍幾乎相同，所以在種植處周圍填好大於樹枝張幅的土壤量，是絕對有必要的。

## 風向和氣溫也很重要

某一程度的強風，可以吹散樹木周圍髒空氣及濕氣，這種風勢是十分必要的。不過，若是長時間受強風吹襲，即便具備了日照、水分、土壤等生長三要素，也會阻礙植物的生長。

植物的生長點[13]幾乎都在樹幹及樹枝的前端。由於前端剛發出的新芽柔軟易折，若正好位在風吹頻繁、或強風吹襲之處，使新芽總是處於被吹彎的狀態下，樹木的生長可能也會停止。因此，如果樹木是要種植在有季風吹過的風道上、或是建築物的風口，或者打算種在屋頂上等處時，一定要事先確認風吹的強度，再依實際情形選擇耐強風的樹種。（參照第74頁）

另外，不同的樹木本來就有各自適合生長的溫度（參照第72～73頁）。植栽的樹種如果不能適應種植地的氣溫，生長情形就會變差，最壞情況甚至會因而枯死，這方面也必須特別留意。

---

※ 原注

12 **客土**　是指栽種植物時，另行填入新的良質土壤。若遇土壤環境不良、不易改良既有的土壤，或是植栽必要的土壤厚度不足時，就可以進行客土作業。雖然樹木依其高度而有其必要的土量，但在挖掘住宅地土壤時，還是經常會出現種植高木的土壤深度明顯不足的情形。在實地勘查時請務必多加留意。

13 **生長點**　即植物莖部及根部等前端、細胞分裂旺盛的部位。

# 樹木生長的必要元素

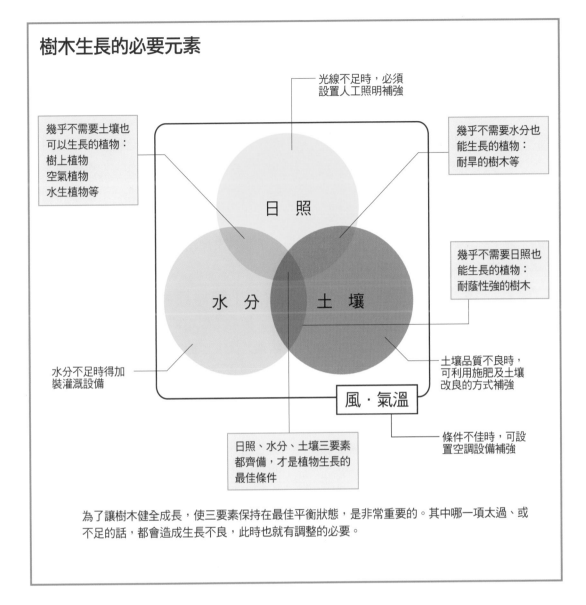

光線不足時，必須設置人工照明補強

幾乎不需要土壤也可以生長的植物：
樹上植物
空氣植物
水生植物等

幾乎不需要水分也能生長的植物：
耐旱的樹木等

日 照

水 分

土 壤

幾乎不需要日照也能生長的植物：
耐蔭性強的樹木

水分不足時得加裝灌溉設備

土壤品質不良時，可利用施肥及土壤改良的方式補強

風・氣溫

日照、水分、土壤三要素都齊備，才是植物生長的最佳條件

條件不佳時，可設置空調設備補強

為了讓樹木健全成長，使三要素保持在最佳平衡狀態，是非常重要的。其中哪一項太過、或不足的話，都會造成生長不良，此時也就有調整的必要。

1 設計住宅植栽

2

3

4

5

6

7

---

圖表 樹木生長必須的土壤厚度

| 樹　高 | 土壤厚度估算 |
|---|---|
| 高　木 | 80cm以上 |
| 中　木 | 60cm以上 |
| 低　木 | 40cm以上 |
| 地被植物 | 20cm以上 |

度。

避免這種情形發生，在實地勘查的階段，最好盡可能確認清楚土壤厚無法挖到足夠高木所需的深度。為在住宅區等處挖掘土壤，往往

左表的數值上要再加上10～20cm的排水層才行。此外，如果是頂樓花園的話，

再增加10cm以上厚度的土壤才行。定期澆水的話，左表的數值還必須如左列表格所示。不過，如果無法植栽所需的最低限度土壤厚度

錯了。就能夠輕易種好植栽，那就大錯如果認為只要有肥沃的土壤，

植栽必要的土量

小常識

# — 009 —
# 適合植栽的土壤

**Point** | 確認土壤的排水性、保水性、養分平衡的狀態，同時加以整備。

## 良質土壤的條件

為了促進樹木健全生長，除了確保必要的土壤量之外，也必須有適合樹木生長的土壤品質。特別是非自然形成、人工開發出的土地，一定要事先確認好土質狀況。

雖然不同的樹種，適合生長的土壤也有若干差異，但排水性、保水性及養分這三要素，卻是評估土壤品質的共同指標。

和動物的呼吸作用相同，植物的根部也會吸取氧氣、排出二氧化碳。堅實的土壤、或是粘土，會讓樹木在土裡的呼吸空間、和可吸取的氧氣不足，造成根部枯萎。碰到這種土質時，就有必要以填入顆粒較大的土壤、及混入腐植土[14]等方式改良土壤的品質。

另外，由於樹木的根部會為了吸收水分而向四周伸展，若是根部總是很快地從周圍吸取到水分，樹根就無法向外擴展，也就無法期待長成足以支撐樹木生長的堅實根部。因此，土壤中的水分不需多，最好是讓樹根保持在為尋求水極力向外擴展的狀態。

不過，如果土壤完全乾燥的話，樹木也會枯死，所以還是得有一定程度的保水量才行。特別是含有大量砂土及小碎石的土，這時可藉由混入泥炭土[15]等類似海綿狀的物質來加以改良。

## 植栽工程後續的土壤管理

植栽工程中即使整備了良質土壤，長年累月後，土壤也可能有變硬的情形發生。所以植栽工程結束後，耙鬆土壤、混入腐質土等、增加土壤空隙等的後續管理也是有必要的。

另外，大多數植栽樹的土壤如果已經含有一定程度的養分，就不需要每年施肥。不過，若是種植了大量的果樹、或花卉時，就有必要補充維持土中的養分。這時候就可根據土質，在土壤中加入樹皮堆肥[16]來增加養分。

---

※ 原注
**14 腐植土**　橡樹、榭樹、櫟樹等落葉發酵分解、土壤化後所形成的土質，具有排水性‧透氣性‧保水性佳的優點。
**15 泥炭土**　由寒冷濕潤地帶生長的水苔類植物，在氧氣不足的狀態下堆積、分解而成的土質。極具保水性及通氣性。由於泥炭土酸度較高，若還沒酸鹼中和過的話，可以石灰做調整。
**16 樹皮堆肥**　將裁斷的樹皮堆積發酵之後變成肥料。透氣性及排水性皆屬優良。

# 適合植栽的土壤

以下三項要素達到均衡的土壤最適合植栽：

**排水性**

為了強化排水效果，可加入混合黑曜石成分的土

**保水性**

加入泥炭、真珠岩或是含有尿素成分的土也可強化保水性

**養分**

在土裏混入家畜的糞尿、堆肥、化學肥料等可增加土壤的養分

**土質調查除了注意以上三大要素外，也要留意以下二點：**

①土壤的pH值是否適當

日本國內成長的樹木，多半喜好pH6～6.5左右的弱酸性土壤。由於日本多雨，容易導致土壤變成酸性。若土壤比這個數值更酸性（pH數值愈小愈酸）時，可混入石灰加以中和。

不過，受到近來廣泛使用混凝土鋪設地基的影響，土壤有時也會接近鹼性。

②是否含有塩分

土壤中若含有塩分的話，幾乎所有樹種都無法健康成長。

## 開發地的土壤環境

### ①開發前的環境

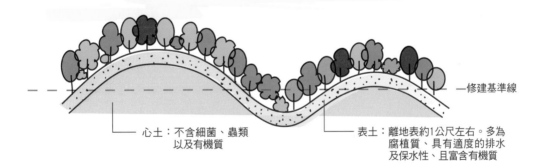

心土：不含細菌、蟲類以及有機質

修建基準線

表土：離地表約1公尺左右。多為腐植質、具有適度的排水及保水性、且富含有機質

### ②開發後的環境

心土被翻出地表，土壤變貧瘠的可能性大增

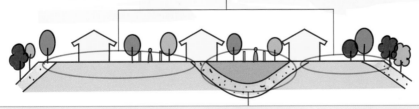

由於回填的部分加入了其他地方的土壤，很可能因而造成土壤貧瘠。若土壤中摻雜了混凝土，也可能造成土質鹼化，此時就必須進行土質改良，使土壤形成弱酸性。

# — 010 —
# 確認建築物與植栽用地的條件

**Point** | 掌握好植栽與建築物的搭配方式、以及用地條件。避免在屋簷下、空調室外機前種植花木。

## 了解建築物對植栽的影響

植栽地與建築物必須相互協調的地方，除了用地外，在其他部分與環境條件上也會形成諸多限制，也需要加以協調才好。因此進行植栽計畫時，有必要帶著圖面直接實地走查，以了解實際狀況。以下是應該要留意的重點：

### ①植栽地的降雨狀況

確認植栽預定地上方有無與建築物、或工作物 [17] 重疊的地方。屋簷下方因為淋不到降雨，土壤容易乾燥；不容易灑水到的地方，土壤也會有易乾燥的情形，這些地方都不適合植栽。通常屋簷下某些植栽處，並不列入乾枯保證的範圍裡（參照第238頁）。屋簷下一般都會以鋪上砂礫收尾修飾，而不用來栽種植物。

### ②動線的協調

庭院的開口部是預定讓人出入的地方，事前必須確認清楚。在有人進進出出的開口部附近，要避免植栽與出入動線交錯在一起，而是要錯開動線種植。

### ③建築物及建造物等裝修材

建築物外牆、停車場的鋪設材、以及塀壁等，往往與樹木的距離很近，這些裝修材料的材質和顏色等，也往往會改變植栽樹木所呈現出的印象。

## 留意建築設備的相關位置

配線及配管等建築設備，是透過圖面較難確認清楚的資訊。若植栽用地處埋設有配管及配線的話，就不能在此栽種植物；就算能栽種，將來也可能因樹根向外伸展造成配管及配線等設備的損壞。為了避免這種狀況發生，預定植栽的位置最好能在事前就確實傳達給設備廠商。

此外，在圖面上多半也不會標出空調室外機等外部設備的位置。為了避免機器排出的熱風經常對著樹木吹，使樹木生長變弱、甚至枯萎，這時就有必要考量變更植栽地。

---

※ 原注
**17 工作物** 是指以人為在地表、或是地底建造出的物體。

## 需與建築物相互協調的調查項目

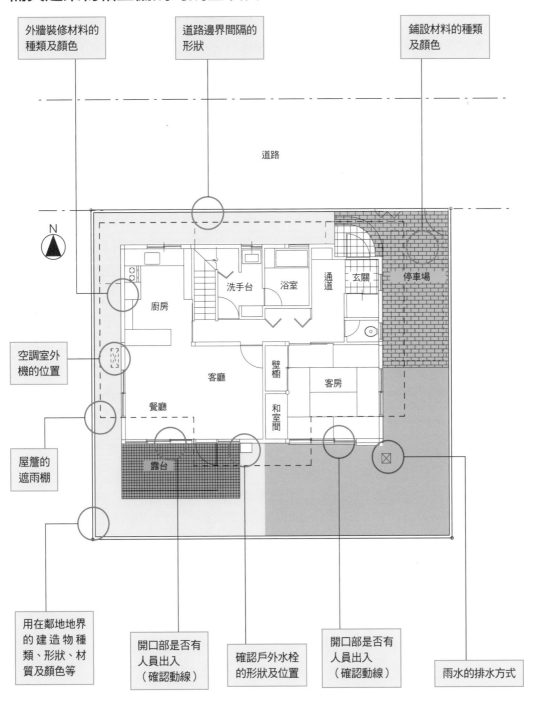

外牆裝修材料的種類及顏色

道路邊界間隔的形狀

鋪設材料的種類及顏色

道路

空調室外機的位置

屋簷的遮雨棚

廚房

洗手台

浴室

通道

玄關

停車場

壁櫥

客房

客廳

餐廳

和室間

露台

用在鄰地地界的建造物種類、形狀、材質及顏色等

開口部是否有人員出入（確認動線）

確認戶外水栓的形狀及位置

開口部是否有人員出入（確認動線）

雨水的排水方式

植栽設計如何與建築計畫相互搭配、並進行必要的調整是非常重要的。
在進行具體的植栽設計前，至少先要確認過上列的項目才好。

設計住宅植栽

2

3

4

5

6

7

31

# — 011 —
# 擬定配植計畫

**Point** | 從整體的風格、各分區的主題、及配植構圖的進行順序逐步擬定。

## 繪製分區圖面

植栽設計要從聽取業主的意見開始。除了了解業主喜歡什麼樣風格的庭院之外，也要確認業主平常打算用什麼樣的方式管理庭院。之後，再一邊做實地勘查（參照第 26 ～ 31 頁），確認計畫用地的環境，一邊與聽取的內容比對，彙整成配植計畫。

進行配植計畫時，首先要確認好庭院的整體風格，再做分區設計。在事先準備好的建築物平面圖上，一邊畫出大圓，一邊區分出幾個不同區域。在每個分區上，依照日照條件及「業主想要的四季變化」等，把該處要呈現出的什麼樣意向的語彙、以及利用什麼樣的做法可達到效果等等，描述或描繪出來。

如果可以的話，就把合適該處的樹木（象徵樹）名稱寫在分區圖上，讓構想更加具體。

## 確認視線與動線

各個分區的主題大致決定好之後，接著就要在圖面上規劃出視線與動線。

視線的部分，是要確認從室內的某位置望向庭院所看到的景象。這時，把從庭院外面看進來的情形一併考量也是很重要的。比方說，在行人容易停留視線的地方種植象徵樹，對經過的行人來說，就能感受到一整座庭院的賞心悅目。

在動線方面，則是指人要如何移動穿過庭院，哪些地方是種植樹木也不會妨礙出入等，這些都要經確認後加以描繪出來。

反覆確認上述這些作業程序之後，便能構成一定程度的配植構想圖。然後就可配合各個分區圖，與業主進行初步的討論，調整雙方的想法，繪製出完整的配植圖（參照 34 ～ 35 頁）。

# 繪製分區圖

## ①確認植栽適用地的分區圖例

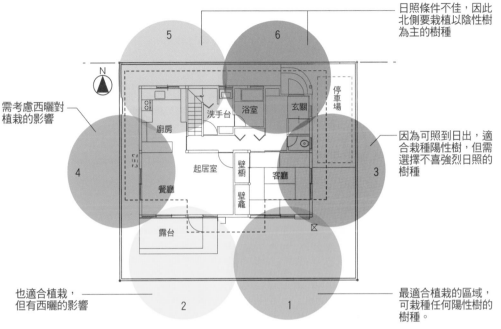

日照條件不佳，因此北側要栽植以陰性樹為主的樹種

需考慮西曬對植栽的影響

因為可照到日出，適合栽種陽性樹，但需選擇不喜強烈日照的樹種

也適合植栽，但有西曬的影響

最適合植栽的區域，可栽種任何陽性樹的樹種。

數字1～6表示適合植栽的分區順序

## ②從建築物外部構造考量植栽的用途、及視線‧動線的分區圖例

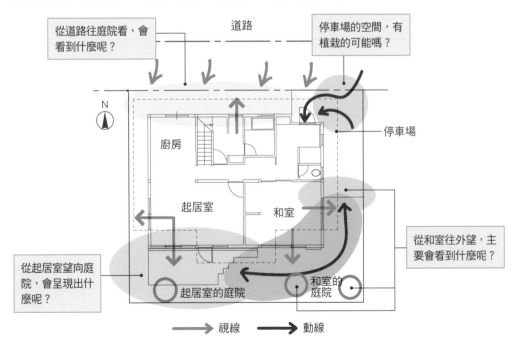

從道路往庭院看，會看到什麼呢？

停車場的空間，有植栽的可能嗎？

停車場

從起居室望向庭院，會呈現出什麼呢？

從和室往外望，主要會看到什麼呢？

→ 視線　➡ 動線

# — 012 —
# 完成配植圖

**Point** | 將樹木的位置、樹形體積及外觀形象等，以最容易傳達的方式繪製成配植圖。

## 配植圖的描繪方式

在建築平面圖上，會把地面高度（GL）或樓板高度（FL）約 1～1.5 公尺部分的斷面標示出來。配植圖基本上雖也大同小異，但僅描繪出 1～1.5 公尺高度的斷面，根本無法畫出樹木的樹幹。所以繪製配植圖時，會以描繪枝葉幅寬（樹冠）的方式，區分樹木的位置及數量。

樹木的繪圖，也會因為樹高而有所不同。像是高木及中木，就會以樹幹的位置及枝葉幅寬來表示。若是杜鵑或繡球花等低木類[18]，則會以俯瞰的角度描繪出幅寬。種植一株時，就畫出一株的幅寬，如果是把好幾株好幾株種在一起的話，就畫出栽植範圍的輪廓。如果種植的樹木葉子細小瑣碎，不僅得畫出樹葉幅寬，也要將枝葉的凹凸以線條表現出來。比低木矮的草類，與低木的畫法一樣，要把栽植範圍的輪廓描繪出來。草木類因樹葉較為顯眼，所以不以直線、而是以鋸齒狀的線條描繪。

落葉樹和常綠樹、針葉樹的表現方式更為多樣。落葉樹的話，最好是設想成冬天樹葉落盡的樣子，描繪出樹枝。若為常綠樹，就盡量把樹葉飽滿的姿態，以線條仔細畫出。另外若要傳達樹葉濃綠的感覺，會以加上陰影的方式表現。此外，針葉樹也會盡量表達出尖銳葉片的意象。

## 以縮尺來改變呈現方式

若圖面縮尺比例在 1／30～1／100 之間，就以樹種名（以片假名記）的頭一個、或頭二個字母，標示在圖例的圓心或附近等位置，或是從圖面拉出線段，另外做註記說明。不過若比例尺小於 1／200 的話，就不需描繪得太詳細，只要以單純的線條和顏色表達即可。樹種名可以改以記號、圖例表示。樹木的尺寸也可以圖例、或拉線標示。

---

※ 原注
**18 高木・中木・低木**　雖沒有嚴格的區分標準，但一般而言，多區分為高木的樹高在 2.5 公尺以上、中木為 1.5 公尺以上、低木則是在 0.3 公尺以上。

## 配植圖例

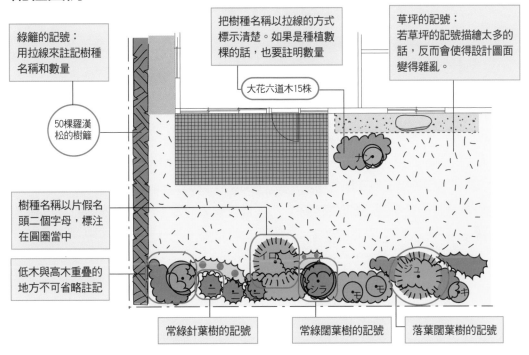

綠籬的記號：
用拉線來註記樹種名稱和數量

把樹種名稱以拉線的方式標示清楚。如果是種植數棵的話，也要註明數量

草坪的記號：
若草坪的記號描繪太多的話，反而會使得設計圖面變得雜亂。

大花六道木15株

50棵羅漢松的樹籬

樹種名稱以片假名頭二個字母，標注在圓圈當中

低木與高木重疊的地方不可省略註記

常綠針葉樹的記號　　常綠闊葉樹的記號　　落葉闊葉樹的記號

## 配植圖的記號

| 高木・中木 | | | 低木 | 地被植物 | 地被植物（草坪植物類） |
|---|---|---|---|---|---|
| 針葉樹（常綠・落葉） | 常綠闊葉樹 | 落葉闊葉樹 | | | |
| | | | | | |
| | | | | | |
| | | | | | |
| 椰子類 | 竹類 | | 綠籬 | 矮竹・草花 | 藤蔓類 |
| | | | | | |

※　上列只是建議記號，讀者可以依需求自行組合標記。

# — 013 —
# 植栽相關的申請事項

**Point** | 日本有些地方單位設有綠籬及屋頂綠化補助條例，申請前須確認是否具備申請資格。

## 完成綠化計畫的申請作業

致力推動加強綠化及綠地保護的地區，只要在一定規模的用地進行新建或改建工程時，就有義務依照法規在植栽用地、或是建築物本身實施合乎規定標準的綠化工程。與建築設計相同，在這些地區施行植栽計畫（綠化計畫）前必須得向公家機關提出申請。比方說，在東京都的目黑區，計畫用地面積在 200 平方公尺以上的新建、增建或改建案，就必須檢具綠化計畫書向當地區公所提出申請（依目黑區綠化條例第 18 條規定）。

每個地方單位的綠化標準都不大相同。有的規定是以相對於計畫用地面積的大小，決定需做綠化的面積；有的則是從計畫用地中扣除掉建築用地面積後的空地面積，決定綠化的面積。

此外，不光是綠化面積，有的地方單位連樹木的種植數量都有明文規定。在進行植栽計畫時，請務必先向計畫用地所屬的地方單位確認是否有綠化基準。

還有些地方單位會針對植栽用地內原已種植的樹木限制砍伐。甚至有些掛著「保育樹木」看板的樹木，也是由某些地方單位支付補助金養護的。所以無論如何，要進行植栽計畫前，還是先與地方相關單位進行洽談。

## 植栽補助制度

有的地方單位如同東京都的 23 區一樣，訂有綠籬的獎勵措施。這些地方單位中，有的是就設置綠籬植栽的補助制度。除了綠籬之外，有些單位也會對推動屋頂綠化提供補助。進行植栽計畫時，還是事一先確認過為宜。

提出申請時每個地方單位所要求的書面資料都不盡相同，但絕大多數都規定必須在進行植栽工程前，向所屬的地方單位索取申請書，施工後再檢附報告書提出補助工程費用的申請。

# 植栽業務流程及綠化申請作業的時程

| 一般的植栽業務 | 綠化申請業務 |
|---|---|
| **建築確認申請**[19]<br>事前協商，確認計畫地所屬地方單位的綠化基準。 | **製作綠化計畫圖**<br>拍攝植栽用地現況的照片，確認既有樹木的狀況、是否為需保存的樹種，預計種植樹木的數量、樹名等，此外也需繪製植栽位置圖。 |
| ↓ | |
| **建築工程・植栽工程** | **繪製綠化申請工程圖**<br>既有樹木的保存、移植、植栽工程。如要申請綠籬及屋頂綠化工程補助的話，還必須提供施工過程的照片。 |
| ↓ | |
| **完工確認** | **綠化完工申請書**<br>提出完成的植栽圖（完工照片・植栽圖）、綠籬及屋頂綠化補助的申請文件，然後再由地方單位至現場確認調查。 |

# 較具代表的地方單位的綠化條例

| 地方單位 | 條例名稱 | 概要 |
|---|---|---|
| 東京都 | 東京自然保護與回復條例第14條 | 適用於計畫用地超過1,000㎡（公共設施250㎡）的新建工程。對於計畫用地的綠化面積、樹木數量及屋頂綠化都有明文規定。 |
| 東京都目黑區 | 目黑區綠化條例第18條 | 計畫用地面積在200㎡以上，進行新建・新設、改建・增建時，必須保存原有樹木、確保基地連接道路的綠化、以及計畫用地中需有一定比例的綠化面積。 |
| 東京都目黑區 | 船橋市綠資源保存及推動綠化相關條例 | 計畫用地在500㎡以上，進行新建・新設、改・增建時，必須保存原有樹木、基地連接道路的綠化、以及確保一定比例的綠化面積。 |

※ 以上列舉的條例，是筆者依據截至2011年5月底止，申請案較多的地方單位的相關細項。除此之外，其他地方單位也有相關的綠化申請規定。有無補助可供申請或最新的相關規定，可自行向地方單位來做洽詢。

---

※ 原注
**19 建築確認申請** 建築物施工時，事先必須提出建築計畫書；計畫內容是否符合相關建築法令，必須接受建築責成機關的審查。

# 神代植物公園

神代曙櫻花。神代植物公園中大約種植了70種、600棵左右的櫻花。可長時間享受賞櫻的樂趣。

## 關東地區的庭園花木幾乎都能看得到

神代植物公園是位於東京都調布市的都立公園。園內大約栽植有4千500種、將近10萬株的植物。

春天園內綻放的櫻花種類繁多，因此賞花期很長。此外，還有許多不同品種的薔薇，在神代這座「下沉花園」（Sunken Garden）[1]中，從春天到秋天都可以欣賞到美麗的花朵。園區內也栽種了多彩的紅葉類樹木，在秋天時尤其迷人。武藏野一帶的雜木林也被原貌保存在園區內，在這個區域可以詳細地觀察豐富的樹種。

另外，還有針葉樹的水杉及落羽松形成的樹林、和草原廣場的蒲葦等，這些都是相當罕見的庭園植栽。在神代公園裡，應該是可以實際感受到植物的廣大世界了。

### DATA

地址／東京都調布市深大寺元町5-31-10
電話／042-483-2300
開園時間／9：30～17：00
　　　　　（入園至16:00止）
休園日／每週一（若逢國定假日則翌日休園）、
　　　　年底及年初（12月29日，至1月1日）
入園費用／成人500日圓（65歲以上250圓）、
　　　　　中學生200日圓，小學生以下免費

譯注
1 下沉花園也稱為「沉床庭園」，指的就是由地面往下深掘，挖出比地面深的空間，在底部及坡上栽種花木，是西洋庭園形式的一種。以人工遺留的礦坑、大型砂石場改造的花園，也屬於下沉花園。

# 第二章
## 樹木的基礎知識

# — 014 —
# 樹木的名稱

**Point** | 樹木通常以科‧屬‧種等做學名上的分類。做植栽設計時，則是以種名（和名）來標示特定的樹種。

## 樹木有各式各樣的名稱

　　日本國內已知的樹種，全是以科名‧屬名‧種名，三種分類來命名，有各式各樣的名稱。

　　科名是指花朵、果實、或葉子等各部分，有形狀相似的就歸在同一組的分類方式。例如，梅樹與草莓因爲花朵的形狀相似，而同樣被分類在薔薇科中。

　　屬名是科的進一步細部分類。例如相同科名的梅樹與草莓，因果實形狀不同，所以會把梅樹歸爲櫻花屬、草莓歸爲草莓屬，以這樣的方式劃分不同屬別的分類方式。

　　種名是植物圖鑑的標題所使用的一般名稱，也就是一國內慣用的通稱。所以種名在日本也稱爲「和名」。在植栽設計上，通常都是使用和名。除此之外，以拉丁語來表記的學名（Science Name）則是全世界通用的名稱。

## 也有共通的和名嗎？

　　近年，外國品種的造園樹木數量也增加了不少，這些外來樹種多半沒有和名的稱呼，所以會以日語中的片假名來讀學名。例如地被植物[1]中經常使用的ヒペリカム‧カリシナム（學名爲 Hypericum calycinum，即姬金絲桃，日文片假名讀爲 hiperikamu‧karisinamu）就是其中一例。此外還有像クリスマスローズ（即 Christmas rose〔聖誕玫瑰〕，學名爲 Helleborus niger），爲了讓消費者容易親近，所以樹木大盤商、或園藝業者便擅自加上特殊名稱的情形也很多。

　　與和名相似的讀法，還有地方名稱及業界名稱的差異。比方說，訂購在日本九州的日式庭院經常使用的全緣多青（Aquifoliaceae），可能會發現搬來的卻是葉片比全緣多青大的鐵多青（Ilex rotunda）。林業方面通常則會把鵝耳櫪（Carpinus tschonoskii）和赤鵝耳櫪（Carpinus laxiflora）叫做梭羅木，把刺楸（Kalopanax septemlobus）叫做「線木」。因此，要在不同地區進行植栽設計的話，就得先確認清楚是否有像這樣另外使用了特殊名稱的情形。

---

※ 原注
**1 地被植物（Ground Cover Plants）**　廣被於地表、緻密地包覆地面而生長的植物。

## 樹木的分類

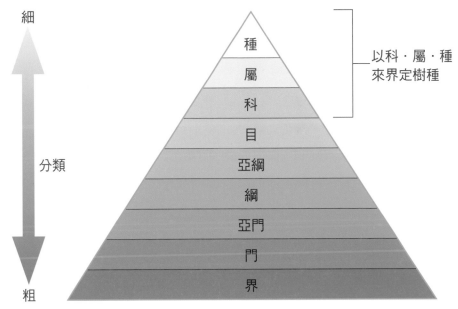

細

粗

分類

種
屬
科
目
亞綱
綱
亞門
門
界

以科·屬·種
來界定樹種

## 樹木名稱的組成

①普通名（和名）

# 欅木〔欅〕

②學名（以拉丁語表記Science Name）

## ULMACEAE

科名
榆科的

## Zelkova

屬名
欅木屬的

## serrata

種名
有細鋸齒狀

## 地域名（以欅木為例）

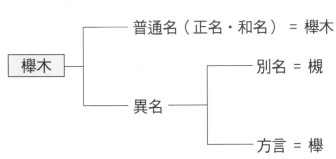

欅木 ── 普通名（正名·和名）＝ 欅木

異名 ── 別名 ＝ 槻

方言 ＝ 欅

# — 015 —
# 樹木與草本的區別

**Point** | 有樹幹、且會持續不斷生長的是樹木；沒有樹幹，生長幾年後就會枯萎的則是草本植物。

## 樹木與草本植物有何不同？

常用於植栽的植物主要有，櫻花之類的樹木、及闊葉麥門冬等草本植物。樹木和草本的區別在於，有樹幹、且地上部位會持續生長的是樹木；沒有樹幹、地上部位一～二年就會枯萎的則是草本植物。

草本植物還可再細分成三種。發芽後生長、開花、結果，可取得種子，之後地中部、和地上部會枯萎的，稱之為一年生草本（二年生草本）[2] 植物，大部分的草本植物都屬於這一種。因為無法長時間生長，所以多半會被用在花壇或花圃的植栽上。

而像玉簪花，或是百合類，雖然地上部的莖枯萎了，地中部的球根及植株卻可保留好幾年，之後還可再繼續生長，這類的植物也可稱為球根植物或宿根草[3]植物。

還有，像是麥冬或是闊葉麥門冬等，一整年都不枯萎的，稱為多年生草本植物[4]。宿根草或多年生草本植物，因為可以比較長時間栽植，所以經常用來覆蓋地表，做為地被植物。

## 竹子介於樹木與草本之間

竹子的生長特性則是介於樹木與草本之間。竹子並不以種子繁殖，而是透過地下莖在地表下擴張，從莖部長出嫩芽（竹筍）後長成竹子。竹子的生長速度很快，一年可以長到 5～6 公尺左右。以一根竹子來看，七年左右便會枯死。不過，因為整株竹子的地下莖會不斷冒出嫩芽，向四處擴張成長，所以就整體來看，幾乎看不出枯萎的樣貌。

竹子多半會栽種在中庭等較為狹窄的庭院（參照第 88～89；216～217 頁）。為了視覺呈現的俐落，竹子最好不要與其他樹種合併，單獨栽植、且只種植單一種類的效果會比較好。

---

※ 原注

2 **一年生草本 · 二年生草本** 一年生草本植物是指在播種一年內會開花結果，然後枯萎的植物。二年生草本指的是經過一年的四季之後，在次年還會開花結果，最後在冬季枯萎的植物。

3 **宿根草** 為多年生草本植物，根、莖部位很發達。桔梗、菊花、芍藥、石竹、壽春菊、龍膽、菖蒲及杜鵑等，都屬此類。

4 **多年生草本植物** 根部及地下莖可生存二年以上，每年春天會長出莖葉，並綻放花朵。秋天以後，莖葉就會枯萎。

## 樹木與草本植物的區別

① 樹木

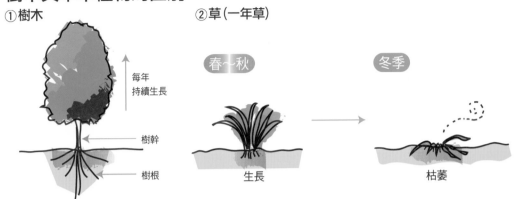

每年持續生長

樹幹

樹根

② 草（一年草）

春～秋

冬季

生長

枯萎

## 一年生草本植物的一生（以向日葵為例）

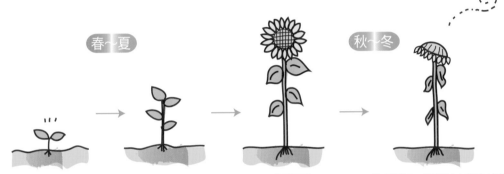

春～夏

秋～冬

春季發芽，初夏開始生長

在盛夏開花

結成種子，根部以上都會枯萎

## 球根植物（以百合為例）

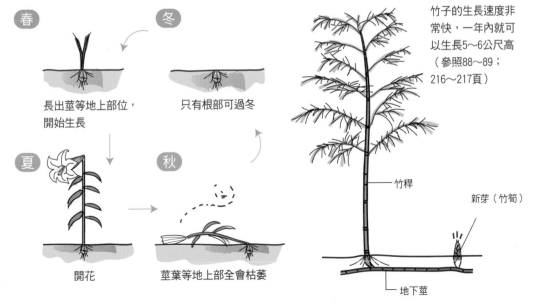

春

長出莖等地上部位，開始生長

冬

只有根部可過冬

夏

開花

秋

莖葉等地上部全會枯萎

## 竹子的名稱

竹子的生長速度非常快，一年內就可以生長5～6公尺高（參照88～89；216～217頁）

竹稈

新芽（竹筍）

地下莖

# — 016 —
# 常綠樹與落葉樹

**Point** | 一年到頭總是綠葉的是常綠樹；秋、冬之際樹葉會轉紅、然後落葉的是落葉樹。

## 常綠樹與落葉樹的差異

從樹葉的特性來看，樹木可分為常綠樹、落葉樹及半落葉樹三種。

常綠樹就是一整年中樹葉都很茂密的樹木，像是松樹等針葉樹、以及桂花（木樨）、刻脈冬青等。所謂常綠，並不是說樹葉完全不會掉落，而是每一葉片可以經過一年、甚至好幾年才會落葉。

落葉樹則像染井吉野櫻及楓樹等，會在秋冬交替、氣溫下降時落葉；春天氣候變暖，又會長出新芽，如此反覆循環不已。不過近年來，都會區受到熱島現象[5]的影響，呈現暖冬化，落葉期已有變緩的傾向。

而所謂的半落葉樹，是指若氣候維持溫暖，就不會落葉、且能保持常綠狀態的落葉樹。代表的樹種有大花六道木及山杜鵑等。

## 挑選常綠樹與落葉樹的要點

栽植樹木時，首先必須考量要選擇落葉樹還是常綠樹。落葉樹及常綠樹的數量分配，會對整座庭院的視覺效果、及維護方法產生很大影響。

一般而言，落葉樹的樹葉會比常綠樹要來得薄。

因此，特別要留意，建築物與建築物之間、容易形成風口的地方，會導致葉片變乾、甚至整株樹木枯萎，要避免在此種植植栽。

另外，若是秋季時樹葉會掉落，也需在考量後續可能需負擔的清掃量後，再決定栽種幾棵落葉樹比較好。

若選擇栽種常綠樹，起初多半不需留意落葉的問題，但數年之後，落葉量也會變得相當可觀。

因此，栽種的位置也就要避免種植在建築物、及出入口附近，確保有足夠空間可生長的地方、或是緊鄰圍牆內側的地方，都是不錯的種植位置。

---

※ 原注
**5 熱島現象** 是指都市地區的氣溫，因排熱不易、及建築物蓄熱的緣故，而比郊外來得高的現象。用地圖傳達這種現象時，會把氣溫較高的區域塗上顏色做標記，看起來就像是浮現在陸地上的島嶼一樣，因此稱為「熱島」（Heat Island）。

## 常綠樹（以黑櫟為例）

| 春 | 夏 | 秋 | 冬 |
|---|---|---|---|
|  |  |  |  |
| ・葉子掉得有點多<br>・悄悄地開花 | ・葉子有些掉落 | ・葉子掉得有點多<br>・結成果實（堅果） | ・葉子有些掉落 |

| | 高木・中木 | 低木・地被植物 |
|---|---|---|
| 代表的樹種 | 赤松、鐵櫟、羅漢松、丹桂、樟木、鐵冬青、紅淡比、茶梅、珊瑚樹、黑櫟、杉樹、紅楠、北美香柏、喜馬拉雅衫、細葉冬青、厚皮香、山茶花、楊梅 | 久留米杜鵑、皋月杜鵑、石斑木、毛瑞香、草珊瑚、海桐、柃木、富貴草、硃砂根、紫金牛 |

## 落綠樹（以染井吉野櫻為例）

| 春 | 夏 | 秋 | 冬 |
|---|---|---|---|
|  |  |  |  |
| ・開花<br>・長出新芽 | ・樹葉茂密<br>・結果 | ・樹葉轉紅之後，開始落葉 | ・樹葉落盡，僅剩光禿禿的枝幹 |

| | 高木・中木 | 低木・地被植物 |
|---|---|---|
| 代表的樹種 | 櫸榆、銀杏、鵝耳櫪、楓樹、梅樹、朴樹、柿子樹、櫸木、橡樹、枹樹、日本辛夷、紫薇、垂柳、白樺、染井吉野櫻、花水木（大花四照木）、姬蘋果、日本紫珠、四照花 | 繡球花、紫陽花、麻葉繡線菊、繡線菊、台灣吊鐘花、衛矛、小葉瑞木、棣棠花、珍珠花、連翹 |

# — 017 —
# 闊葉樹與針葉樹

**Point** | 一般而言，葉片較寬的稱為闊葉樹，較狹窄的則是針葉樹。銀杏則屬例外，被歸類在針葉樹。

## 闊葉樹與針葉樹的差別

大部分的闊葉樹葉片都有前端尖、中段較為膨大的橢圓形。像染井吉野櫻、樟樹、茶花、以及柿子都是代表的樹種。另外像是，楓樹、八角金盤，雖然葉片呈手掌狀，但也是屬於闊葉樹的一種。而針葉樹則像松樹及杉木等，葉片的形狀有如細針狀。

闊葉樹與針葉樹的差別，在植物學上還有更嚴密的分類。譬如說，闊葉樹是屬於被子植物[6]，針葉樹則是屬於裸子植物[7]，二者分屬於不同的類別。銀杏從恐龍時代留存至今，是一種相當珍貴的植物，雖有扇形葉片，但在植物學上，銀杏是裸子植物，被歸類為針葉樹。

闊葉樹的葉片表面上會有一條特別明顯的脈線（主脈），從主脈再分歧出更細的脈紋（側脈）；針葉樹則只有主脈而已（參照第 49 頁）。不過，在神社等常見的竹柏，則是葉片前端寬尖、有著橢圓形葉片、但沒有側脈的針葉樹。

## 挑選闊葉樹或針葉樹的要點

植栽樹木的葉片形狀可以大大改變庭園給人的印象。因此，樹葉的形狀也是決定植栽設計的重要因素（參照第 158 ～ 159 頁）。

闊葉樹大多有著圓形的葉片，適合營造雅緻迷人的風格。

而與闊葉樹相比，針葉樹則會給人剛硬的印象。其次針葉樹的樹形，如同杉樹一般，不少都有著齊整的姿態。若栽植在混凝土造等的硬質建築物附近，更有烘托出建築物質感的效果。不過，像側柏這種略帶圓形的樹姿，雖是針葉樹，外觀卻能呈現出柔和的感覺。

---

※ 原注
6 **被子植物**　在會開花、結成種子的顯花植物（種子植物）當中，被子植物是指胚珠被包覆在子房裡，胚珠會隨著子房長成果實後，變成種子的一種植物。
7 **裸子植物**　顯花植物當中，沒有花瓣及萼片，將來會長成種子的胚珠直接裸露在花朵表面的植物。

## 闊葉樹與針葉樹

### ① 闊葉樹

黑櫟
染井吉野櫻

樟樹
月桂

楓樹
日本大紅葉
八角金盤

### ② 針葉樹

赤松
羅漢松
日本冷杉

檜木
花柏

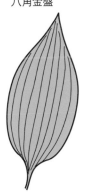

竹柏

## 各種代表樹種

| | 高木・中木 | | 低木・地被植物 | |
|---|---|---|---|---|
| | 常　綠 | 落　葉 | 常　綠 | 落　葉 |
| 闊葉樹 | 青剛櫟、夾竹桃、樟樹、鐵冬青、月桂、茶梅、日本珊瑚樹、光蠟樹、黑櫟、刻脈冬青、紅楠、洋玉蘭、日本冬青、蚊母樹、細葉冬青、山茶花、楊梅 | 紅鵝耳櫪、椰榆、杏樹、鵝耳櫪、楓樹、梅樹、櫸木、櫟樹、枹櫟、青梻樹、日本辛夷、山茱萸、紫薇、垂柳、染井吉野櫻、夏山茶、垂絲海棠、花水木、日本紫莖、篠懸木、山櫻花、四照花 | 青木、金雀兒、紫杜鵑、霧島杜鵑、梔子花、久留米杜鵑、紅淡比、皐月杜鵑、石斑木、草珊瑚、海桐、枌木、凹葉枌木、齒葉木樨、姬梔子、錦繡杜鵑、南天竹、硃砂根、紫金牛、笹竹、小隈笹竹、闊葉麥門冬 | 繡球花、紫陽花、倭海棠、麻葉繡線菊、小紫珠、粉花綉線菊、台灣吊鐘花、衛矛、郁李、小溲疏、小葉瑞木、三葉杜鵑、黃瑞香、棣棠花、珍珠花、連翹 |
| 針葉樹 | 赤松、羅漢松、龍柏、黑松、杉木、北美香柏、檜木、喜馬拉雅雪松、萊蘭柏 | 銀杏、日本落葉松、水杉、落羽松 | 紅豆杉、鋪地柏、線葉黃金柏 | |

# — 018 —
# 樹葉的形狀

**Point** | 選擇樹葉形態吸引人的樹種。活用這些有特色的樹葉，運用葉片本身的特徵，做為植栽設計上的重點。

## 各式各樣的樹葉形狀

葉片的形狀及附著在樹枝上的樣態、大小，會因樹種的不同而所有差異。帶有特殊形態樹葉的樹木，也可以成為庭院設計的重點（參照第 158 ~ 159 頁）。

### 樹葉的形狀

樹木的葉片以最常見的橢圓形及卵形為首，此外還有針形、線形、披針形、倒披針形、長橢圓形、倒卵形、箆形、圓形、扁圓形、腎形、心形、倒心形、以及菱形等各式各樣的形狀。將不同的樹葉形狀活用在植栽設計上，可以大大改變庭園的風貌。

橢圓形的葉片不管和什麼形狀的葉片都很合搭。心形和圓形的葉片會帶給人溫柔優雅的印象；而細長的披針形葉片，大的葉片會讓人有幾何學的感覺；小的葉片則會有俐落、簡單的感覺。分裂狀及掌狀的葉片，由於切口明顯，光是葉片就會讓人印象深刻。

### 單葉與複葉

樹木的葉子可分為由一枚葉片組成的單葉，以及由複數小葉片所構成的複葉。而複葉當中主要又可分為掌狀複葉、羽狀複葉等等。

### 樹葉的附著方式

樹葉的附著方式（葉序），有像黑櫟樹及樟樹一樣交互排列的互生，也有像是槭樹類左右對稱的對生，以及像是風車一樣的輪生，還有在樹木貼近地面處冒出數枚葉片的叢生（束生）。

### 樹葉的大小

樹高較低（低木、灌木[8]）的樹葉大小，即使是相同樹種也會有個別的差異，同一棵樹的樹葉附著位置也有所不同。在植物圖鑑上，通常會載明有葉片的大小。例如以樹高 0.3 公尺、經常被用做綠籬等的杜鵑（皐月杜鵑），葉片全長 20 公釐、寬 5 公釐左右。而樹高 20 公尺的日本厚朴，葉片長有 40 公分，寬 15 公分。而椰子和橡膠樹等，這些生長在熱帶地區的樹木，有的樹葉甚至可長達 1 公尺左右。

---

※ 原注
**8 灌木** 低木的一種，或指植株較矮小、從根部分支出許多橫生枝幹的樹型。

# 葉の形態

## ① 樹葉的形狀

| 針形 | 線形 | 披針形 | 倒披針形 | 長橢圓形 | 橢圓形 | 卵形 | 倒卵形 | 箆形 |

| 圓形 | 扁圓形 | 腎形 | 心形 | 倒心形 | 菱形 |

## ② 複葉的種類

| 偶數羽狀複葉 | 奇數羽狀複葉 | 掌狀複葉 | 二回偶數羽狀複葉 | 三回奇數羽狀複葉 |

## ③ 樹葉的排序

| 對生 | 互生 | 輪生 | 叢生（束生） |

---

## 葉片的名稱

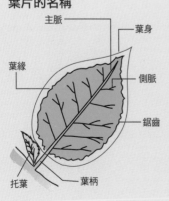

主脈
葉身
葉緣
側脈
鋸齒
托葉
葉柄

小常識　葉片的部位

分布在樹葉當中的筋脈稱為葉脈，而通過葉片中心的葉脈稱為主脈；從主脈分歧出去的則稱為側脈（支脈）。

樹葉本身又稱為葉身，邊緣則稱為葉緣。葉緣尖銳像鋸齒的稱為鋸齒緣，若大鋸齒上又有小鋸齒，稱為重鋸齒緣；完全沒有鋸齒狀的葉緣則是全緣葉片。葉緣起伏呈波浪狀的叫做波狀緣，而鋸齒呈不規則凹裂的則叫做裂緣。

支撐葉片的中軸稱為葉柄，因樹種不同，長度也各有差異。像薔薇科，在葉柄基部會附著一片稱為「托葉」的葉片。

# — 019 —
# 花的形態

**Point** │ 花木會因花朵的形狀及大小、顏色而引人注目。即使是小花也會因為群聚綻放而給人華麗的感覺。

## 以花朵的形態來打造庭園

自古以來，以賞花為目的的樹木被稱為花木，可見樹木在植栽設計上，花是不或欠缺的要素（參照第 162 ～ 169 頁）。

樹木的花朵可依照花瓣的附著方式分為一重及八重二種。一重的花朵接近原生種[9]，也可以是花朵本來的形貌。染井吉野櫻等就屬於這種。至於八重花瓣，多半是因為突變[10]及園藝品種[11]改良而來。與一重花瓣相比，八重花瓣看起來更為氣派、豪華。較具代表性的有八重櫻中的日本晚櫻等。

雖然花瓣也會因為樹種的不同而有各式各樣的形狀，但大致可以分為如梅樹、櫻花的圓形花瓣，以及像木春菊（瑪格麗特）一樣的細長花瓣二種形狀。而紫薇的花朵花瓣前端呈皺摺狀，則會帶給人相當氣派、珍貴的感覺。

## 從花朵的大小來設計庭園的風格

大型的花即使只能開一朵，就能讓庭院煥然一新、呈現出豪華的感覺。在長出大朵花的樹木中，如薔薇及山茶花；熱帶的話則有像朱槿之類的樹種，都很適合做為庭木栽種。在前面曾提過、有著大葉片的日本厚朴，也會開出 25 公分左右的大型花朵。

為了讓支撐花朵的莖條不會輕易被折斷，栽種在常有風吹拂的地方時，最好加裝支柱等比較好。

就算花朵小、但能百花齊放出鮮艷花色的樹木，也可以當做花木多加利用。

其次，選擇花朵的附著方式（花序）較特別的樹木也會是不錯的方法。像是珍珠花及火棘，雖然花型嬌小，但同時成群綻放的話，就會有花團錦簇的感覺，很適合做為植栽設計用的花木。

---

※ 原注
**9 原生種**　在經過品種改良前的原型品種。
**10 突變**　由母株遺傳給下一代時，因遺傳因子的改變及染色體異常，突發出現與母株相異的遺傳性質。
**11 園藝品種**　為了因應各種園藝目的，針對花朵、果實、顏色、大小及花期各個因素，經由改良、育種後所培育出來的植物品種。

## 花序的種類

### ①總穗花序：從花軸下方或外側開始次第開花

總狀花序　　穗狀花序　　繖房花序　　　繖形花序　　頭狀花序
日本紫藤　　草珊瑚　　　蘭嶼野茉莉　　山茱萸　　　蒲公英

### ②集散花序：從花軸前端開始、依序開到側枝

單頂花序　　卷散花序　　扇形（互散）花序　複合聚繖花序　多出散花序
山茶花　　　勿忘草　　　天堂鳥　　　　　　黃花龍芽草　　繡球花

### ③複合花序：附著有同種、或不同種的花集合在一起的開花方式

複總狀花序　　　複散房花序　　　　複繖形花序　　複集散花序（總狀集散花序）
南天竹　　　　　紅芽石楠（扇骨木）　獨活　　　　　染井吉野櫻

## 特殊花序的代表例子

珍珠花　　　　　火棘　　　　　　東亞唐棣　　　　紫薇
（繖形花序）　　（繖房花序）　　（總狀花序）　　（複合花序中的一種圓錐花序）

---

### 花朵各部位的名稱

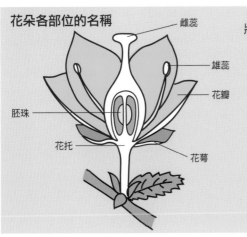

- 雌蕊
- 雄蕊
- 花瓣
- 胚珠
- 花托
- 花萼

小常識

**花朵的部位**

花朵的構成，會因為科與屬而有不同的差異。一般而言，花朵的中心部位有雌蕊，在雌蕊的周圍會有雄蕊、花瓣，在花瓣的下方則會有花萼保護。依植物種類的不同，有些植物只有雄花或雌花，所以也會有只有雄蕊或雌蕊的情形。

此外，也有像鬱金香之類沒有花萼、只有兼具花萼及花瓣功能的花被。以及蘭花之類，隨著品種的不同，花瓣、花萼或苞葉也有獨特的形狀。

# ― 020 ―
# 樹幹的形態

**Point** │ 樹幹的形態，依照主幹生長的情形，可分為直幹形、分枝形、分株及曲幹。

### 分株形與曲幹形

樹木整體的觀察方式（樹形）是以中心的樹幹（主幹）、及枝幹伸展的情形來決定。[12]

大多數的樹木都是屬於主幹筆直生長的「直幹形」。不過，也有從主幹再分歧出許多分枝的「分枝形」、或是由多棵主幹叢生聚合而成的「分株形」、以及主幹的生長方向不定向的「曲幹形」。植栽設計時，如果也把樹幹的形態加以考量，就能營造出別具風格的庭院。

#### 分株形

分株形是指從樹木根部分支出數根主幹的型態，經常被用做庭院樹木的有野茉莉、夏山茶、日本紫莖、四照花等。若分枝出的主幹達 10 根以上的樹木，造園用語上稱為「站立武士」。分株形雖然有一定的量感，但因每一根枝幹都給人細又輕的感覺，即使種在狹窄空間也不至於有壓迫感。

#### 曲幹形

主幹沒有一定的生長方向，好像要伸往四面八方生長一樣的樹木，就叫做曲幹形。像松木及紫薇等，都是這類的代表樹種。栽種曲幹形的樹木時，為了要凸顯樹形的特色，所以不會在樹根處另行種植其他樹木，背景通常會以葉色濃綠的常綠喬木做成綠籬來襯托。

### 利用樹幹的質地

雖然樹幹不比樹葉、花朵來得醒目，但樹幹的紋路，也可巧妙地運用在庭院設計上（參照第 172 ～ 175 頁）。

有些樹幹的肌理也可以當做樹葉、花朵一樣的色彩元素使用，例如青木（又稱東瀛珊瑚，綠色樹幹）及紅瑞木（紅色樹幹）等。紫薇及日本紫莖也因為樹幹光滑亮澤感，而給人一種藝術品般的印象。若考量到視線的聚焦，木薑子及二球懸鈴木（英國梧桐）的樹幹有特殊的斑紋，也可做為庭院設計時的元素加以利用。

---

※ 原注
12 大部分針葉樹的樹枝都是從筆直的樹幹上整齊地長出，所以樹形多呈圓錐狀。而闊葉樹則是因為樹葉要盡可能吸收陽光的緣故，所以樹枝的伸展方向及長度多半會呈現不規則的樣貌。

## 樹幹的形態

直幹形
（白樺）

分株形（日本紫莖）

曲幹形
（紫薇）

**小常識**

分株形是如何形成的呢？

分株形的欅木

有些樹種天生就是分株形，但也有因為採伐或雷擊，才在地上部乾枯的殘根旁冒出數根分株的情形。

因採伐等其他原因所形成的分株形樹木，會比天生分株形的樹木長得更高大。像是連香樹、欅木、麻櫟及黑櫟（小葉青岡櫟）等樹種，就幾乎沒有分株形的原生樹種，絕大多數都是由上述原因生成的。

分株形樹木因為樹幹的數量較多，而且在樹根極力向外擴張之下，樹身也比較重，不管是在運送或是施工方面都比較麻煩。與單一主幹相同的樹種相比，價格自然也要貴上許多。

53

# — 021 —
# 五種形態的樹形

**Point** | 樹木枝葉向外伸展的姿態稱為樹形。分別有橢圓形、圓形、圓錐形、盃形及亂形五種基本形態。

## 樹形及植栽的重點

樹木枝葉開展的整體姿態稱爲樹形。雖然自然樹形[13]會因爲樹種和樹齡而有各種不同的形態，但大致可以分爲橢圓形、圓形、圓錐形、盃形及亂形五種形態。植栽時也要考量長成後的樹形樣貌來選擇樹種。

### 橢圓形

楊梅、厚皮香、鐵冬青等常綠闊葉樹，以及連香樹、辛夷等落葉闊葉樹，都是常見、樹形呈橢圓形的樹種。由於枝葉伸展的幅度較窄，因此很適合栽種在玄關周邊等有限的空間內。

### 圓形

楓樹、朴樹、櫻花樹等落葉闊葉樹的樹形多爲圓形。樹形呈圓形的樹種枝葉伸展的幅度較寬，所以植栽的場所需有一定的寬廣度才行。而花水木這種不太高的樹種，枝葉伸展的幅度不大，即使是樹形呈圓形，也可用來栽植在狹小的地方。

### 圓錐形

日本金松及杉木等針葉樹的樹形，多呈圓錐形。樹木長成後，枝葉的伸長幅度約有樹高的 3 分之 1 左右。樹形呈圓錐形的樹種多半是屬於高大的樹種，因此也要注意植栽場所的選擇。

### 盃形

盃形看起來就像倒立的掃帚，所以也稱爲掃帚形。代表的樹種有櫸木，盃形樹形本身就相當優美，不太需要修剪，因此最好盡可能栽種在空間寬廣的地方。

### 亂形

樹幹的生長方向不定、樹形散亂的則稱爲亂形。像是繡球花、杞柳、紫花野牡丹及大葉醉魚草等，一般樹枝較柔軟的樹種多半都屬於亂形。不過，像烏岡櫟（姥芽櫟）之類，即使是樹枝較硬的樹種，樹形也會有亂形的情況。可用來強調出常綠樹等樹木背後，所營造出的綠色校園。

---

※ 原注
**13 自然樹形** 樹木本來就具有的形態。

## 樹形的類別以及栽種的要領

| 樹形 | 橢圓形 | 圓形 | 圓錐形 | 盃形 | 亂形 |
|---|---|---|---|---|---|
| 樹形 | 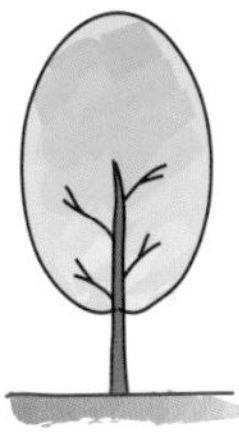 | 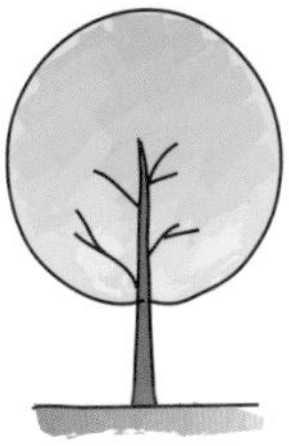 |  |  |  |
| 栽種的要領 | 枝葉伸展的幅度不寬,可栽種在稍微狹窄的地方。 | 枝葉伸展的幅度和樹高差不多,甚至更寬,所以植栽時要確保有較大的空間。樹下會形成樹蔭,栽植時需選擇耐陰性強的植物。 | 幾乎不需要照顧。為能夠維持樹形,不需經常修剪,如此也可減少管理的次數,管理起來十分方便。可讓狹窄的庭院看起來也很俐落。 | 比圓形樹形還要大,須確保有相當大的栽植空間,才能凸顯盃形的特徵。由於盃形可形成一大片的綠蔭空間,因此利用盃形樹蔭營造休憩空間是最好不過的了。 | 若是單獨栽種的話看起來會顯得雜亂,不妨靠牆邊栽種只欣賞樹的一個面向就好,或是把幾棵收整好種在一起。 |
| 代表樹種 |    桂花、鐵冬青、厚皮香、楊梅、連香樹、辛夷、茶梅、白楊樹、山茶花  |   樟樹、青岡櫟、楓樹、朴樹、櫻花樹、花水木  |  日本金松、杉木、喜馬拉雅雪松、小葉羅漢松    |  秋榆、櫸木 |   烏岡櫟、夾竹桃、繡球花、杞柳、紫花野牡丹、大葉醉魚草  |

代表樹種圖:

金桂

樟樹

日本金松

櫸木

烏岡櫟

鐵冬青

楓樹

杉木

夾竹桃

厚皮香

山櫻花

喜馬拉雅雪松

繡球花

楊梅

小葉羅漢松

# — 022 —
# 樹木的尺寸

**Point** | 樹木的尺寸要以樹高、幅寬、及樹圍來做測量，在植栽設計時，做為植栽尺寸的參考依據。

## 樹木尺寸的測量方法

目前市場上通用的樹木尺寸，是以樹木的高度、枝葉的幅寬（枝幅）以及樹圍來表達。樹木的高度是指從樹幹根部到頂端（樹冠）的尺寸。枝葉的幅寬是指枝葉左右寬度的平均值。樹圍則是指從樹根起算 1.2 公尺的高度所量得的樹幹周長。分株形的樹圍尺寸，則是將每一枝樹幹的周長加總總後再乘以 0.7。高度最低（枝下）不到 1.2 公尺的低木，是無法測量樹圍的。而地被植物多半都是以幼苗形式在市面流通，所以會以花盆大小（花缽的直徑）來表示尺寸。

與植物經銷業者交易、或是繪製植栽設計圖時，都會使用到用以上這個方法所計算出的數據。

## 櫸木也算低木嗎？

在植物圖鑑中，除了實際的高度尺寸之外，也經常會使用「高木」或是「低木」之類的用語，做為樹木的高度（樹高）分類 [14]。雖然這些分類並沒有嚴密的規則可循，不過植栽設計上將樹木區分為高木（樹高 2.5 公尺以上）、中木（樹高 1.5 公尺以上）、低木（樹高 0.3 公尺以上）是很常見的。

植栽設計的分類上，並不是以生長的時間來判斷，而是以種植時樹木實際的高度做為基準。譬如說，能夠長到 20 公尺以上高度的櫸木，在種植樹苗時，卻會被歸類在低木的範圍裡。

若從樹木長成後的尺寸來看，雖然幾乎所有的樹木不是會被歸類為高木，要不然就是低木，但若做為住宅觀賞用，其實中木左右的高度就很足夠了。由於日本在造園技術上的修剪技術很發達，可以將樹木生長的高度控制在一定的範圍內。不過，像繡球花及木槿等生長較為快速的樹木，日後就需要經常修剪，所以在植栽工程結束後庭院的後續管理上得花多少工夫，這也是很重要的考量點。

如果無法經常費心管理庭木，最好還是選擇樹形中等、以及生長速度稍微緩慢的樹種。

---

## 樹木通用尺寸的測量方法

### ① 單株

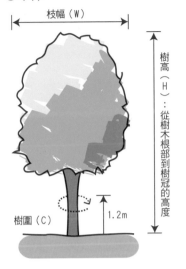

枝幅（W）

樹圍（C）

樹高（H）：從樹木根部到樹冠的高度

1.2m

### ② 分株

2.5m以上

樹圍（C）

將所有樹幹的周長總和乘以0.7，這是測量分株形樹木樹圍的方法。樹木高度、枝幅的測量方式則與單株相同。

### ③ 低木

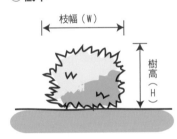

枝幅（W）

樹高（H）

如果樹幹的樹圍在10cm以下，通常就不特別標記。

### ④ 盆栽（花缽）

花盆的直徑

連著花盆販售的盆栽，通常是以花盆的尺寸做為丈量的基準。

| 一般花盆的尺寸 | |
|---|---|
| 9號 | 9cm（3寸） |
| 10.5號 | 10.5cm（3寸5分） |
| 12號 | 12cm（4寸） |
| 15號 | 15cm（5寸） |

## 樹木高度的分類

高木
3m～

中木
1.5～2m

低木
0.3～1.2m

# — 023 —
# 樹木生長的速度

**Point** | 行道樹、或是外來種、以及竹子的生長速度都很快。而寒冷地區野生的常綠針葉樹，生長速度則比較緩慢。

## 生長快速及生長緩慢的樹木

樹木生長的快慢程度會因樹種的不同而有差異。必須一邊思考管理方法及管理頻率，來選擇要栽種的庭木，這是植栽設計時不可忽略的重點。

被用來當做行道樹栽植的樹木，通常都生長迅速，種植後不久很快就能長成大樹。若庭院規模較小、或是院主不太有時間修剪庭木的話，還是不要選擇這一類的樹木比較好。近年來，已成為熱門行道樹種的花水木（大花四照花），因為生長速度較為緩慢，很容易控制樹高，所以也很適合做為庭木栽種。

從外國引進的樹木（外來種），生長的速度也會比較快。像是金合歡屬中有名的黑荊[1]、以及尤加利樹，一年即可長高 1 公尺左右。另外，豆科植物的生長速度通常也較快速。而被列為需注意的外來種生物[15]的黑荊，正是因為具有生長速度快、繁殖力強的特性，所以一旦做為庭木，在庭園管理上可就傷腦筋了。

此外，如同「雨後春筍」所形容的一般，孟宗竹以及日本苦竹之類的竹類，在春天新芽吐綠時，一天就可以從地面長出 1 公尺左右的高度。

相反地，成長較為緩慢的樹木，像是羅漢柏及紫杉等，大多是寒冷地帶野生常綠針葉樹的同類。

## 搬入庭園時，樹枝怎麼變少了？

從園藝業者搬運來的樹木，有時會為了搬運的方便、以及讓樹木在新環境容易著根，會把樹枝修剪一番後才搬運到植栽現場。或許因為如此，往往也會使人無法從外觀上辨識出，是否是當初選購的樹木。

即使是落葉樹這類生長速度較快的樹種，在樹枝被修剪後，大約也要經過 3 年左右才能夠恢復成原有的姿態。所以若是選購生長速度較緩慢的樹木，最好事先告知園藝業者在搬入之時，盡量不要剪掉太多樹枝。

---

※ 原注
　**15 需注意的外來種生物**　是指雖然不是日本外來種生物法的規範對象，但為了不對本地生態造成不良影響，也必須有適當處理方式的物種。
※ 譯注
　**1 黑荊**　（Acacia mearnsii）被視為是「世界百大外來入侵種」之一。

# 樹木的生長速度

遲緩 ←——————————————————————→ 快速

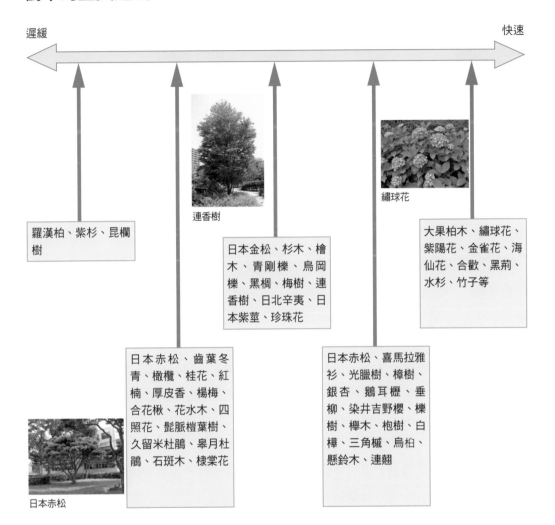

羅漢柏、紫杉、昆欄樹

連香樹

日本金松、杉木、檜木、青剛櫟、烏岡櫟、黑桐、梅樹、連香樹、日北辛夷、日本紫莖、珍珠花

繡球花

大果柏木、繡球花、紫陽花、金雀花、海仙花、合歡、黑荊、水杉、竹子等

日本赤松、齒葉冬青、橄欖、桂花、紅楠、厚皮香、楊梅、合花楸、花水木、四照花、髭脈檔葉樹、久留米杜鵑、皋月杜鵑、石斑木、棣棠花

日本赤松

日本赤松、喜馬拉雅衫、光臘樹、樟樹、銀杏、鵝耳櫪、垂柳、染井吉野櫻、櫟樹、櫸木、枹樹、白樺、三角槭、烏桕、懸鈴木、連翹

水杉。日本新宿御苑

小常識

## 令人嘆為觀止的水杉

水杉是落葉針葉樹，日文別名「曙杉」。是日本公園常見的植栽樹木。不過，令人感到意外的是，水杉其實是近來才被引進日本的。因為曾經發現過水杉的化石，水杉也因而被認為是早已絕種的樹種，直到1945年中國四川省發現水杉的蹤影後，才於1949年將水杉的插枝及種子引進日本栽種。

水杉的生長力和繁殖力很強，雖然是大約在60年前才以種子及插扦來繁殖水杉，可是現在於日本各地所看到的水杉都已經長成超過20公尺以上高度的大樹了。即便是3公尺高度的水杉，不用10年光景就可以長成10公尺左右的高度；不過可惜的是，水杉也因為這樣而不適合做為庭木植栽。

# — 024 —
# 控制生長速度

**Point** | 不易修剪、或是樹形容易走樣、變亂的樹木，要委託專門業者做修剪。

## 以修剪管理庭院

直到生命結束爲止，樹木都會持續不停地生長。在住宅庭院等有限的空間植栽時，也有必要維持樹木的適當大小。特別在日本，充分具備樹木生長所需的日照、水、土及氣溫等良好的環境條件，所以也就必須透過剪定[16]，以控制樹木的生長。

這項工作如果是委託園藝業者當然就沒有什麼問題，但若是屋主打算自己執行修剪庭木的管理計畫，那麼在樹種的選擇上就有必要稍加留意了。像是經常被做成綠籬的紅芽石楠（又稱扇骨木），以及被用來當成行道樹的烏岡櫟（即姥芽櫟）等，當樹枝被剪除不久後，馬上又會長出新枝（萌芽力極強），但只要掌握好對的修剪時間，執行起來也相對容易。但是，像染井吉野櫻及櫸木等，因爲修剪枝葉後容易使樹形走樣，因此剪定方法就得更加講究，決定修剪時期的難度也比較高。

## 為什麼會忌諱剪定？

有些樹木會對剪定有忌諱，主要有二個原因： 剪定後樹木的生長情形變差。 剪定使得樹形走樣，失去原本好看的姿態。

第一項當中最具代表性的樹木就是染井吉野櫻。日本俗諺說：「修剪櫻花的人是笨蛋、不修剪梅樹的人也是笨蛋。」染井吉野櫻剪枝後的切口容易因爲細菌侵入而腐爛。而日本紫藤在剪定後，修剪過的部位會有一段時期不會再開花。另外有些針葉樹，老幹已難以再發出新芽，在剪定後，可能也會連新的葉子都長不出來了。

第二項代表的樹木則是櫸木。櫸木特有的盃狀樹形十分優雅迷人，不過一旦經過修剪，就不容易再回復到原本自然的樹形了。

所以，如果種植的樹木屬於剪定不易的樹種，那麼最好還是把剪定等管理作業委託園藝業者處理會比較好。

---

※ 原注
**16 剪定** 　在爲了限制樹高及枝幅寬度，或減少樹枝的數量、並增加分枝等樹木生長的考量之下，按不同目的修剪樹木的樹幹、樹枝、樹葉、樹根等部位。

## 應該修剪的樹枝部位

**頂枝：**
是指樹木生長的最前端的部分。在要抑止的生長方向上，當枝葉過大時就將此部位剪除。

**平行枝：**
相近、且同方向伸長的樹枝。為了不破壞樹形的均衡感，可擇一剪除。

**立枝：**
與徒長枝相同

**下垂枝：**
極度往下生長的樹枝。這類樹枝本來就很容易枯死。

**車輪枝：**
從樹幹的同一處長出數根樹枝的情況。這也是使樹形走樣的原因。

**頭幹枝：**
也稱為幹枝。這種直接從主幹長出的樹枝通常也是導致樹木變衰弱的主因。

**忌生枝：**
與樹幹交纏的樹枝。這也是使樹形走樣的主要原因。

**叉生枝：**
從同一處往左右兩方伸長的樹枝。為了不使樹形走樣而有必要剪除。

**交叉枝：**
又稱纏枝。因為與其他樹枝交錯生長，也是日後樹形走樣的主因。

**徒長枝：**
也稱立枝。這類比其他樹枝生長快速的樹枝，也是日後樹形走樣的原因。

**逆行枝：**
向樹幹內側伸展的小枝

**分蘗枝：**
從樹根或土中長出的樹枝。

## 主要的剪枝時期（東京周邊）

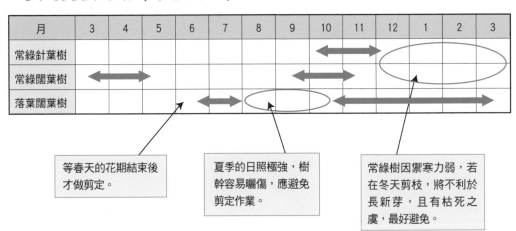

| 月 | 3 | 4 | 5 | 6 | 7 | 8 | 9 | 10 | 11 | 12 | 1 | 2 | 3 |
|---|---|---|---|---|---|---|---|---|---|---|---|---|---|
| 常綠針葉樹 | | | | | | | | ← | → | ○ | | | |
| 常綠闊葉樹 | ← | → | | | | | ← | → | | ○ | | | |
| 落葉闊葉樹 | | | | ← | → | ○ | | ← | | | | | → |

等春天的花期結束後才做剪定。

夏季的日照極強，樹幹容易曬傷，應避免剪定作業。

常綠樹因禦寒力弱，若在冬天剪枝，將不利於長新芽，且有枯死之虞，最好避免。

# 各式樹種的日照需求

**Point** | 有些樹木喜歡在陽光充足的地方生長，有些則偏好黑暗潮濕的環境；因此，植栽時挑選符合日照條件的樹木才行。

## 陽性樹・陰性樹・中性樹

　　樹木可依生長時所需要的日照量多寡來做分類。

　　原本就生長在日照充足的地區、喜好陽光的樹木稱為陽性樹[17]。而不喜歡陽光照射，喜歡在潮濕陰暗環境的樹木則稱為陰性樹。而對日照需求程度介於陽性樹及陰性樹之間，喜歡適度日照、與遮蔭的樹木則叫做中性樹。

　　陽性樹適合栽種在位於南側的庭院等、日照充足的地方。陰性樹的話，最好栽種在陽光較弱的的北側庭院，或是在高木和中木的樹蔭底下，做為下木種植。而中性樹大多適合栽種在中午前有溫和日照的東側庭院。

　　雖然有些樹木像檜木一樣，即便屬於陰性樹種，但也能夠在日照充足的地方生長。不過這方面還要留意的是，幾乎所有的陽性樹都無法在遮蔭的環境下健全地生長。

## 如何分辯樹木的日照需求

　　日照條件是樹木生長不可或缺的要素之一。大部分的植物圖鑑中都會記載有陽性樹、陰性樹、或中性樹等資料，所以在挑選樹木時，就要確認好樹木是否能夠適合植栽場所的日照條件。

　　若手邊沒有植物圖鑑可供參考的話，透過以下的方式做判定，也不至於會出錯。像是落葉闊葉樹、及落葉針葉樹幾乎都是陽性樹或中性樹；而常綠闊葉樹及常綠針葉樹多半不是中性樹、就是陰性樹。另外像櫻花樹或薔薇等花木，基本上都屬於陽性樹，相當喜歡日照。而會綻放艷麗、引人注目花朵的樹木，基本上要不是陽性樹就是中性樹，也可以這樣來思考。

　　但是也有例外的時候。像山茶花或茶梅，雖然能開出艷麗的花朵、且禁得住陽光照射，不過卻是介於中性樹及陰性樹的性質，也因為這樣，即使被種在日照不足的地方，也能夠開花。

---

※ 原注

17　在陽性樹當中，以葉片較薄的樹木，以及原生於溫帶的落葉樹，多半都有偏好早晨陽光，而不喜歡西曬的傾向，植栽時要盡量避免種在西側的庭院比較好。相反的，常綠樹及原生於溫暖環境的亞熱帶植物，則是偏好西曬的陽光。

## 陰性樹・陽性樹的代表樹種

| | 中木・高木 | 低木・地被植物 |
|---|---|---|
| 極陰樹 | 紫杉、齒葉冬青、釣樟、日本金松（長成大樹以後就變成陽樹）、柊木、異葉木樨、檜木 | 青木、馬醉木、毛瑞香、草珊瑚、硃砂根、八角金盤、紫金牛 |
| 陰性樹～中性樹 | 黑櫟、德國雲杉、日本紫莖 | 繡球花、紫陽花、雞麻、南天竹、十大功勞、杜鵑花、柃木、棣棠花 |
| 中性樹 | 無花果、安息香、青梻樹、辛夷、花柏、星花木蘭、杉樹、垂絲衛矛、夏山茶、枇杷 | 大花六道木、美國石楠、通條樹、蜀椒、穗序蠟瓣花、薩摩山梅花、金線海棠、　線菊、三葉杜鵑、迎紅杜鵑、蠟梅 |
| 中性樹～陽性樹 | 楓樹、朴樹、連香樹、麻櫟、月桂樹、枹樹、唐棣、加拿大唐棣、椎櫟、西洋石楠、刻脈冬青、紅楠、茶花類植物、日本七葉樹、水亞木、白雲木、花水木、山毛櫸、日本衛矛、日本冷杉、蝴蝶戲珠花、四照花、楊梅、紫丁香、髭脈榿葉樹 | 日本繡球、柏葉紫陽花、莢蒾、寒椿、金絲梅、梔子花、山黃梔、繡線菊、茶樹、衛矛、海仙花、玫瑰、小溲疏、錦繡杜鵑、日本紫藤、臭牡丹、黃瑞香、珍珠花 |
| 陽性樹 | 梧桐、日本赤松、榔榆、雞冠刺桐、青剛櫟、烏岡櫟、梅樹、橄欖、龍柏、紅芽石楠（扇骨木）、印度紫檀、檉柳、丹桂、貝利氏相思、栗、鐵冬青、櫸木、櫻花樹、紫薇、山楂、山茱萸、紫花野牡丹、垂柳、九芎、光臘樹、木蘭、白樺、洋玉蘭、三角槭、烏桕、北美香柏、紫荊花、桃樹、春榆、斐濟果、大葉醉魚草、冬青衛矛、太平洋粟、金縷梅、木槿、細葉冬青、厚皮香、蘋果樹 | 齒葉溲疏、落霜紅、金雀花、迎春花、大紫杜鵑、夾竹桃、霧島杜鵑、銀梅花、金芽黃楊、黃楊、麻葉繡線菊、側柏、皐月杜鵑、厚葉石斑木、台灣吊鐘花、檵木、海桐、胡頹子、郁李、凌霄花、龍柏、胡枝子類、杞柳、凹葉柃木、薔薇類、小葉瑞木、火棘、木芙蓉、小實女貞、藍莓、貼梗海棠、黃楊、假黃楊、小蘗、山櫻桃、連翹、迷迭香 |

## 可栽種於高木底下的樹種

　　高木的樹底下會形成樹陰，所以可以在高木樹底下栽植陰性樹。不過，若高木是落葉樹的話，要注意冬天時還是會產生一定程度的日照。所以高木若是落葉樹，底下就種常綠樹，或者高木是常綠樹，底下種落葉樹，如此一來就能構築出季節變化的趣味。

| 陰性樹～半陰性樹 | 繡球花、馬醉木、紫陽花、寒椿、吉祥草、聖誕玫瑰、　竹類、金粟蘭、玉龍草、茶樹、南天竹、凹葉柃木、十大功勞、柃木、大麥冬、頂花板凳果、常春藤類、硃砂根、紫金牛、闊葉麥門冬、沿階草 |
|---|---|
| 陽性樹 | 筋骨草、大花六道木、杜鵑花、金絲梅、馬蹄金、鈴蘭、金絲桃、小葉瑞木、連翹 |

小常識

喜好會改變的樹種們

　　樹木雖有陽性樹和陰性樹之分，但陽性樹在發芽、或還在種子、苗木階段時，多半還是喜好遮蔭。因為在種子或苗木階段，葉片及根部還沒發育好，蓄水能力還不健全，因此若長在日照過強充足、或過於乾燥的環境，都會讓樹木變衰弱。

　　相反地，像稻科的草本類，以及赤松、白樺、柳木等，反而是在種子與幼苗階段比較喜歡日光的樹木。

　　另外，日本金松從苗木成長為幼木的階段，雖是喜歡遮蔭的陰性樹，但長成成木後就會變成陽性樹。樹木有這樣易變性，還真讓人意想不到呢。

日本金松。金松科金松屬的常綠針葉樹。

# — 026 —
# 日照條件與樹木的選擇

**Point** 日照條件不單只有從方位思考而已，也要從時間的推移及地域差異來加以判斷、檢討。

## 依日照條件選擇樹木

樹木對於日照條件各有不同的偏好。因此植栽場所的日照條件也就成了必需考量到的重點。一天中日照的推移變化可以造園用地的方位來思考。中午前，柔和的朝陽會從庭院的東方照射進來；從午前到午後，強烈而明亮的陽光就會集中照射在庭院的南側。而午後到黃昏日落前，強烈的的陽光（也就是所謂的西曬）則會照在整座用地上。而另一方面，用地的北側整天都照不到陽光。以上的各種情形就是一般所謂的日照條件。

把上述的日照條件和陽性樹、陰性樹、中性樹（參照第 62～63 頁）的概念合併思考，便可以了解到，庭院用地的東側適合種植中性樹，南側及西側適合陽性樹，而北側則是適合種植陰性樹的環境。

## 現場勘查以及活用日影圖

庭院用地及周邊建築物的高度，以及鄰地的環境等，也會影響用地的日照條件。庭院用地上的建築物會在庭院上形成什麼樣的落影，可繪製成日影圖 [18] 加以檢討。

至於周邊環境會對用地的日照帶來怎樣的影響，最好在現場勘查時就先確認清楚。

即使是位於南側的用地，若是鄰地的地盤面位置較高，那麼鄰地建築物就會在用地上形成大面積的影子，這樣一來就不適合種植偏好陽光的陽性樹了。

另一方面，即使是用地的北側，若是面向道路及公園等開放空間，也會因此變得較明亮。如此一來，這裡的環境也有可能變得適合種植偏好適度日照與遮蔭的中性樹。

地域差異也是決定日照條件的要因之一。在日本東北以北的地方，原本日照就不太強烈，所以即使是南側的庭院也可以栽種中性樹。

相較之下，從日本近畿南部到沖繩地區，由於日照強，所以庭院的南側反而要避免種植中性樹才好。

---

※ 原注
**18 日影圖** 用來表示隨著時間的推移，在一基準水平面上，建築物所落下的落影變化。

# 選擇適合日照條件的樹木

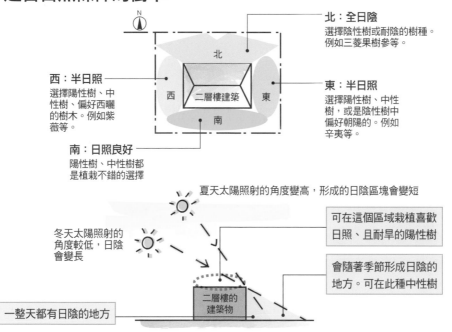

**北：全日陰**
選擇陰性樹或耐陰的樹種。
例如三菱果樹參等。

**西：半日照**
選擇陽性樹、中性樹、偏好西曬的樹木。例如紫薇等。

**東：半日照**
選擇陽性樹、中性樹，或是陰性樹中偏好朝陽的。例如辛夷等。

**南：日照良好**
陽性樹、中性樹都是植栽不錯的選擇

夏天太陽照射的角度變高，形成的日陰區塊會變短

可在這個區域栽植喜歡日照、且耐旱的陽性樹

會隨著季節形成日陰的地方。可在此種中性樹

冬天太陽照射的角度較低，日陰會變長

一整天都有日陰的地方

# 透過日影圖確認日照條件

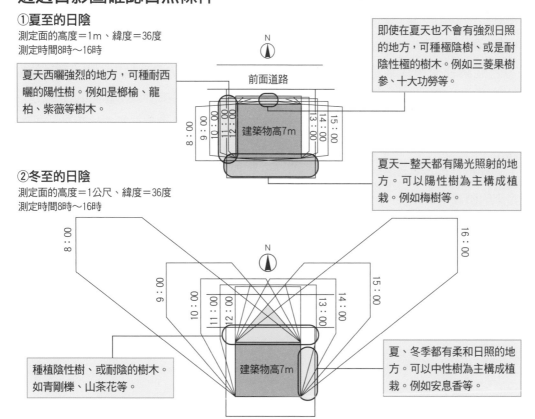

## ①夏至的日陰
測定面的高度＝1m、緯度＝36度
測定時間8時～16時

夏天西曬強烈的地方，可種耐西曬的陽性樹。例如是榔榆、龍柏、紫薇等樹木。

即使在夏天也不會有強烈日照的地方，可種極陰樹、或是耐陰性極的樹木。例如三菱果樹參、十大功勞等。

夏天一整天都有陽光照射的地方。可以陽性樹為主構成植栽。例如梅樹等。

## ②冬至的日陰
測定面的高度＝1公尺、緯度＝36度
測定時間8時～16時

種植陰性樹、或耐陰的樹木。如青剛櫟、山茶花等。

夏、冬季都有柔和日照的地方。可以中性樹為主構成植栽。例如安息香等。

# — 027 —
# 南北向庭院的樹木

**Point** | 在日照充足的南側庭院要種植陽性樹；而終日都會形成日陰的北側庭院則要種植陰性樹。

## 適合栽種陽性樹的南側庭院

一整天都有明亮日照的南側庭院，可說是最適合植栽的環境。雖然幾乎所有的樹木都很適合栽種於此，不過最好還是以種植陽性樹為主會比較好。

像是紫薇、木槿、木芙蓉等，在夏天會開花的樹木，以及有醒目花朵的花木等，幾乎都屬於陽性樹。還有，在早春開花的梅樹及染井吉野櫻，或是在五月才開始開花的薔薇等，以及幾乎所有薔薇科的樹木，也都屬於陽性樹。

在庭院南側陽光過於強烈的地方，可以種植高木的方式達到遮蔭的效果。在高木下方還能夠種植像棣棠花及繡球花之類、屬於中性樹的低木。這種具有遮蔭效果的樹木稱為「遮蔭樹」，在落葉樹當中就有像是喜好日照的櫸榆、朴樹及合歡花等等，最好也把這種橫向生長樹形的高木納入庭園的植栽中。

## 只適合栽種陰性樹的北側庭院

北側的庭院終日都照不到陽光，因此基本上，應該選擇種植即使在日照缺乏的環境下也能生長的陰性樹。

代表性的陰性樹有：屬於高木的三菱果樹參、虎皮楠，中木的青木、南天竹，以及低木的金粟蘭及硃砂根等常綠闊葉樹。不過像北海道這種冬天氣溫極低的地區，因為常綠闊葉樹非常不耐寒的緣故，所以還是種植針葉樹比較合適。屬於常綠針葉樹的陰性樹則有紫杉及羅漢柏等等。

地被植物（Ground Cover Plants）方面，則多半會種植沿階草、富貴草、小隈笹竹、以及屬於藤蔓植物的常春藤等植物。

此外，種在建築物北側的樹木，不需太過期待種植後會有明顯地生長，所以，在種植時最好就要選擇接近成木樹形的樹木會比較好。

## 南側庭院的植物配植

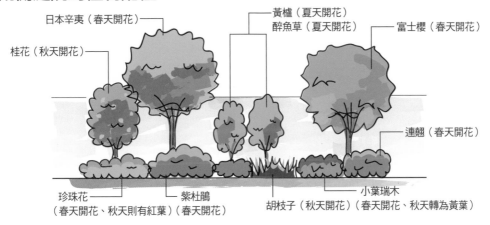

桂花（秋天開花）

日本辛夷（春天開花）

黃櫨（夏天開花）
醉魚草（夏天開花）

富士櫻（春天開花）

連翹（春天開花）

珍珠花
（春天開花、秋天則有紅葉）

紫杜鵑
（春天開花）

胡枝子（秋天開花）

小葉瑞木
（春天開花、秋天轉為黃葉）

可依開花、紅葉，以及季節的更迭來做規劃及配植

## 北側庭院的植物配植

### ①配植圖例（平面）

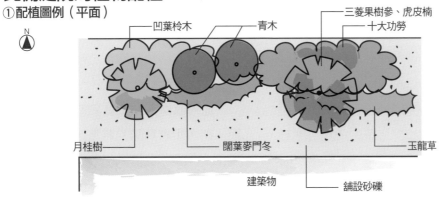

凹葉枌木

青木

三菱果樹參、虎皮楠
十大功勞

月桂樹

闊葉麥門冬

玉龍草

建築物

鋪設砂礫

### ②北側庭院的植栽重點

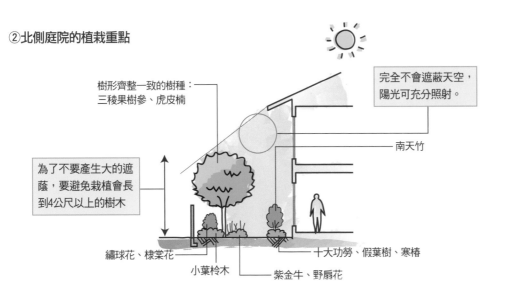

樹形齊整一致的樹種：
三稜果樹參、虎皮楠

完全不會遮蔽天空，
陽光可充分照射。

南天竹

為了不要產生大的遮
蔭，要避免栽植會長
到4公尺以上的樹木

繡球花、棣棠花

小葉枌木

紫金牛、野扇花

十大功勞、假葉樹、寒椿

# — 028 —
# 東西向庭院的樹木

**Point** | 在照得到早晨陽光的東側庭院種植中性樹或陰性樹；而西曬強烈的西側庭院則是栽植陽性樹。

## 中性樹適合種在東側庭院

東側的庭院中午前都有和煦的陽光照拂；但到了下午，日照偏移，建築物會在庭院形成陰影，就會有日照不足的情形。

因此，最好選擇喜好適度日照的中性樹種植。適合的樹種在高木方面有安息香、夏山茶及日本紫莖；中木則有糯米樹及日本紫珠；低木則有溲疏及棣棠花等等。

另外，由於東側日照的程度較弱，所以陰性樹的話，也幾乎都能夠種植。相反的，需要充足日照的陽性樹就無法在此獲得充足日照，這也反而是造成陽性樹生長不良的地方。

在樹下的地被植物方面，玉簪花及虎耳草等，都很適合在東側庭院的日照條件下種植。

此外，竹類植物也很適合東側庭院。而由於要避免竹桿因過度曝曬而乾枯，所以像東側庭院這樣同時能有適度日照及日蔭的地方，就會是最適合竹子生長的環境。

## 陽性樹適合種在西側的庭院

由於西側庭院上午及下午陽光移動的順序，正好與東側庭院相反，因此在植栽上也適合種植中性樹。其實這樣思考是錯誤的。

午後的陽光要比午前強烈許多，若種植中性樹或陰性樹，會因為日曬過度而導致葉片灼傷、乾枯等，如此一來，就無法期待樹木生長良好。所以，西側庭院應該種的是像九芎及光蠟樹之類、喜好強烈日的陽性樹才對。

能夠栽種在西側庭院的樹木，也可以栽種在南側的庭院，非常適合種植夏天會開花、在溫暖地帶原生的樹種。除了楊梅等常綠闊葉樹之外，另外像是橘子等柑橘類，以及橄欖、椰子類、迷迭香等也都很適合。

此外，西側庭院與南側庭院一樣，只要種植高木的話就能夠形成日蔭，所以在高木底下也能夠種植中性樹。

## 東側庭院的植物配植

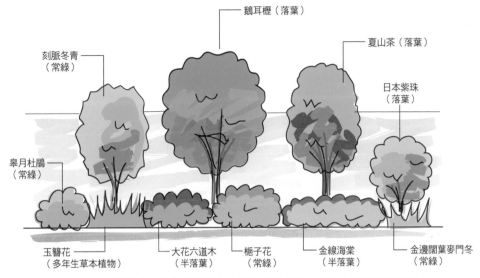

刻脈冬青
（常綠）

鵝耳櫪（落葉）

夏山茶（落葉）

日本紫珠
（落葉）

皋月杜鵑
（常綠）

玉簪花
（多年生草本植物）

大花六道木
（半落葉）

梔子花
（常綠）

金線海棠
（半落葉）

金邊闊葉麥門冬
（常綠）

以葉色明亮的落葉樹為主要植栽的樹木，然後在其四周配植低木
及中木等常綠樹種，如此一年四季都可以欣賞綠意盎然。

## 西側庭院的植物配植

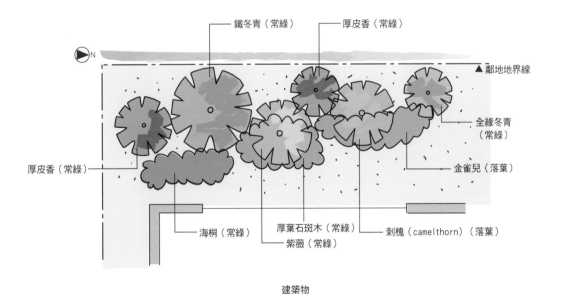

鐵冬青（常綠）

厚皮香（常綠）

N

▲鄰地地界線

全緣冬青
（常綠）

厚皮香（常綠）

金雀兒（落葉）

海桐（常綠）

厚葉石斑木（常綠）

紫薇（常綠）

刺槐（camelthorn）（落葉）

建築物

西側的庭院，要以常綠樹為主體，以抑制夏季的西曬。

# — 029 —
# 選擇樹木的三個要件

**Point** | 以「具有觀賞價值」、「管理・施工容易」、以及「具有市場性」為基準，選擇植栽的樹木。

## 植栽樹木的三個要素

並不是所有可自然生長的樹木都適合植栽。在選擇植栽樹木時，要確認是否都具備了以下 3 個要素：

### 具有觀賞價值

花朵、紅葉、果實能給人愉悅感，以及樹形優美等，具有觀賞魅力的樹木，是做為植栽樹木最重要的條件。

若沒有以上的吸引人觀賞的魅力，但卻有陪襯其他樹木的效果，也能夠等同視為具有觀賞價值的樹木。

### 管理・施工容易

選擇施肥及修剪上不需太費工夫的樹木，對住宅用的植栽而言也是相當重要的。另外，生長速度太快、以及容易生病蟲害的樹木也不適合用來做為植栽。

還有，方便移植也是非常重要的。由於老樹在移植作業上比較困難，所以植栽時應該盡量選擇樹齡年輕的樹木。

### 具有市場性

價格及市場流通量穩定，也是選擇植栽樹木的要件之一。若是以種子來繁衍樹木（實生[19]）的方式，等到樹木長到某個高度，通常還得需要好幾年的時間。因此，園藝業者通常都是以插枝[20]或接木[21]等培植方式，來增加樹木的數量。目前用於植栽的樹木幾乎都是用這個方法培植出來的，所以在價格或是流通量方面都很穩定。

另外，巨木、奇珍樹木其實都是採伐自深山中的原生樹種（山伐），在市場上流通的數量十分稀少。由於這些樹木的價格與交貨日期無法確切掌握，若是預算不足或施工期有限的話，最好盡量避免列入植栽計畫。

此外，植栽樹木也有流行性，有些樹木某段時間雖會在市場大量流通，可是風潮一過也迅速地在市場消失，這一點也要多加留意才好。

---

※ 原注
**19 實生** 用植物的種子來繁殖的方法。
**20 插枝** 從母株切下植物的枝、根、葉，插入土壤中使之生根的繁殖方法。
**21 接木** 切取植物的樹幹、樹枝、樹芽、樹根，然後嫁接到其他植物的樹幹、樹枝、樹根、或球根上，再繁殖出另一個新品種的繁殖方法。

# 熱門的植栽樹種

## 刻脈冬青
冬青科冬青屬
常綠闊葉樹
有帶皮革光澤的深綠色葉片、和細長葉柄。風吹時，
會發出沙沙聲響，因此也稱為「具柄冬青」。初夏時
會綻放白色小花，著生在長果柄前端的果實約在每
年的10月至11月之間會成熟變紅。樹形自然整齊，耐
病蟲害。

## 黑櫟
山毛櫸科青岡屬
常綠闊葉樹
可以高木到中木之間的各種高度來做植栽使用。雖
然不會開花，但葉片相當鮮綠亮澤，很適合用在輕巧
風格的庭園。黑櫟也常做為高大的樹籬使用。不管是
日照強烈、或稍有日蔭之處都能夠種植。

## 花水木 (大花四照花)
四照花科四照花屬
落葉闊葉樹
春天開花、夏天賞葉，秋天還可欣賞紅葉及結果，是經常被使用的植
栽花木。由於成樹高度通常不會超過 6 公尺，因此不管是狹窄或寬廣
的庭園都很適合當做庭木種植。也不會有染井吉野櫻那樣的病蟲害發
聲，而且還很耐修剪。由於是近幾年來植栽樹木的常客，市場供貨穩定，
很容易就能購得。不過還是要留意花水木並不耐熱、也不喜歡乾燥。

## 西洋紅葉石楠 (Red Robin)
薔薇科石楠屬
常綠闊葉樹
經常用來做為綠籬植栽。由於新芽會變紅，也可藉此
為原本常綠的垣離增添色彩的變化。病蟲害不多，生
長快速。園藝市場上的價格也很親民。

## 皋月杜鵑
杜鵑花科杜鵑花屬
常綠闊葉樹
是春天開花的低木代表。自古以來就常做為庭木種植，也是盆栽、路樹
或公園景觀樹中不可缺少的樹木。修剪容易且病蟲害不多。日本原生種
的產地以和歌山的杜鵑最有名。品種繁多、花色從一般熟知的深粉紅、
到白色、淡粉紅等都有。

# — 030 —
# 適合植栽的樹木

**Point** | 透過實地勘查了解植栽用地周邊的植物生態，了解原本樹木的自然分布區域、與可移植的植栽分布區域。

## 調查用地周邊的植物生態

樹木各自有其適合生長的環境。好不容易種好的樹木，也可能因為不適應環境，而日漸弱小，甚致枯死。

調查植栽用地上可能會形成什麼樣的植生[22]情況，最簡單的方法就是親自去當地附近看看，用地附近的庭院、或公園等，了解這些地方都栽種些什麼樹種。如果這些樹木能長時間生長的話，就表示這些樹木很能適應這裡的環境。

## 自然分布與植栽分布

若不到現場勘查，也可以透過調查樹木「自然分布」的情形，找出可能適合植栽用地種植的品種。所謂的自然分布，是指讓樹木自然生長、繁殖的地域範圍。

再來是要了解與自然分布同時並列為參考的「植栽分布」。例如常被用來做為公園樹木及行道樹的樟樹，在日本自然分布的範圍是在日本九州到本州南部之間，但實際上本州的東北及東南部地區也有種植。像這樣，有些樹木雖然不是生長在原來自然生長的環境，但移植之後也確實可以繼續生長的地域，就稱為植栽分布。

植栽分布在植物圖鑑裡都有記載，借助植物圖鑑就能輕易確認。不過，近年來因為地球暖化的影響，植栽分布的範圍每年都有些變化，最好能參考最新版的植物圖鑑。

## 園藝種與外來種的分布圖

園藝用的改良品種，本來就沒有所謂自然分布的資料可以參考。因此，要確認植栽地區適不適合種植時，最好可以參考改良前原生樹種的分布範圍。若是外來品種的話，可以調查原生地的環境，並到植栽現場附近，看看周遭的環境是否適合種植再做判斷。

---

※ 原注
**22 植生** 在某一地區生長的植物群落的總稱。

# 樹木生長地的範圍

魚鱗雲杉（松科）

日本山茶花（茶樹科）

圖例
- 最寒冷的地區
- 寒冷地區（寒地）
- 溫暖地區（暖地）
- 暑熱地區

蒙古櫟（山毛櫸科）

小笠原露兜樹（露兜樹科）

## 植栽的分布

| 分 布 | | 代表的樹種 | |
|---|---|---|---|
| | | 中高木 | 低木・地被植物 |
| 水平分布 | 最寒冷的地區 | 魚鱗雲杉、冷杉、花楸、圓葉械 | 紅果越桔、大葉酢木、小櫻珞杜鵑花 |
| | 次寒冷地區 | 大葉釣樟、白樺、柳葉木蘭、山毛櫸、蒙古櫟 | 蝦夷紫陽花、日本繡球花 |
| | 溫暖地區 | 樟樹、白新木薑子、椎櫟、紅楠、日本山茶花 | 青木、細梗絡石、紫金牛 |
| | 暑熱地區 | 雀榕、榕樹、蘇鐵、小笠原露兜樹、蓮葉桐 | 銀合歡、馬鞍藤、腎蕨 |
| 垂直分布 | 高山帶 | ─ | 牛皮杜鵑、駒草、偃松 |
| | 亞高山帶 | 陳鐵杉、白檜、岳樺、花楸、圓葉械 | 黃瓢子、舞鶴草 |
| | 低山帶 | 赤松、假繡球、白樺、三葉海棠、山毛櫸 | 馬醉木、毛葉石楠、蓮花杜鵑、柳蘭 |
| | 丘陵地 | 野梧桐、欅木、椎櫟、合歡 | 青木、枔木、闊葉麥門冬、鈍葉杜鵑 |

# — 031 —
# 耐強風的樹木

**Point** | 在風勢強勁的地方，不能只靠樹木來防風，也必須有人工構造物等做為緩衝。

## 挑選耐強風樹木的方法

在風力強勁的植栽用地，最好選擇枝葉強韌的樹木。像是常被用來做爲防風林的杉樹、黑松及羅漢松等常綠針葉樹，都是可耐強風的代表樹種。而常綠闊葉樹方面，則以黑櫟及青剛櫟等櫟樹類的樹種比較能耐受強風。

另外像是葉片細長而強韌的椰子類，因爲也抵擋得了強風吹襲，所以也被視爲可耐強風的樹木。反之，若是樹枝細、葉片薄的樹木則多半是無法抵抗得了強勁風力，也可以這樣的思考來理解。特別是楓樹之類新芽柔軟、葉片細薄、且樹枝較細的樹木，便很容易受到強風影響，在風勢強勁的地方挑選植栽樹木時，要多加留意才行。

不過，像是柳樹類這種葉片柔軟，但樹枝質地十分柔韌的樹木，反而能夠抵抗強風吹襲，所以也被視爲耐強風的樹種。

## 設置構造物抵擋強風

在樹木生長的過程中，風力也是不可欠缺的一個要素。風不但可促進樹葉周圍的空氣循環，也能夠加強光合作用[23]的效率；而且花粉也必須以風爲媒介，達到傳遞的效果，所以說風力的確也是樹木生長的必要條件。

只不過，太強勁的風卻又會阻礙樹木的生長。特別是位在樹枝前端的生長點，若經常受到強風吹襲擠壓的刺激，樹木的生長也會變遲鈍。像在山脊及山頂等風勢強勁的地方所生長的樹木，之所以往往呈現往地面伸展的樹形，就是要盡量避開被強風吹襲的緣故。

所以，在經常受強風吹襲的地方植栽時，除了種植可耐受強風的樹木之外，也應修建防風圍籬或牆壁等構造物做爲緩衝帶，以削減風力。

---

**23 光合作用** 是指植物利用太陽光的能量，以大氣中的二氧化碳、以及從土壤中吸收的水分為基礎，合成為碳水化合物的作用。植物的主成分，除去水分之後有高達 85 ～ 90％是透過光合作用產生的碳水化合物，由此可知，二氧化碳也可說是植物的「主食」。

## 耐風樹木的分布

①山間

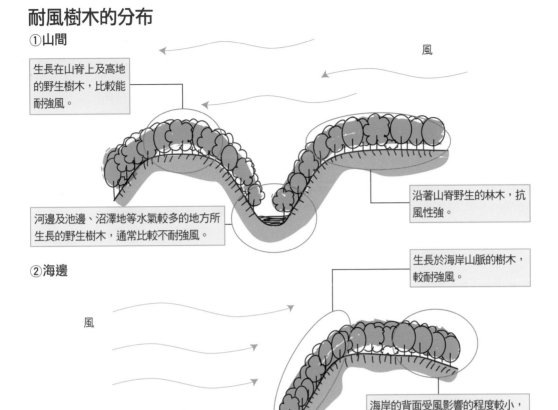

生長在山脊上及高地的野生樹木,比較能耐強風。

河邊及池邊、沼澤地等水氣較多的地方所生長的野生樹木,通常比較不耐強風。

風

沿著山脊野生的林木,抗風性強。

②海邊

生長於海岸山脈的樹木,較耐強風。

風

海岸的背面受風影響的程度較小,所以生長在這個地方的野生樹木,通常也比較不耐強風。

## 耐強風的代表樹種

| | 常綠樹 | 落葉樹 |
|---|---|---|
| 高　木<br>中　木 | 赤松、羅漢松、黑松、杉木、青剛櫟、樟樹、茶梅、光臘樹、黑櫟、椎櫟、紅楠、太平洋栗、日本衛矛、日本山茶、楊梅 | 櫸榆、銀杏、朴樹、糙葉樹 |
| 低　木<br>地被植物 | 寒椿、厚葉石斑木、海桐、胡頹子、日本女貞、凹葉柃木、澳洲朱蕉 | 秋胡頹子 |
| 特殊樹種 | 加拿利棗椰、棕櫚、蘇鐵、唐棕櫚、華盛頓棕櫚 | — |

# — 032 —
# 耐海風的樹木

**Point** | 在海濱栽植樹木時，要留意樹木上附著的鹽分有沒有確實沖洗乾淨，也要確認土壤中是否還有鹽分殘留。

## 完全沒有植栽樹可抗海潮

若以「給青菜撒鹽一般」比喻的話，絕大多數的植物都不喜歡鹽分，由此類推，比較聰明的想法可以說，幾乎沒有一棵樹木有抵抗海風的能耐。平時得抵擋海風、且要能在覆滿鹽分的地方種植的，大概只有紅樹林[24]而已。

而相對來說，比較能抗海風的樹木，除了海岸邊野生的加拿利棗椰等椰子類樹木外，還有黑松等松樹類、以及羅漢松等松柏類這種葉子較硬的常綠針葉樹。如果是這些樹木，就有可能種在稍微遠離海岸線的地方。

而離海岸線再遠一些的地方，就可能可以栽種日本山茶、椎櫟、楊梅、紅楠、烏岡櫟等常綠闊葉樹。這些樹木都有較厚的葉子、以及可抗禦強風的粗枝和樹幹。而落葉闊葉樹方面，則是可以選擇種植朴樹及槲榆等樹木。

## 海濱植栽的重點

在海邊附近種植樹木時，基本上要選擇上述抗鹽分能力較強的樹木。不過這些樹木的葉子若附著了鹽分而不加處理的話，就會影響到樹木的生長，因此要配植在可利用雨水將附著的鹽分自然沖洗放流掉的地方，或是容易用水沖洗樹葉的地方，就是特別要留意的重點了。若是種植在海風非常強勁的地方，也要利用人工構造物等遮蔽海風，再選種能夠抵抗海風的樹木。

離海濱近、但不會直接迎海風的用地，大部分的土壤也多富含鹽分。若土壤表面會冒出白色的鹽分、或是連雜草也完全長不出的話，就要注意土壤含鹽分過高的問題。這個時候，除了可以混入腐質土及有機堆肥等改良土壤，或以灑水洗淨土壤中的鹽分之外，也可以考慮換掉整個植栽用地的土壤。

---

※ 原注
**24 紅樹林** 生長於亞熱帶及熱帶的河口地區，在鹽分多的潮濕地帶生長特別旺盛的特殊植物群。紅樹林是從水筆仔科的高木・低木演變而成的，常綠、葉片豐厚，具有耐鹽性的優點。因為生長環境的土壤多屬泥質，所以地表上的呼吸用的氣根很發達。

## 濱海的距離及可能植栽的植物

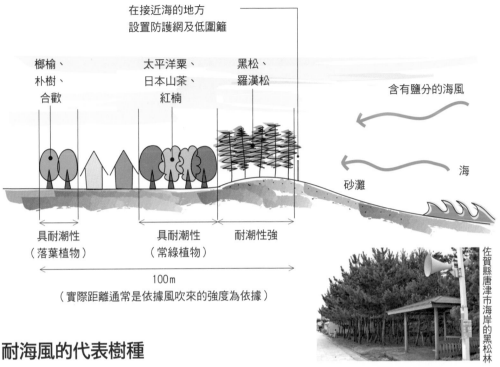

在接近海的地方
設置防護網及低圍籬

椰榆、
朴樹、
合歡

太平洋粟、
日本山茶、
紅楠

黑松、
羅漢松

含有鹽分的海風

海

砂灘

具耐潮性
（落葉植物）

具耐潮性
（常綠植物）

耐潮性強

100m
（實際距離通常是依據風吹來的強度為依據）

佐賀縣唐津市海岸的黑松林

## 耐海風的代表樹種

|  | 耐性普通 | 稍強 | 最強 |
|---|---|---|---|
| 高　木<br>中　木 | 日本梶樹、紅千層、橄欖、椰榆、牛乳榕、朴樹、食茱萸、臭梧桐、柑橘類、垂柳、紫薇、合歡 | 龍柏、烏岡櫟、夾竹桃、檉柳、紅楠、珊瑚樹、椎櫟、日本衛矛、太平洋粟、日本山茶、楊梅、尤加利樹類、雞冠刺桐、大島櫻、白紫薇、紫檀 | 黑松、羅漢松 |
| 低　木<br>地被植物 | 大花六道木、青木、錦繡杜鵑、柃木 | 厚葉石斑木、海桐、圓葉胡頹子、紫陽花、爬地柏、迷迭香、結縷草 | 蔓荊子、凹葉枸木、馬鞍藤、南美蟛蜞菊、草海桐、花磯菊、棗吾 |
| 特殊樹種 | — | 棕櫚、唐棕櫚 | 加拿利棗椰、蘇鐵、布迪椰子、華盛頓棕櫚、文珠蘭、絲蘭、菜棕、芭蕉<br>奄美大島海岸的蘇鐵林 |

# — 033 —
# 遮蔽廢氣的樹木

**Point** | 種植在高速公路及道路幹線上的路樹，耐受廢氣的能力較強。不過像櫸木或染井吉野櫻，基本上是不耐廢氣的。

## 常綠闊葉樹可抵抗廢氣

幾乎沒有任何一棵樹會喜歡工廠、汽車所排放的廢氣及髒空氣。但在道路幹線沿線等空氣被污染的地方，還是要盡量選擇能夠抵抗廢氣的樹木。

樹木行光合作用、吸收二氧化碳時，即使吸附了飄散在大氣中的污染物質，也有較佳抵抗性的，尤其以葉片硬又厚的常綠闊樹最為適合。其中以夾竹桃及日本衛矛為代表，高木當中的青岡櫟、楊梅；中木的茶梅、珊瑚樹、日本山茶花；低木的大紫杜鵑、枔木等等，對廢氣及空污的抵抗性都很強。而落葉樹中，高木的銀杏則是抵抗廢氣較強的樹木。

相反地，像山毛櫸及日本冷杉等這類喜歡乾淨空氣、在山中野生的樹木，就應該避免種在道路沿線容易受到廢氣影響的地方。

## 可防堵廢氣的「綠層」

種植時，最好是由低木至高木的順序，均勻地營造出「綠層」。不過要注意的是，對廢氣抵抗力再強的樹木，只要樹葉表面被污染物覆蓋住，也一定會影響樹木的呼吸及行光合作用的能力。所以，種植的環境是否有充沛雨水可自然沖洗掉樹葉上的髒污，或是必要時有沒有水源可沖洗，都是必須事先考慮的。

樹木受到嚴重的空氣污染時，雖不至於急遽枯死，但生長情況會逐漸變差，然後就有可能在某日突然枯掉。避免之道就是要沖洗樹葉，基本上是只要樹木上部的葉子有變黑的情形，最好就要立即用水沖洗掉髒污。

種植在幹線道路等車輛往來頻繁處的路樹，大多是非常能耐受汽車廢氣的樹種。特別是栽種在高速公路兩側植栽區域，平時不太需要管理的植物。所以，在選擇植栽樹種時，最好也參考一下這些路樹。

# 能夠阻隔廢氣的配植

①立體圖

常綠低木：
寒椿、
凹葉枸木、
枸木

常綠低木：
青剛櫟、烏岡櫟、紅芽石
楠（扇骨木）、珊瑚樹

建築物

配合汽車排氣管的高度，把常綠樹
以重疊的方式來配置。

②平面圖

桂花

黑櫟

厚皮香

建築物

厚葉石斑木

凹葉枸木

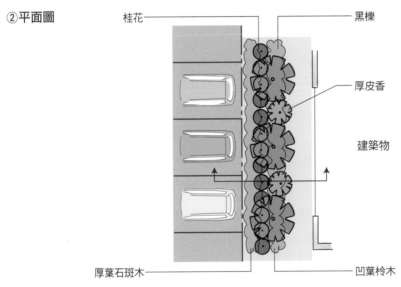

# 耐受廢氣的代表樹種

| 高木・中木 | 低木・地被植物 |
| --- | --- |
| 銀杏、槐木、龍柏、夾竹桃、山茶花、珊瑚樹、紅楠、木槿、北美楓香樹、日本山茶花、楊梅 | 青木、馬醉木、厚葉石斑木、海桐、夏山茶、大花六道木、凹葉枸木、枸木 |

茶梅
山茶科山茶屬
的常綠闊樹。

# — 034 —
# 耐乾旱的樹木

**Point**｜都會地區應盡量避免栽種不耐乾旱的樹木。一般而言，葉片厚又硬的常綠樹通常會比較耐旱。

## 都會區的土壤較為乾燥

樹木生長的過程，水是最不可欠缺的。然而，都會地區被舖設成道路的地方較多，而且又受到地球暖化的影響，所以濕度相對來說比較低。

也因為如此，雨水無法蓄積到土壤中，所以都會地區的土壤多半都十分乾燥。

因此，自動灑水[25]系統就成了必要的設備。利用這種自動灑水設備可在比較省時省力的情況下，打造出適合樹木生長的環境。

但是太過仰賴機械的結果，萬一機械發生故障，所有的樹木可能就會面臨枯萎的危機。而且，要維持機械正常的運轉，也必須額外花費成本。

所以基於上述考量，在都會地區進行植栽，最好還是盡量選擇耐旱的樹木，這對於植栽後的管理來說相當重要。

## 葉片豐厚的樹木較為耐旱

辨別耐旱性強的樹木重點在於，葉片要厚硬、結實。像常綠闊葉樹和常綠針葉樹，多半都是能耐受乾燥土壤。而落葉樹方面，則是以白樺及柳樹等樹種最能夠抗旱。

另外，被選做街道路樹的樹種多半也有很強的耐旱性。不過，像欅木及皋月杜鵑這種喜歡在水分充足環境中生長的樹木，就不適合種在土壤乾燥的植栽用地內。

相較之下，可在山脊及近海岸線生長的樹木，多半也都十分耐旱。高木的部分以赤松或是黑松為代表；地被植物方面則是爬地柏。另外，被視為特殊樹種的蘇鐵及絲蘭類[26]也很耐旱。

不過上述這些樹種雖說耐旱能力很強，可一旦完全缺水的話勢必也會枯死。所以當土壤過於乾燥時，及時補充水分是絕對必要的。

---

※ 原注

**25 灑水**　是指為了維持植物的正常生長，補充土壤中不足的水分。有時為了降低土壤溫度、或去除樹木上的髒污，也會使用這個方法。

**26 絲蘭類**　是指斑龍舌蘭科絲蘭屬的樹木。可適應乾燥的地表環境。從北美到南美之間的分布約有 60 幾種。葉片為線狀，前端帶刺。

## 乾燥庭園的配植方式

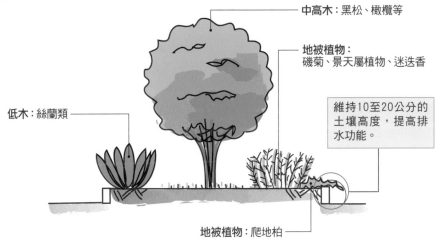

中高木：黑松、橄欖等

地被植物：
磯菊、景天屬植物、迷迭香

維持10至20公分的土壤高度，提高排水功能。

低木：絲蘭類

地被植物：爬地柏

## 一般的灌溉系統

### ①埋入土壤中的灌溉系統

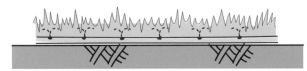

直接用水把土壤浸透的灌溉系統。灌水方法如右圖（3）。不過若葉片表面沒有澆水，也很容易導致葉片乾燥。這種方式適合葉片豐厚的富貴草及日本鳶尾。

### ②從葉片灑水的灌溉系統

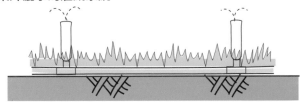

從葉片上方灑水，以防止葉片乾燥。不過，若在風吹強勁的地方，灑水可能集中在某些地方而無法均勻分布。這種方式適用於葉片較薄的草坪及矮竹類植物。

（1）噴出式

（2）滲出式

（3）點滴式

## 耐旱的代表樹種

| 高木・中木 | 低木・地被植物 | 特殊樹種 |
|---|---|---|
| 赤松、橄欖、黑松、白樺、刺槐（針槐）、紅芽石楠（扇骨木）、杜松（刺柏）、柳樹類、櫸木 | 磯菊、石斑木、景天屬植物類、爬地柏、迷迭香 | 蘇鐵、絲蘭類 |

# — 035 —
# 耐熱的樹木

**Point** | 由於地球暖化的關係，一些喜歡生長在溫暖氣候的植物也已經能夠在原本較寒冷的地方種植。不過也要做好防寒措施才行。

## 都會地區的植栽要特別注意暑熱

受到地球暖化的影響，都市地區的氣溫已有逐年上升的趨勢。雖然實際比較近幾年都市平均氣溫時，會發現東京都的 23 區與沖繩地區，幾乎沒有太大變化。但隨著氣溫上升，十幾年前用來做為東京都室內用觀葉植物[27]的光蠟樹，現在也可能種在戶外了。近年來，都會地區的植栽都必須挑選耐熱性強的樹木才行。

耐熱的樹木基本上是分布在日本沖繩、南九州、南四國，以及南紀州一帶、原本就生長在炎熱地區為主的品種。像是樟樹之類的常綠闊葉樹就是代表的樹種之一。外來樹種的話，生長於英國、義大利及西班牙等南歐國家的橄欖樹，也喜歡炎熱的氣候。而像紫薇等在夏季花期很長的樹木，也都是耐熱性很強的樹木。

在特殊樹[28]方面，竹子類的植物也比較喜歡炎熱的氣候。椰子也有很強的抗熱性，另外像是加拿利棗椰和華盛頓棕櫚等，也都可以栽種在東京近郊。還有，在日本庭園常見的蘇鐵也很喜歡較熱的氣候。

## 冬天的防寒措施也很重要

都會地區的夏天通常都很炎熱，一旦到了冬天，氣溫卻又會降得很低。所以大部分抗熱性強的樹木，都無法抵抗寒害，因此在選種這些樹木之前，就必須考慮到抗寒的因應措施。

比方說，夏天日照強烈，但到了冬天就缺乏陽光的地區，就不適合種植耐熱性強的樹木。冬天會有寒冷北風吹襲的地區，就曾經發生過像鐵冬青這種耐熱樹木的葉片全數掉光的案例。

另外，也可以像蘇鐵那樣，利用卷幹[29]等方法做為抗寒的防護，並把這套管理方法事先傳達給屋主。不過也要了解，實際上對所有的樹木來說，幾乎沒有一套絕對完全有效的防寒策略。所以，只要是冬天特別嚴寒的地區，就要避免種植耐熱植物，才是根本的因應之道。

---

※ 原注
**27 觀葉植物**　主要是生長在熱帶、亞熱帶，以葉片做為觀賞主體的植物。
**28 特殊樹**　是指無論在形態上、以及培育、管理方面，都必須特別處理的樹木。
**29 卷幹**　為防止日照或寒害導致樹皮受傷，而以粗草蓆將樹木的枝幹包覆卷起、再以棕櫚繩固定的養護方法。

## 耐熱的代表性樹種

| | 常綠樹 | 落葉樹 |
|---|---|---|
| 高　木<br>中　木 | 羅漢松、烏岡櫟、橄欖、南洋杉、柑橘類、大花曼陀羅、夾竹桃、樟樹、鐵冬青、黑松、月桂、珊瑚樹、光臘樹[30]、紅楠、枇杷、福木、杜英、楊梅 | 雞冠刺桐、大島櫻、紫薇、九芎、烏桕、芙蓉、懸鈴木、木槿 |
| 低　木<br>地被植物 | 石斑木、海桐、爬地柏、凹葉柃木、十大功勞、迷迭香 | 地錦 |
| 特殊樹種 | 加拿利棗椰、蘇鐵、芭蕉、文殊蘭、華盛頓棕櫚、棕櫚、唐棕櫚 | — |

## 可以栽種於都會地區的植栽新面孔

### 橄欖樹
木樨科橄欖屬的常綠闊葉樹。原產於地中海，大多種植於義大利及西班牙等地中海沿岸地區。喜好日照充足的環境，耐旱性極強。因為喜歡弱鹼性的土壤，所以要避免與喜歡酸性土壤的植物混植。

### 光蠟樹
桂花科梣樹屬的半落葉高木。生長在沖繩以及台灣等地的亞熱帶及熱帶山地。栽種於常年氣候溫暖的環境，可保持常綠狀態。細長的葉片能營造出颯爽的氛圍。樹形方面，可以栽種單棵、或分株樹形來造園，能夠運用的範圍很廣。

### 大花曼陀羅
茄科曼陀羅屬的常綠中木。初夏到晚秋之間會綻放狀似小喇叭的大型花朵。因為是有毒植物，所以要注意植栽的場所。

※ 原注
30 到了寒冷的冬天，會因寒風而落葉。屬半落葉樹。

# — 036 —
# 防治病蟲害

**Point** | 為了有效防治病蟲害，要特別注意樹木生長環境的平衡。

## 好發病蟲害的生長環境

市面上流通、經常被用來當做植栽的樹木，通常比較不容易受到病蟲害的影響。不過，近幾年由於氣候的變動，以前在植栽樹上較不會出現的病蟲及病菌也有好發的情況發生。

在農藥管制規定十分嚴格的日本，想要以噴灑農藥預防病蟲害是相當困難的一件事。因此，盡可能營造一個不容易滋生害蟲及病菌的環境才是最根本的重點。特別是樹木成長過程不可缺少的五項要件：陽光、水、土壤、風力以及氣溫，只要任何一個條件出狀況，樹木就容易感染病蟲害。

而且，在不同屬性的樹種當中，各有特定的天敵存在。像是山茶花類的樹木，最怕受到茶毒蛾的蟲害；珊瑚樹則最怕受到黑肩毛螢葉甲蟲侵食；而羅漢松、及小葉黃楊之類的黃楊木，最怕受到黑肩展足蛾的侵害。這些害蟲多半喜好高溫多濕的環境，所以要確實保持植栽環境的通風才行。上述蟲害通常好發在 5 月底到 7 月初之間，一旦發現就要充分去除乾淨才好。[31]

## 防治病蟲害的方法

然而，若植栽用地沒有充裕的空間，要滿足上述五項生長要件其實並不容易。但若能滿足最底限，遵照以下列舉的基本要點選擇、留意配植方式與選擇樹種的話，就可以把病蟲害的發生機率降到最低。

首先，要選種像是青剛櫟及白花八角之類、能夠有效抵抗病蟲害的樹木，這是基本前提。由於改良樹種或是外國樹種較容易受到病蟲害的影響，所以說，若植栽場所的生長環境不佳，最好避免選種這些樹木。

再來就是樹木種植的間距也不能太密（密植）。一旦密植，會使得植物生長時不可欠缺的微量營養素不足以供給太多樹木的需求，而導致樹木的抵抗力變差，如此一來樹木就會容易受到病蟲害侵襲。而樹木與樹木之間最理想的植樹間距是，高木必須間隔 2 公尺以上、中木為 1 公尺以上，低木則是 0.5 公尺以上。

---

※ 原注

31　由於藥劑對周遭環境的生物都會產生影響，所以在決定使用藥劑前，最好先採取誘殺害蟲的手段較為妥適。若是非得使用農藥，也一定要使用殘留性最少的農業用藥劑。

## 好發病蟲害的環境

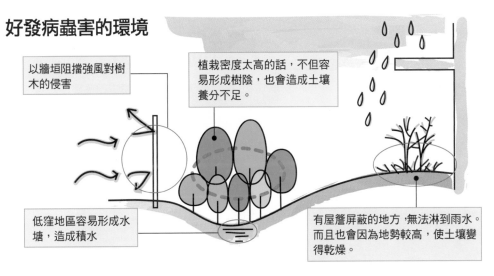

以牆垣阻擋強風對樹木的侵害

植栽密度太高的話，不但容易形成樹陰，也會造成土壤養分不足。

低窪地區容易形成水塘，造成積水

有屋簷屏蔽的地方，無法淋到雨水。而且也會因為地勢較高，使土壤變得乾燥。

## 主要的病蟲害，以及容易有病蟲害的樹木

| | 病蟲害名稱 | 特徵 | 容易受害的植物 |
|---|---|---|---|
| 病害 | 白粉病 | 在樹木新芽以及花朵上，會被灑上如同麵粉般的白粉。隨著症狀加劇即會阻礙樹木的成長。 | 梅樹、櫸木、紫薇、花水木、薔薇類、衛矛、蘋果 |
| | 黑點病 | 會在濕潤的樹葉表面擴展開來，當葉面乾了之後就會出現黑色斑點，最後導致葉片枯黑。 | 柑橘類、薔薇類、蘋果 |
| | 煤煙病 | 會在樹葉、樹枝以及樹幹等處包覆黑色媒煙狀的物質。葉片一旦被包覆之後就無法進行光合作用，因而阻礙樹木的生長。 | 月桂、石榴、紫薇、山茶花類、花水木、楊梅 |
| | 白絹病 | 導致樹木全株枯萎（尤其是酸性土壤，在夏季高溫時期、或是排水不良的地區最容易發生）。 | 瑞香、杉木、刺槐、竹柏 |
| 蟲害 | 鳳蝶類的幼蟲所產生的食害 | 啃食大量樹葉，甚至於把所有的樹葉都吃光。幼蟲受到刺激的話會發出惡臭。 | 柑橘類、胡椒木 |
| | 蚜蟲的吸汁蟲害 | 蚜蟲會吸取樹木的汁液，阻礙樹木的生長。 | 楓樹、梅樹、薔薇類 |
| | 介殼蟲 | 會在樹枝及樹葉上形成一點一點的白色塊狀，導致樹木生長不良。蟲糞也會致使樹木發生黑煤病。 | 柑橘類、石斑木、藍莓、海衛矛 |
| | 咖啡透翅天蛾 | 是雀蛾的一種，侵食嫩葉為主，最後所有的樹葉都會被啃光。 | 黃梔、小黃梔 |
| | 雀蛾 | 外觀狀似蜜蜂的蛾，會侵入樹幹產卵，幼蟲在樹皮內成長之後，就會發生食害而導致樹木死亡。樹幹內會產生像是果凍狀的塊狀物質。 | 梅樹、櫻花類、桃樹 |
| | 黑肩毛螢葉甲蟲 | 甲蟲的一種，不管幼蟲或是成蟲都會侵食樹葉。特別是幼蟲會以新芽來築巢。 | 珊瑚樹 |
| | 茶毒蛾 | 一年發生二次。侵食樹木的葉片。人一旦不小心接觸到茶毒蛾的細毛，會起疹子、發生過敏。 | 山茶花、茶花類 |
| | 黑肩展足蛾 | 幼蟲群聚在樹枝前端，吐絲結巢，引起食害。 | 黃楊類 |

## TOPICS
### BOTANICAL GARDEN GUIDE 2

# 真鍋庭園

赤蝦夷松與修剪成圓球狀的蝦夷松（前排）銀白雲杉（矮種）

## 日本最大的針葉樹林園

　　真鍋庭園位於北海道帶廣市，是日本第一座針葉樹林園。

　　這座針葉樹林園本身就已設置有各式植物園及綠化中心；庭園以針葉樹爲視覺主題，占地面積堪稱日本第一。

　　這個由造園公司、以及真鍋庭園苗圃所經營的庭園，除了觀賞的功能之外，在管理與育苗技術方面也有許多值得借鏡之處。庭園當中有日式庭園、歐洲花園及各色風景式的庭園等等，營造出帶有針葉林特色的各式風景

　　這座庭園除了從北歐及加拿大等地進口的北方系外來樹種之外，也設置了數百種以上、各式的園藝樹種，同時也提供苗木的培育及販售。

### DATA

地址／北海道帶廣市稻田町東2-6
電話／0155-48-2120
開園時間／8：00～17：00
休園日／期間（4月下旬～11月下旬）無休
入園費用／一般成人500日圓，中、小學生
　　　　　200日圓

# 第三章

## 空間的綠意演出

# — 037 —
# 狹窄庭院的植栽

**Point** | 狹窄空間的植栽，應選擇生長緩慢、修剪容易的樹種。不過，生長快速的竹類也很適合。

## 選擇中木高度的落葉闊葉樹

即使面積不大，但仍有垂直方向的空間可使用的話，還是能夠進行植栽。若能從室內眺望外面的景色與綠意，就能感受到外部空間的寬廣。所以即使是在用地不充裕的都會型住宅，也非常建議多少保留一個規劃之外的空間，在此種植花木。

狹小空間的植栽，重點在於選擇具有「生長速度慢、修剪容易」特性的樹木。

避免選擇高木，採用中木高度左右的落葉闊葉樹會比較合適。種植一棵樹葉量較少、簡潔俐落的野茉莉或四照花、花水木（即大花四照花）等樹木，然後在樹底周圍覆蓋地被植物，就能夠達到很好的效果。

如果是種常綠闊葉樹，因為樹葉量容易長得太多，這也會讓原本就較為狹隘的空間產生壓迫感，因此最好避免選擇這類的樹木。

而像杉樹、檜木等針葉樹，雖然長得較高，但枝葉的周邊橫幅（枝幅）卻很小，也可以選擇用來做為栽植。

不過要留意的是，針葉樹大多為常綠樹，多少會讓空間產生壓迫感，而且樹葉長得也密，容易有通風不良的情形發生。

在特殊樹種方面，則是有竹類的孟宗竹、日本苦竹。竹類植物通常喜好在生長點（竹葉尖端）能夠照到陽光、但竹稈照不到的環境下生長，因此種植在狹小庭院裡也是非常適合的。

## 適合狹小庭院的園藝樹種

即使是適合種植在狹小庭院的落葉闊葉樹，成長後枝葉的橫幅也可高達樹高的 0.5 至 1 倍左右，因此管理上也必須格外留意。

近年來，欅木的園藝品種「武藏野系列」、以及桃樹的園藝品種「箒桃」等，由於成長後橫福不會變得太寬，所以也成為了目前流行的園藝品種。若選擇種植這些園藝品種，就能在狹小的空間，享受高木植栽的樂趣。

## 狹窄庭院的配植

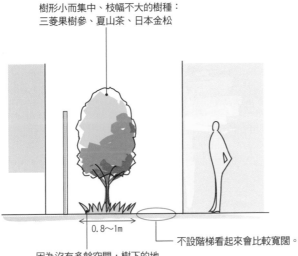

樹形小而集中、枝幅不大的樹種：
三菱果樹參、夏山茶、日本金松

0.8～1m

因為沒有多餘空間，樹下的地
被要看起來清爽俐落才好：
常春藤類、闊葉麥門冬

不設階梯看起來會比較寬闊。

### 樹形小而集中的樹木

野茉莉、三菱果樹參、連香樹、櫸木的園藝品種「武藏系列」、日本金松、杉木、夏山茶、大花四照花、檜木、箒桃、日本苦竹、孟宗竹、四照花、小葉羅漢松

## 竹類配植的重點

種植時要讓頂部有充足日照，但竹稈不要曬到太陽。

頂部

3樓

竹稈

2樓

為避免竹子的地下莖擴張至鄰地，要以混凝土等做阻斷層。

1樓

※竹子的栽種方法請參照第216～217頁。

## 適合狹小庭院的園藝樹種

桃樹的園藝品種「箒桃」。桃樹的樹枝容易往兩旁擴展，但 桃的樹形卻是長 圓狀。

# — 038 —
# 大門周圍・門徑的植栽

## 大門周圍的植栽

個人住宅大門的周圍，大多沒有多的植栽空間。所以，如果要在大門周圍植栽，最好選擇樹高較低、枝葉不會長得太過茂密的種類。

種植花色絢爛、有香氣的花木，大門周邊也會顯得明亮許多（參照第 162～169 頁）。低木的花木，像是可觀賞花色的杜鵑花類，以及欣賞迷人花香的瑞香等都很適合。

如果大門周圍的空間有 1 平方公尺左右的話，種植樹高達 3 公尺的中木也十分合宜。若是種花水木（大花四照花）、或木槿等，就能營造出有季節感的空間。

倘若大門與門徑之間沒有栽植空間，在離大門較近的庭院種植高 2.5 公尺以上、有明亮綠葉的常綠樹（例如厚皮香、松樹、光蠟樹等），就能產生樹木與大門合而為一般的視覺效果。

## 門徑的植栽

即使是長度較短、寬度較窄的門徑，若能有效地配植枝幅不寬、葉子密度較低的樹木，就能營造出比實際空間更為寬敞的空間感。

通常人的視線並不是直接看到目標物，而是會先留意眼前有什麼事物，然後才會看到在深處的目標物，是有縱深感的。所以在門徑的植栽上，將目標物（即玄關）稍稍遮掩起來，是配植時最需要掌握的重點。

門徑適合種植的樹木，最好選擇較矮、且姿態優美的落葉樹。像是花水木（即大花四照花）、四照花、野茉莉、日本紫莖、夏山茶、小羽團扇楓等都很適合。樹旁、或樹底下還可以種植像矮竹類，或富貴草等低矮的地被植物。另外，也要確保樹木與地被植物之間有足夠的空間，而且這樣也能避免予人壓迫及狹隘的感覺。

## 改變大門景觀的植栽

### ①如果大門周圍有1平方公尺公尺左右的空間

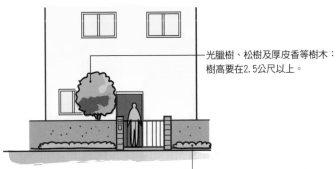

樹高3公尺左右

花水木、木槿、桂花等

皋月杜鵑、杜鵑

1平方公尺左右的空間

### ②在大門及圍牆內側栽種樹木

光臘樹、松樹及厚皮香等樹木：樹高要在2.5公尺以上。

錦繡杜鵑等花木：栽種在圍牆外側底部，少許的綠意，也能夠改變大門周圍的視覺印象。

## 讓門徑看起來更為寬敞的植栽

### ①立面

在玄關上交疊配置像夏山茶、日本紫莖等枝葉較不會橫向伸展的落葉樹。

在前方種植小株的齒葉木樨等常綠樹

以大小的對比來產生遠與近的感覺

日本紫莖。茶花科落葉樹。花期在6～7月間，會綻放直徑2公分左右的白色花朵。

### ②平面

不要和大門的中心與玄關的中心重疊。

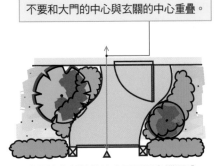

中間沒有種植的地方可呈現出縱深感

# — 039 —
# 坪庭的植栽

**Point** | 規模較小的中庭稱為坪庭。坪庭的植栽要對準從窗戶眺望出的視線，布置可正面欣賞的景致。

## 適合栽種於坪庭的樹木

在四周被建築物包圍的地方設置的坪庭，由於日照有限、容易有濕氣滯留。因此坪庭的植栽，最好選擇喜好背陰及多濕環境的樹木。不僅如此，坪庭的植栽空間相當狹小，也要避免種植會長得很大的樹木。

即便在日照不足的環境下也能夠生長的樹木以常綠闊葉樹居多。像是三菱果樹參、山茶花、以及茶梅等，因為容易被修剪成較為小的樹形，因此很適合做為坪庭的植栽。另外，外形呈收束狀的小羽團扇楓、或是「手向山」[1]等楓樹類也都很適合。

還有像是八角金盤及十大功勞等，葉片形狀特殊的樹木，以及像南天竹和星點桃葉珊瑚之類、樹葉的樣子與顏色都會變化的樹木，如果能在坪庭中種植一些，將更能增添坪庭景致的特色。

相反地，像櫻花等花朵艷麗、會長得很大的樹木，以及柑橘類之類喜好日照的果樹，最好就不要種植在坪庭。

## 坪庭的設計

坪庭的設計，基本上要讓人從連接庭園的開口部放眼望去，就能一眼就看到坪庭的整體景致。種植時，樹木的高度要保持在坪庭四周居室的天花板高度以下，綠意所呈現的範圍要大約控制在開口部面積的一半。若有一間以上的房間可眺望坪庭的話，要以哪一個房間眺望坪庭的正面呢，就需要再留意檢討。

在坪庭的幾個植栽位置上，即使都只有種植一種樹形清晰的樹木，卻也很容易收整為一種景致。但是如果種了太多的樹木，反而容易給人雜亂的印象。而且，這樣一來還會阻礙採光及通風，使樹木容易招致病蟲害，讓這個空間變得不乾淨。

若在建築的內部裝潢完工後才營造坪庭的話，搬運樹木和泥土時都必須穿過室內，會增添不少養護上的麻煩。所以最好能事先調整建築施工的順序，把植栽工程安排在適當的環節來施作。

---

※ 譯注

**1 手向山（タムケヤマ）** 是楓樹的一種，葉片形似日本古時參拜神社時投遞的錢幣；「手向」指的是向神明奉納錢幣的意思，故名。

## 坪庭的配植示例

### ①和風的坪庭

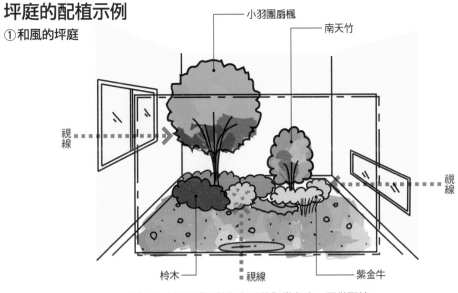

- 小羽團扇楓
- 南天竹
- 視線
- 視線
- 枬木
- 視線
- 紫金牛

想好要以哪間房間做為主要的觀賞角度，再做配植。

### ②西洋風的坪庭

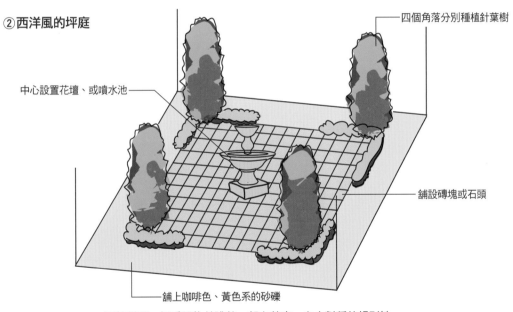

- 四個角落分別種植針葉樹
- 中心設置花壇、或噴水池
- 舖設磚塊或石頭
- 舖上咖啡色、黃色系的砂礫

不管從哪一個房間往外眺望，都有整齊、左右對稱的規則性。

## 適合坪庭的樹種

| 高木・低木 | 低木・地被植物 |
| --- | --- |
| 青剛櫟、野茉莉、三菱果樹參、楓樹類、小羽團扇楓、手向山、野村紅葉、茶梅、刻脈冬青、竹子類、山茶花類、夏山茶、南天竹、花水木、日本紫莖 | 青木、大花六道木、紫珠、厚葉石斑木、瑞香、衛矛、十大功勞、枬木、八角金盤 |

# — 040 —
# 中庭的植栽

## 用樹木調節居住環境

中庭可提供人員進出、通風及採光等，具有調節居住環境舒適度的機能。因此，中庭的植栽，要以能夠調節日照及通風的樹木為首選。

比方說，若在中庭種中木高度的落葉闊葉樹，夏天就可以樹葉遮蔽射入室內的陽光；冬天樹葉落盡，還可讓室內有充足的日照，對室內的溫熱環境具有一定程度的調節功能。植栽的樹木最好能選用一棵分株形、且樹形整齊，修剪後容易維持樹形的樹木。其中較具代表的樹種有，屬中性樹的日本辛夷、四照花、連香樹、以及楓樹等。不過常被用來做為行道樹的櫸木，由於會長得非常高大，所以並不適合做為獨棟住宅的庭院植栽。

此外，中庭的植栽必須考量到動線的問題，所以基本上還是將樹木種在容器或是花盆裡比較好。

## 花木或果樹也是不錯的選擇

在選擇樹木上，像是會綻放鮮豔花朵的花木，還可剪下一段做為插花素材，或是可採收果實的樹木等，這些可增添生活樂趣的植栽都很適合。

花木方面，以不太需要日照也能夠生長良好的樹種為佳。比方說低木或中木都可分別多種植幾株，或是種植不只可做為插花素材，還能從室內欣賞花開的樹木。棣棠花及麻葉繡線菊（春天開花），繡球花及齒葉溲疏（初夏開花），木槿（夏天開花），以及茶梅和山茶花（冬天～早春開花）等，都很適合栽種在中庭。

而能夠採收果實的樹木方面，山櫻桃及梅樹、木李樹、黑莓、加拿大唐棣等，都是比較容易結果的樹種。由於單棵栽種的話不容易結成果實，因此，同時種植數棵、且一棵一棵分別種植，才是重點所在。若是中庭沒有什麼空間、日照也不太充足的話，種植月桂樹及胡椒木等也是不錯的選擇。

# 中庭的植栽

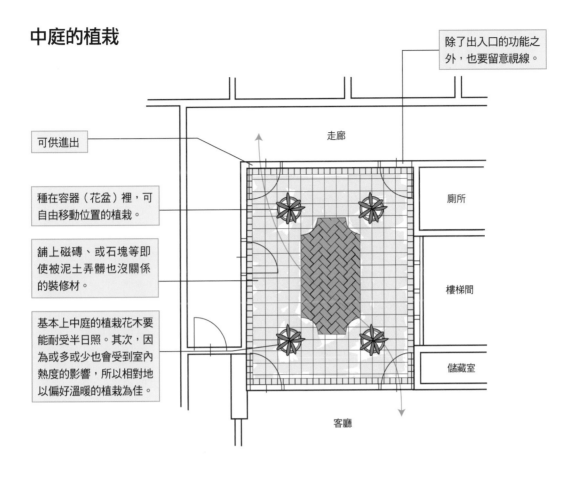

除了出入口的功能之外，也要留意視線。

可供進出

種在容器（花盆）裡，可自由移動位置的植栽。

舖上磁磚、或石塊等即使被泥土弄髒也沒關係的裝修材。

基本上中庭的植栽花木要能耐受半日照。其次，因為或多或少也會受到室內熱度的影響，所以相對地以偏好溫暖的植栽為佳。

走廊

廁所

樓梯間

儲藏室

客廳

## 適合中庭的花盆·盆栽／可修剪成小型的樹種

|  | 常綠樹 | 落葉樹 |
|---|---|---|
| 高木·中木 | 羅漢柏、東北紅豆杉、羅漢松、圓柏、高麗松、南洋杉、杉木、千頭赤松、北美香柏、青剛櫟、齒葉冬青、橄欖、金桔、月桂樹、紅淡比、茶梅、光蠟樹、黑櫟、刻脈冬青、日本夏橙、蚊母樹、火棘、斐濟果、日本衛矛、八角金盤、日本山茶 | 梅樹、落霜紅、野茉莉、糯米樹、莢蒾、小羽團扇楓、梣樹、山茱萸、紫花野牡丹、星花木蘭、紫玉蘭、接骨木、垂絲海棠、花水木、楸子、醉魚草、富士櫻、日本紫珠、四照花、髭脈槠葉樹 |
| 低木·地被植物 | 青木、馬醉木、寒椿、霧島杜鵑、金絲梅、梔子花、久留米杜鵑、皋月杜鵑、厚葉石斑木、桂櫻、草珊瑚、茶樹、南天竹、日本女貞、日本莢迷、凹葉枸木、十大功勞、秀雅杜鵑、枸木、錦繡杜鵑、迷迭香、刺葉薊、百子蓮、吉祥草、沿階草、日本鳶尾花、細梗絡石、一葉蘭、金邊闊葉麥門冬、富貴草、常春藤類、硃砂根、聖誕薔薇、紫金牛、闊葉麥門冬、帶草 | 繡球花、大花六道木、齒葉溲疏、額紫陽花、白棠子樹、繡線菊、吊鐘花、海仙花、小葉瑞木、空心柳、三葉杜鵑、棣棠花、珍珠花、玉簪花 |
| 特殊樹 | 棕櫚、棕竹、蘇鐵、唐棕櫚、龜甲竹、四方竹、蓬萊竹、紫竹、禿笹竹、熊笹竹、小隈笹竹 | — |

# ― 041 ―
# 日式庭園的園路植栽

**Point** | 和風庭園小徑的植栽，要以低木及地被植物為主體，選擇與庭園相襯的樹種。

## 園路植栽的基本要件

園路植栽的重點在於，一方面要能發揮通路的機能，一方面還要有吸引人前往下一連續空間的演出效果。由於庭院的通路大多只是一個狹小的空間，為了安全上的考量，最好能控制高木與中木的數量，基本上改以低木及地被植物做為園路的主體。

種植的低木或地被植物，都要具有耐日陰特質，避免種植觸摸了會受傷、以及容易招蟲害的樹種。另外，用來行走的路材可以混凝土、或石材鋪設。

選擇樹種時，要選擇能與庭院風格相襯的樹種，明確地呈現出園路與庭院的連續性。

## 連接日式庭園的園路

如果園路連結的是日式庭園，通路的部分多會以石塊或砂礫鋪設，種植中木高度、常綠針葉樹的赤松和羅漢松，或是落葉闊葉樹的楓樹等，都能夠營造出帶有和風氣息的空間。

除了上述的重點之外，少種一些樹木，改以地被植物的矮竹類、闊葉麥門冬等草本植物搭配種植，呈現出的效果也會很不錯。

若園路稍寬且長的話，兩旁就不要種植相同的樹種，一旁可種植像野茉莉或厚皮香等枝葉量不大、稍高一些的樹木，另一旁則以較低矮、枝葉量不多的杜鵑和柃木、棣棠花等搭配組合。如此一來，可讓空間呈現出高低輕重感，也能讓整座庭園看起來更為寬廣。

此外，若要掌控樹木的體積，把園路兩旁的樹木形塑成直立板狀的樹籬（參照第 104 ～ 105 頁），會是較為有效的做法。一般而言，使用單一樹種來打造樹籬即可，但如果園路比較長的話，變換樹種也可以表現出不同調性。

# 日式園路的配植示例

## ①平面

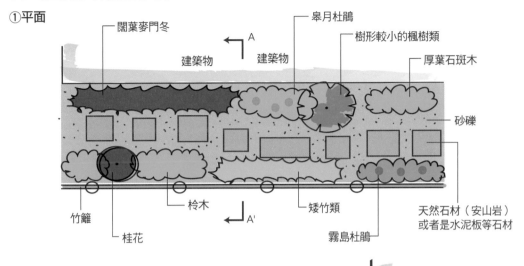

- 閣葉麥門冬
- 皋月杜鵑
- 樹形較小的楓樹類
- 建築物
- 建築物
- 厚葉石斑木
- 砂礫
- A
- 天然石材（安山岩）或者是水泥板等石材
- 霧島杜鵑
- 矮竹類
- 枹木
- 竹籬
- 桂花
- A'

## ②立面

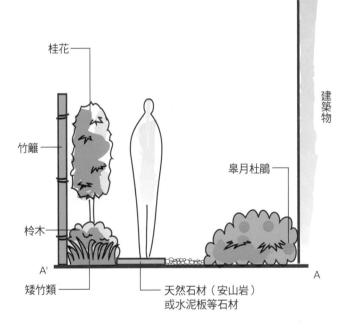

- 桂花
- 竹籬
- 枹木
- A'
- 矮竹類
- 天然石材（安山岩）或水泥板等石材
- A
- 皋月杜鵑
- 建築物

園路的通道以砂礫或石塊鋪設。

減少楓樹類等帶有和風質感的樹木數量。善用樹高的落差，營造出庭院的縱深。

## 適合日式園路的樹種

| 高木・中木 | 低木・地被植物 |
| --- | --- |
| 赤松、青剛櫟、羅漢松、烏岡櫟、野茉莉、龍柏、楓樹類（楓樹）、紅芽石楠、莢迷、桂花、黑櫟、刻脈冬青、山茶花類、金縷梅、厚皮香 | 齒葉溲疏、矮竹類、厚葉石斑木、杜鵑花類（霧島杜鵑、皋月杜鵑、吊鐘花）、枹木、小溲疏、閣葉麥門冬、棣棠花 |

# 西式‧雜木庭園的園路植栽

**Point** | 西式的園路多以幾何造形為主，雜木庭院的園路則是以隨機的方式來配植樹木。

## 連接西式庭園的園路

西式的庭院大多是做成幾何造形。因此，庭院小徑周圍的樹木會盡量維持在同樣的高度，像北美香柏之類的中木，基本上每一棵樹的間距就會保持在1公尺以上、以等間距的方式栽種。另外，低木與地被植物等若能以同樣的組合模式反復數次種植的話，也能營造西式庭院的氛圍。

大量使用樹木與草花，也是西式園路植栽的一種做法。這樣稱為「花壇」（border garden）的方式，會在沿著建築物與圍牆1平方公尺左右的範圍裡，種植各式各樣種類的樹木與草花。這樣的做法在設計時必須妥善計算出植栽數量、花色、葉色及形狀等。花壇式的園路，與以草花為主的英式花園（English garden）最大的不同在於，花壇式是以中木和低木做為植栽的骨架，然後再以草本植物做肉的方式進行植栽，也是掌握花壇式的要點。

以草皮為主的西式庭院，在連接的園路上會舖上草皮植物。不過，若想種植草皮植物必須有半日照以上的條件（參照第218～219頁）。此外，走在草皮上時，雙腳容易被雨水及朝露、夜露弄濕，所以也有必要以磚塊或石塊舖設踏腳的路面。

## 接續雜木庭院的小路

若是接續雜木庭院的小路，要選擇同樣富含野趣意象的樹木。雜木庭院中的代表樹種有枹樹、麻櫟、以及鵝耳櫪等落葉闊葉樹；不過這類樹種生長速度極快、也長得高大，所以並不適合做為園路的植栽。而比較適合的樹種有中木高度的山衛矛、垂絲衛矛、以及髭脈櫸葉樹等，可集中種植幾棵來做配植。雜木庭院並不像西式庭院那樣整齊地種植，訣竅反而是在於要將數棵樹木以隨機的方式配置。

另外，在樹木底部添加一些矮竹類等的低木或地被植物，也可以營造出帶有雜木林般的氛圍。

## 西式園路的配植圖例

①平面

黃楊
鵝耳櫪

A
建築物

針葉樹類
萊蘭柏

以磚塊、磁磚鋪設路面 ←— A'

②立面

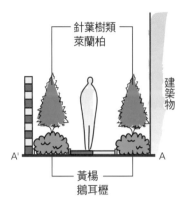

針葉樹類
萊蘭柏

建築物

A'　　　A

黃楊
鵝耳櫪

西式庭院的園路會做成左右對稱、幾何學的樣式。

## 連接雜木庭院的園路配植圖例

①平面

小葉瑞木

垂絲衛矛
衛矛

A
建築物

日本鳶尾
三葉杜鵑
棣棠花

白芨
鋪設小碎木
山杜鵑
A'
小葉梣
吉祥草
小葉瑞木

②立面

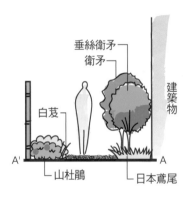

垂絲衛矛
衛矛

白芨
建築物

A'　　　A
山杜鵑
日本鳶尾

雜木庭院的園路要選擇富有野趣的植物來配植（參照第172～173頁）。

## 適合種植在西式・雜木庭院的園路植栽

| 前庭的種類 | | 高木・中木 | 低木・地被植物 |
|---|---|---|---|
| | 洋風 | 針葉樹類（西洋紫杉、北美香柏、萊蘭柏） | 鵝耳櫪、黃楊、西洋柊 |
| | 雜木 | 野茉莉、小葉梣、旌節花、大葉釣樟、三椏烏藥、垂絲衛矛、衛矛、日本紫珠、四照花、髭脈檔葉樹 | 吉祥草、矮竹類、日本鳶尾、白芨、杜鵑花類（三葉杜鵑、鈍葉杜鵑）、小葉瑞木 |

# — 043 —
# 車庫‧車棚的植栽

**Point** | 車庫的植栽要選擇能夠配合車輛使用頻率的低木類植物；車棚則要以能攀附的藤蔓類植物為主。

## 車庫的植栽

在停車場中，除了車子的輪胎經過的地方、以及會經常上下車的地方之外，如果能保留大約20公分左右的空間，就能用來做植栽。

樹種的選擇上，要以不妨礙停車的低木、草本及地被植物為主，同時也要考量到車輛實際使用的情形。

若是白天使用車輛、只有夜間才會停車的話，因為可確保植栽有一定程度的日照量，這時就能種植像草皮、三葉草之類較低矮的草本植物。

但若是經常會使用到車輛，車庫常有車輛出入的話，日照的時間就會變少，此時可以種植像玉龍草及熊笹之類、不太喜歡日照、且較低矮的草本植物。

至於不太會使用到車子、幾乎整天都將車停在車庫的情形，由於會使雨水及日照都不夠充足，這時要避免植栽比較好。

## 停車棚的植栽

車棚的植栽，可利用支柱讓藤蔓類植物攀爬，綠化成像樹蔭一般的空間（參照第110～111頁）。若是日照充足，可栽種地錦或日本紫藤等落葉樹，營造出明亮感的車棚。另外，種植像葡萄或是木通之類的植物，還能夠享受摘果或賞果的樂趣。

常綠樹方面，卡羅萊納茉莉與貫月忍冬會給人較輕盈的感覺。而奇異果的話，雖然是很強健、也可以考慮的樹種，但因為葉片較大、密度也較高，整體上會感覺比較沈重些。

日照充足的話，車棚支柱的溫度也會升高，這時可在支架上綁上棕櫚繩，做為利於藤蔓植物攀附的輔助誘引材料[1]。另外，把支架漆成白色，也能有一定的降溫效果。如果是日照不良的車棚，則可以種植常綠的木李或常春藤等植物。

---

※ 原注
**1 輔助誘引材料** 為了栽培上的方便，將植物的枝椏或蔓藤纏繞在支柱上、以誘導其往上生長的物材。

## 車庫的植栽

此處是用來搬運行李的地方，不適合做為植栽地。

玉龍草、闊葉麥門冬、沿階草

玉龍草

這裡是用來上下車、經常會使用到的地方，因此不適合做為植栽地。

不適合栽種植物

這裡是不會被車輪輾過的地方，但如果植栽地寬度沒有20公分以上，植栽就會容易乾枯掉。

此處是車輛出入、倒車時經常輾過的範圍，並不適合栽種植物。

## 車棚的植栽

日本紫藤、奇異果、木通、木李等藤蔓類植物。代表的樹種請參照第111頁。

栽種了藤蔓植物的車棚

車棚的植栽常會有落葉、殘花及果實掉落，所以車棚下也需要勤於打掃。

# — 044 —
# 享受浴室中庭植栽的樂趣

**Point** | 浴室中庭的植栽，要選擇樹高符合視線 且偏好較高濕度環境的小型植物。觀葉植物也是不錯的選擇。

## 選擇偏好較高濕度的樹種

浴室如果有對外的開口部，在開口部前打造浴室中庭[2]，也能做為欣賞植栽樂趣的空間。浴室中庭的植栽重點在於，要讓使用這個空間的人，不管是泡澡或是坐在浴室的椅子上，都能夠意識到從這個視線的高度，可以欣賞到這塊小區域的景色。

植栽上，要選擇樹姿能夠盡收眼底、高度在 2 公尺左右的樹木來營造綠意。而將植栽高低參差地配植，可以讓空間感覺更為寬敞，同時搭配 1 公尺左右的地被植物，效果也很不錯。

浴室的周圍無論如何都容易會有濕氣聚集，因此最好選擇偏好較高濕度環境的樹種。像是楓樹、竹子、或是闊葉麥門多等地被植物都很適合。

若是日照條件欠佳的話，種植常綠闊葉樹會比較適合。不過若是樹葉過於茂密的話，會容易通風不良，而導致濕氣滯留。因此植栽的數量要控制好，並且選擇植枝葉較稀疏的樹種，或是適合修剪以改善通風情形的植物。

近幾年，都市地區的中心都有氣溫上升的情形。因此喜歡高溫多濕的觀葉植物也變成可在室外種植了。若在浴室中庭種植這些植物的話，就能打造出充滿熱帶氣息的浴室中庭。實際上在東京都的二十三區內，以往被視為室內觀葉植物的橡膠樹及榕樹等植栽，現在也能夠種在室外了。

## 能夠進出的浴室中庭

如果中庭要設計成可從浴室出入的話，由於植栽地上（種植樹木的地面）容易有積水，因此也要留意進出時，浴室會被泥土弄髒的情形。

像這樣可進出的浴室中庭，就不要直接植栽在地面上，而是以花盆、或其他容器來種植會比較好。（參照第 95 頁）。

---

※ 原注

**2 浴室中庭** 專供浴室景觀用所圍出的小庭園。入浴時可以享受觀景的樂趣，讓浴室變成令人放鬆的地方。

# 浴室中庭的植栽

## ① 沒有出入口的浴室中庭

**斷面（A—A'）**

> 從開口部可見的範圍，將景色收入眼底。

要以從窗戶往外眺望，庭園景色可盡收眼底的方式配置樹木。

**平面**

色彩鮮明的常綠中木：
南天竹等

地披植物：闊葉麥門冬等

樹形較小的低木：
枳木、皋月杜鵑

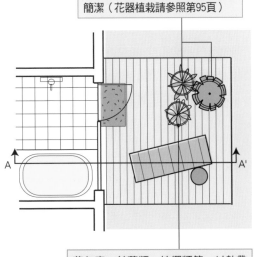

砂礫等

小株的楓樹

## ② 有出入口的浴室中庭

**斷面（A—A'）**

> 以能夠看見天空為
> 前提配置樹木

為了讓浴室空間感覺更為寬敞，應從浴缸眺望天空的角度配置樹木。

**平面**

> 花器植栽會讓完成後的空間較俐落
> 簡潔（花器植栽請參照第95頁）

> 萬年青、絲蘭類、棕櫚類等，以熱帶
> 植物強調出氛圍（熱帶的樹種請參照
> 第191頁）。

# ─ 045 ─
# 樹籬的植栽

**Point** | 依據樹籬的用途來變更樹種、樹高，以及栽植的間距。確認樹根伸展的幅度也很重要。

## 以樹木來打造遮屏

　　將樹木連接成屏幕狀來打造樹籬時，相鄰樹木的樹枝前端要彼此重疊 5 公分左右、以每株間隔 30 至 100 公分左右的距離密集地種植。若用地的空間夠寬敞，最好能一併使用地被植物、低木、中木、以及高木等樹種來打造樹籬；但若空間不足，則統一樹種、並列種植即可。

　　選擇樹種的時候，若能為樹籬定出明確的主題，也會十分有趣。例如，用茶梅及山茶可以打造出「有賞花樂趣的樹籬」；若用衛矛及紅葉石楠等，則可打造出「可賞紅葉的樹籬」。另外，若是用檜柏等常綠針葉樹構築樹籬的話，便能夠有很好的遮蔽效果。

　　此外，選擇種植小檗及齒葉木樨這類樹葉與樹枝上帶有尖刺的樹種，可防止外人入侵，也具有防犯的效果。

## 樹籬形成的印象

　　樹籬可以做成各種不同的高度，有以低木直接並排、高度在 50 公分左右的樹籬，也有高度在 5 公尺左右的高型樹籬。若要有區隔空間的效果，樹籬的高度大約必須在 1.2 公尺以下。而若想要有遮蔽視線的效果，樹籬的高度至少得在 1.5 至 2 公尺左右才行。另外，要防止外人入侵，樹籬高度就需要有 2 公尺以上；要防止冷風吹入，高度則要在 3 公尺以上。

　　若想要能眺望欣賞單一棵樹的樹姿，就要以每 1 公尺的範圍內大約種植 2 至 3 棵樹的間距來並列種植，而且經過修剪所做出的樹籬，即使是同一樹種，也能給人截然不同的印象。在日本各都道府縣的綠化中心都有樹籬栽植的樣本可供參考，不妨前往參觀看看。

　　而依地方自治單位的不同，為了營造整體的綠色景觀，也會鼓勵民眾構築樹籬，部分單位還設有樹籬獎勵制度及樹籬補助措施，施工前最好先向當地的區公所洽詢。

## 樹籬栽植的間隔

① 樹高在1.2～2m左右

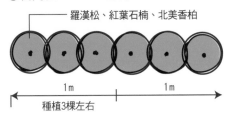

——羅漢松、紅葉石楠、北美香柏

1m ← → 1m
種植3棵左右

② 樹高在2m以上

黑櫟、楊梅

2m
種植4～5棵

③ 以樹根的伸展程度決定植樹的間隔

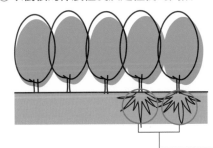

樹根距離太近的話，
會阻礙樹木的成長。

有時也會以樹根的擴展程度決定配植間距。通常枝幅有
多大，樹根向外擴展的程度就有多大。不過，隨著樹種
的不同，有些樹根擴張的範圍會比枝葉的寬幅還要大，
這類的樹木必須留意不要種得太近。

## 樹籬樹木的高度

1.2m        1.8m        2m

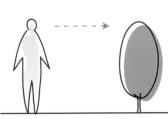

視線可及的程度，園地內外
的區隔並不明顯。有時候可
以窺見室內，因此防犯的效
果並不高。

可以達到遮蔽視線的程度，
也可以明確地區隔內外，以
及保有相當程度的隱私。防
犯效果稍高。

可以完全遮住視線，以及完
全區隔園區內外的界限。可
確保個人隱私，並且達到很
好的防犯效果。

## 樹籬的配植

青剛櫟、圓柏、紅芽石
楠、珊瑚樹、黑櫟，以及
北美香柏等：
以中木高度的常綠樹、每
隔30公分左右的間距列植
排列種植來打造樹籬。

黃楊、久留米杜鵑、皋
月杜鵑、豆瓣黃楊，以
及富貴草等：
葉片繁密的常綠低木為
主，以每隔20～30公分
左右的間隔種植。

百子蓮、日本鳶尾、熨斗
蘭、沿階草等：
種植稍為有些高度的地被
植物。

建築物

# — 046 —
# 開放式外牆的植栽

**Point** | 在建築物的開放式外牆上可以樹木添加空間的表情、並善用土坡，營造出柔和感的印象。

## 營造出寬廣的空間感

在與道路及鄰地的邊界部分，如果能不以鐵製圍籬或混凝土磚牆等做區隔，而是改以樹木做有效配置的話，較能夠營造出柔和的庭院印象。

所謂的開放式外牆，除了與樹籬、及種植庭木一樣，能帶給街道綠意盎然的景觀，還能進一步展示出充滿魅力的庭院空間。

構築開放式外牆時，要做得比樹籬幅寬更大些，不過但這樣一來，也會造成面向街道的房間被街道上往來行人窺探的疑慮。所以在這些開口部分，最好能夠種植 1.5～2 公尺左右的常綠樹做為遮蔽。

牆壁、或是一些不太引人注意的地方，若以低木及落葉樹組合起來植栽，可讓外牆植栽更有豐富的表情。在樹木底層 30 公分左右處，因為枝葉較稀疏，可能會有小動物從此處侵入，這時可以種植低木及地被植物來加強防護。

為了確保能有較為寬廣的空間，也可以砌土堤（mound）[3]的方式來堆砌土堆。

除了可以防止動物入侵及淹水之外，也能隨著不同的植栽形成柔和的綠意邊界。

## 活用土坡

當道路與植栽用地有高低差時，並不建議用混凝土或現成的建築材料來填補，而是用土堆砌成斜面的土坡[4]，並在土坡上綠化。如果傾斜度有 45 度左右的話，也能夠種植草皮或地被植物。

或者，選幾個天然石材堆疊起來，在石材的縫隙間填入土壤，再植入小型低木或被地植物的話，也會讓整體外觀變得更柔和。

做成的土坡或石堆若面向日照強烈的南面或西面，會容易變得乾燥，考量到夏天的情形，可種植百里香與松葉菊之類高度耐旱的植物，要不然就要經常澆水才行。種在這裡的植栽種類愈單純愈好，不管是低木或地被植物，在 1 公尺的範圍內種植相同品種比較好。

---

※ 原注
　**3 土堤（mound）** 把土壤堆疊起、相連而成的區塊。
　**4 土坡** 是指經由削去地盤使其變低的「切土」、以及在地盤上填覆砂土的「覆土」工序，所做成的人工斜坡。

# 開放式外牆的樹木高度

## ①一般開放式外牆的情形

看到的高度都相同

以1.8公尺高左右的樹木做為主要植栽,就能溫和地達到遮蔽視線的效果。不過,因為人的視線很容易聚焦在樹木最濃綠的地方,所以實際上也會出現室內的視線與外部視線重疊於同一處的情形。

## ②活用土丘的開放式外牆

因為視線所及的高度不一樣,所以視線不會重疊。

0.5m左右

由於植栽地是在隆起了0.5~1公尺高左右的土丘上,所以從室內及外部來的視線停留在樹木上的高度不同,因此視線不易產生交集。

# 開放式外牆的配植圖例

## ①立體

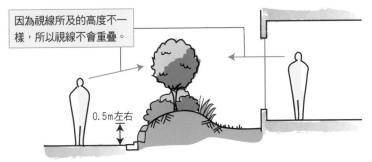

野茉莉　含笑花
光蠟樹
一般視線不太會看到這裡的樹木
桂花
錦繡杜鵑
垂絲衛矛
大花六道木
以自然石材堆疊好再種植物

以樹木營造出柔和的界圍

## ②平面

建築物
開口部
在沒有開口部的地方,可把穿透視線的空間做大
開口部前若有空間,可以種植桂花之類的花木轉移行人的視線(參照122~123頁)。
視線　道路　視線

# ― 047 ―
# 露台・陽台的植栽

**Point** | 露台・陽台的植栽以使用盆栽為主。花盆的種類要選擇與室內的風格相符合的。

## 注意土壤乾燥的問題

在無法直接栽種植物的甲板及陽台，可利用花盆（容器・花盆）[5]、或是在地面上打造花壇來進行植栽。

花盆或花壇內的空間都很有限，所以最好選擇札根不深廣、樹形較小的樹木、或是活用草本植物來做植栽。由於花盆及花壇的土壤量有限，因此很容易變乾燥，所以頻繁地澆水是一定要的。不過若是種植像橄欖及柑橘類、迷迭香之類、本身就偏好乾燥環境的植物，澆水的工作也能相對減輕。在日照強烈的夏季，澆水時不要只就底部澆灌，有時也要對著整株樹木從上方往下灑水，也好避免樹葉被陽光曬傷。

此外，大廈等高層建築時常有強風吹襲，要避免種植樹葉較薄的樹木，同時要把花盆固定好，以免被強風吹倒。

## 花盆的選擇與放置方法

花盆的種類各式各樣。植栽時最好依據植栽的種類與放置的場所，選擇適合的材質、尺寸、形狀及設計。盡可能選擇與面向露台或陽台的室內風格能夠搭配的花盆。

若放在和室的話，以木製、陶器及磁器材質的花盆較為適合；若要強調民族風，要以竹類、木材或素陶等材質為主；走西式風格的話，則以素陶材質較為適合。另外，花盆的顏色也很重要，如果花盆塗上了與房屋風格相襯的顏色，即使設計風格上有一些差別，還是能融合成一體。

還有，不要將花盆平列陳放，而是要使用花棚或是立架立體狀擺放，這樣不但可以觀賞到各式樹木的全貌，同時也可營造出層次豐富的空間感。擺設花盆時，重點在於不要讓每個花盆的樹木相互接觸得太過緊密，好讓每一棵植栽都能獲得充分的日照及通風。

---

※ 原注

**5 容器・花盆** 是造園專門用語中專指用來栽培植物的容器，箱狀的稱為容器、圓形的則是稱為花盆。材質分別有塑膠、木質、金屬以及珪藻土（把培養土固定形狀為方角狀而成）等各式各樣的種類。

# 陽台的植栽

## ①陽台植栽的基本知識

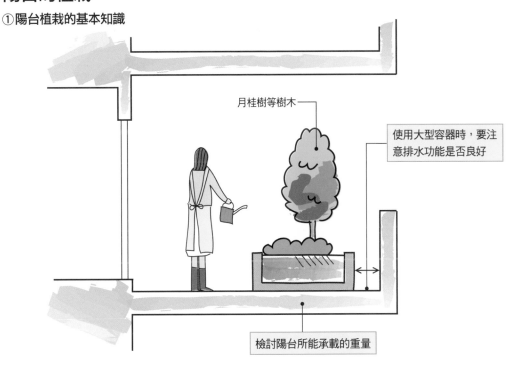

月桂樹等樹木

使用大型容器時，要注意排水功能是否良好

檢討陽台所能承載的重量

## ②栽種於花盆時

橄欖、迷迭香及絲蘭類：陽台盆栽基本上要以抗強風的樹種為主。

# 露台的植栽

為避免露台的地板材浸水，可在花盆底下放置盛水盤來接水，但要注意避免讓盛水盤經常積水。

柑橘類、橄欖等樹木。

陽台與露台上的植栽，基本上都是以花盆與容器為主。適合植栽的樹種請參照第95頁說明。

# — 048 —
# 棚架的植栽

**Point** | 種植可以欣賞花或果實的藤蔓植物，既可營造綠蔭空間，也可以在棚架下方放置桌椅。

## 棚架高度與橫木的間隔

一般聽到「棚架」這個名詞，很多人首先浮現的想法一定是「藤棚」吧。其實棚架，是指讓日本紫藤之類具蔓生習性的植物可生長、同時用天然形成的綠色屋頂營造出樹蔭，可享受賞花及採果樂趣的一種植栽形式。

藤蔓植物爲了吸收陽光，會沿著高大樹木的枝幹往上攀爬。若不設法施以某種程度的人工引導，藤蔓植物的生長就會失去平衡。所以棚架搭設的高度，以稍墊腳尖就可觸及的高度最佳。棚架上橫木的間隔以 5 公分左右最爲理想。橫木間隔窄的好處是，植物容易攀附，可減少人工引導的麻煩。但若橫木間隔超過 10 公分的話，就必須額外藉助人工的協助，才能使植物攀附住。

## 生長快速的藤蔓植物

若是想要利用棚架遮蔽夏天的日曬，種植落葉樹是最適合不過的了。但是像日本紫藤或木通之類的落葉樹，若沒有充足的日光照在樹葉上，生長的情形就會變差。

當藤蔓植物的枝條開始在棚架上部伸展時，原先攀附在棚架柱子的部分幾乎就不會長出葉子。不過像木李及地錦這一類的常綠樹，即使是盤繞在棚柱的部分，樹葉還是能向外開展。

藤蔓植物與單株的樹木相比，生長速度要快上許多。譬如地錦等，若生長環境條件都很不錯的話，大約一個夏天就可以生長約 5 公尺左右。因此在這方面，就必須設想好將來的蔓生範圍。而在栽植密度方面，大約每 5 平方公尺種植一棵藤蔓植物就已經很足夠了。不過在一開始種植時，爲了避免顯得過於空蕩，也可以每 1 平方公尺種植一棵的方式來進行。

棚架的下方，可以放置長凳或桌子做成休閒空間，也可以當成車庫使用。不過，雖然覆滿綠意的棚架是一個很棒的空間，但也要留意也會有樹液、花蜜、花瓣、落葉、或是以植物維生的蟲、鳥糞便等從植物掉落下來，所以棚架下方的使用方式，最好要能便於打掃比較好。

# 棚架的植栽

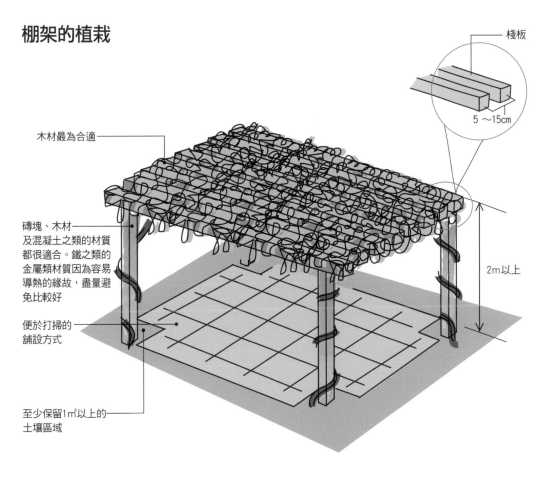

棧板

5～15cm

木材最為合適

磚塊、木材
及混凝土之類的材質
都很適合。鐵之類的
金屬類材質因為容易
導熱的緣故,盡量避
免比較好

便於打掃的
鋪設方式

2m以上

至少保留1㎡以上的
土壤區域

## 適合在棚架上生長的樹種

| | 常綠樹 | 落葉樹 |
|---|---|---|
| 賞花 | 卡羅萊納茉莉花、貫月忍冬、多花素馨、藍雪花。<br><br>炎熱的地方則建議種植:<br>黃蟬、軟枝黃蟬、九重葛、大鄧伯花、五爪金龍 | 毒豆、鐵線蓮、雲實、薔薇類、西番蓮、木藤蓼、凌霄花、日本紫藤、蔦蘿 |
| 賞果 | 奇異果、南五味子、野木瓜 | 木通、南蛇藤、苦瓜、瓠瓜、倒地鈴、黑莓、葡萄、絲瓜 |
| 綠蔭 | 常春藤、布什常春藤 | — |

木通(木通科)

# — 049 —
# 頂樓的綠化

**Point** | 頂樓的綠化，要選擇耐旱強的常綠闊葉樹。其中又以生長在溫暖氣候地區的果樹最為推薦。

## 首先要確認建築物的結構

在頂樓植栽進行綠化，讓建築物達到隔熱效果的同時，也會因水分蒸散作用而使得周遭環境有冷卻降溫的效果。當建築物本身的冷熱溫差變和緩了，就表示這樣的綠化方式可節省能源，防止都市熱島效應，而且是即使小坪數的建築也能好好地應用。

在導入頂樓綠化的同時，首先要確認建築物的構造性能。最重要的是確保在填入土壤時，建築所能夠承受的積載荷重[6]。以厚度 10 公分的普通土壤來說，1 平方公尺大約有 160 公斤；若要種植草花及地被植物，土壤厚度需有 20 公分、種植低木約需 30 公分，若是種植 3 公尺以上的高木，土壤厚度就必須有 60 公分以上。如此一來，在種植高木的情況下，1 平方公尺土壤的重量就會超過 800 公斤，所以得事先確認好建築物的結構耐力[7]才行。最近市場上也已經有專供頂樓綠化工程用、重量只有普通土壤的 1／2～2／3 左右、輕量的人工土壤[8]開發問市。

## 適合做為頂樓綠化的植物

由於頂樓容易受到風吹而變得乾燥，所以頂樓的植栽要以耐旱的植物為主，如此也能便於管理。

經常用來做為頂樓綠化的景天類植物，就是非常耐旱、而且不需太厚土壤的植物。不過這一類的植物得經常拔除雜草和施肥，照料上很費工，而且蒸散作用不明顯、比較沒有隔熱的效果，近來已不是頂樓植栽的主流了。

由於頂樓一般多會直接受到陽光照射及強風的吹襲，因此比較適合種植常綠闊葉樹。其中。即使在乾旱的環境下也能種植的柑橘類等、來自溫暖氣候地區的果樹也很適合。而且頂樓的植栽會受到強風的吹襲，蟲害會比較少。不過，由於大型果實結果之後若掉落下來，會有砸到人的危險，所以頂樓最好不要種會結出果實的樹木。還有，為了防止植物被鳥類啄食，最好架設網子以及釣魚線等做為防護。另外，也要避免種植像楓樹之類樹葉較薄、很怕強風吹襲的落葉樹。

---

※ 原注
**6 積載荷重**　如字面上的意思，是指建築物可承受人、家具及其他物件等所施加於樓地板面的重量。
**7 結構耐力**　是指建築物對應於來自垂直、及來自水平方向的力。建築結構需能支撐來自垂直方向的作用力，以及對抗會導致建物變形的水平作用力。
**8 人工土壤**　以最新的科學素材所製成的人造土壤。

## 容器植栽所需的土壤厚度及代表樹種

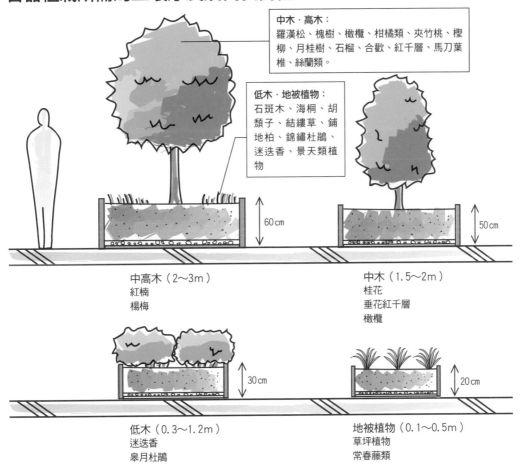

中木‧高木：
羅漢松、槐樹、橄欖、柑橘類、夾竹桃、檉柳、月桂樹、石榴、合歡、紅千層、馬刀葉椎、絲蘭類。

低木‧地被植物：
石斑木、海桐、胡頹子、結縷草、鋪地柏、錦繡杜鵑、迷迭香、景天類植物

60cm

50cm

中高木（2～3m）
紅楠
楊梅

中木（1.5～2m）
桂花
垂花紅千層
橄欖

30cm

20cm

低木（0.3～1.2m）
迷迭香
皐月杜鵑

地被植物（0.1～0.5m）
草坪植物
常春藤類

## 適合屋頂綠化的代表樹種及花盆擺放的重點

排水層以小顆的珍珠岩、輕石，以及發泡樹脂（保麗龍）的碎粒鋪設，厚度大約在100～200mm左右。

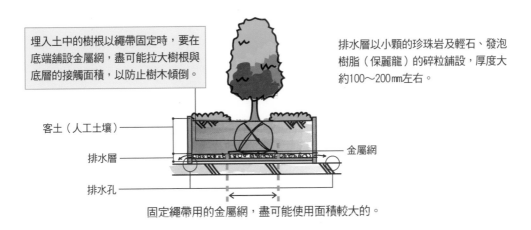

埋入土中的樹根以繩帶固定時，要在底端鋪設金屬網，盡可能拉大樹根與底層的接觸面積，以防止樹木傾倒。

排水層以小顆的珍珠岩及輕石、發泡樹脂（保麗龍）的碎粒鋪設，厚度大約100～200mm左右。

客土（人工土壤）

排水層

排水孔

金屬網

固定繩帶用的金屬網，盡可能使用面積較大的。

# ─ 050 ─
# 屋頂的綠化

**Point** | 留意土壤的保水性及灑水系統是否順暢，同時也要選擇不需費心照料的樹種。

## 斜屋頂的植栽

如果屋頂面可改用土壤鋪設的話，就能夠在屋頂上栽種植物。

在幾乎沒有斜度、趨於平面的屋頂，也可填入保水性較佳的土壤來做植栽，同時最好能夠裝設合適的灌溉系統。

不過，日本住宅中的屋頂為了便於導流雨水，大多以斜坡式造形居多。也就是說，屋頂通常都會處在容易乾燥的狀態。

所以說，若想要在乾燥的斜屋頂上栽種植物的話，就要導入讓水分不易蒸發的系統，或是裝設可經常澆水的裝置。最近已有能在 60 度左右的陡坡屋頂上種植草皮，達到整個屋頂全面綠化的案例。這的確是十分可行的方式，也就是在斜面的上部及下部都設置一個讓水能夠均勻流布的系統。

## 選擇便於管理的樹種

在屋頂的綠化方面，為了防止土壤崩落，基本上都要先種植草皮植物。若澆水與土壤的問題都能夠解決的話，那麼不管是喜好日照、或是喜歡乾燥環境的樹種，都能夠栽種在屋頂。由於屋頂的植栽平常很難進行維護，因此植栽時，要選擇日後不需費心照料的樹木。

此外，屋頂上的植栽，少不了也會經由風力、或鳥糞等混入植栽以外的植物種子。而且，因為平常不容易照料得到，對於屋頂可能會冒出一定程度雜草，最好都要有心理準備。

春夏之際，屋頂的植栽固然會因為植物的樹葉而有一片綠意；但到了雜草叢生的秋冬時節，映入眼簾的，就會是不太美觀的枯黃景色。此外更要留意的是，若屋頂上有太多枯草的話，也會變成是建築在防火上的一大危險。因此，夏末時節就必須進行除草，最好盡可能把多餘的雜草都拔除掉。

# 屋頂斜度與綠化的狀況

## ① 2寸的斜度（約10度）

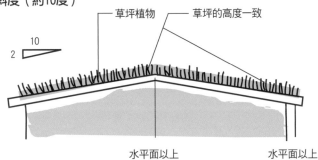

草坪植物
草坪的高度一致

10
2

水平面以上
水平面以上

坡度和緩，屋頂土壤在水平面上、及水平面下的乾濕度差異不大，所以草皮的高度及密度都可以均衡生長。

## ② 4寸的斜度（約20度）

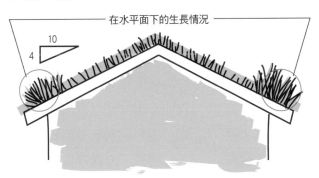

在水平面下的生長情況

10
4

在坡度較陡的屋頂，水平面上、及水平面下有明顯的乾濕差異，植栽的生長也會有所不同。屋頂若是超過這個斜度而變得更陡，除了水分調整有困難、會阻礙植物生長之外，在施工·管理上也很危險。

## ③ 8寸的斜度（約38度）

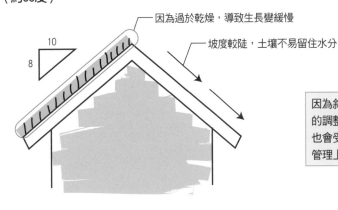

因為過於乾燥，導致生長變緩慢

坡度較陡，土壤不易留住水分

10
8

因為斜坡太陡，所以水分的調整困難，植物的生長也會受到阻礙。在施工·管理上也很危險。

# 屋頂植栽的收整

人工土壤：使用保濕性高的土料。

防根板：
防止植物的根部刺穿屋頂。
對於防止泥水外滲也很有效

止水板：
因為水分容易流失，止水板要使用塑膠製、或金屬製材質。

屋頂裝潢材

# — 051 —
# 牆面的綠化

**Point** | 在牆面直接種植，以及從屋頂延伸下來的綠化，除了要注意澆水的問題外，也要留意使用引導材料，幫助植物從地面往上蔓生。

## 牆面綠化的模式

　　牆面綠化大致有以下三種模式。在地上栽種植物，從牆面下方向上延伸的綠化方式；在屋頂上等栽種植物，由上往下延伸綠化牆面的方式。另外還有在牆壁本體上使用土壤的代替品進行側面植栽的方式。

　　在牆面直接植栽的方式，以及由上往下延伸的綠化模式，都必須仰賴土壤，但因為土壤容易變得乾燥，所以得經常定期澆水。因此，最好事先就要把澆水設備裝設妥當。

　　澆水設備必須確實讓水分可全面地流布到所有地方，因此有計畫地設置這點很重要。特別是高樓層建築，由於日照條件會因為位置的不同有所差異，這時候澆水的時間最好也要依據不同位置適時調整。其次，建築物的邊角處多半處於風口的位置上，不但日照條件差，也比較容易變得乾燥，這方面更要多加留意。

　　從牆面下方往上延伸的綠化方式上，通常以種植藤蔓植物居多。在這方面就要確實掌握好植物生長的方向，檢討是否該利用圍籬及網格等引導生長的輔助材。

## 適合綠化牆面的植栽

　　就牆面構成的材質來看，有能讓藤蔓植物任意生長的材質，也有讓植物不易生長的材質。不過像是白背爬藤榕、地錦、常春藤等藤蔓植物，由於都是一邊吸附牆面、一邊向上生長，所以即使是牆面有些凹凸不均，本身也能夠往上攀附。

　　此外，像日本紫藤、木通、金銀花、以及卡羅萊納茉莉，這些植物則會透過纏繞物材往上生長，因此可以架設網格、或纜繩、圍籬做為輔助，引導其攀附牆面。這些輔助材除了市售的以外，其實是只要讓植物能夠纏繞住，任何素材都能夠使用。不過要注意的是，由於植物生長的前端較為柔軟脆弱，所以還得選擇即使受到陽光照射也不會變熱的物材比較好。

## 牆面綠化的三個模式

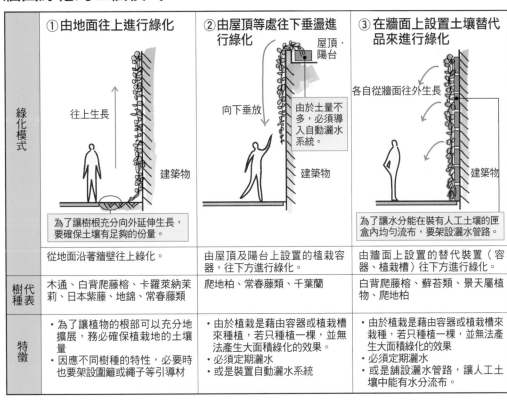

| 綠化模式 | ① 由地面往上進行綠化 | ② 由屋頂等處往下垂盪進行綠化 | ③ 在牆面上設置土壤替代品來進行綠化 |
|---|---|---|---|
| | 往上生長 建築物 為了讓樹根充分向外延伸生長，要確保土壤有足夠的份量。 | 屋頂·陽台 向下垂放 由於土量不多，必須導入自動灑水系統。 建築物 | 各自從牆面往外生長 建築物 為了讓水分能在裝有人工土壤的匣盒內均勻流布，要架設灑水管路。 |
| | 從地面沿著牆壁往上綠化。 | 由屋頂及陽台上設置的植栽容器，往下方進行綠化。 | 由牆面上設置的替代裝置（容器、植栽槽）往下方進行綠化。 |
| 樹代種表 | 木通、白背爬藤榕、卡羅萊納茉莉、日本紫藤、地錦、常春藤類 | 爬地柏、常春藤類、千葉蘭 | 白背爬藤榕、蘚苔類、景天屬植物、爬地柏 |
| 特徵 | ・為了讓植物的根部可以充分地擴展，務必確保植栽地的土壤量<br>・因應不同樹種的特性，必要時也要架設圍籬或繩子等引導材 | ・由於植栽是藉由容器或植栽槽來種植，若只種植一棵，並無法產生大面積綠化的效果。<br>・必須定期灑水<br>・或是裝置自動灑水系統 | ・由於植栽是藉由容器或植栽槽來栽種，若只種植一棵，並無法生大面積綠化的效果<br>・必須定期灑水<br>・或是舖設灑水管路，讓人工土壤中能有水分流布。 |

## 牆面綠化的例子

巴黎 Musée du quai Branly 美術館的牆面綠化（側面植栽）。在牆面上設置可做為植栽基盤的植栽槽，種植景天屬及苔蘚類植物。

利用合成纖維繩網做為引導的牆面綠化（鹿兒島マルヤガーデンズ）

## TOPICS
### BOTANICAL GARDEN GUIDE 3
# 山梨縣綠化中心

木槿的園藝品種「日之丸」。在山梨縣綠化中心可充分了解植栽樹木及栽培的方法。

## 可完整學習到樹木的栽培方法

日本各地的綠化中心是委由地方自治團體經營的設施。這些綠化中心種植了許多適合在住家庭園栽種的各類植物，不僅詳列了植物名稱，也詳細記載植物的培育方法。

其中，在山梨縣綠化中心還展示了許多適合以藤架種植的藤蔓植物、以及適合種在樹底下的地被植物的栽種方式，還有修剪過的樹籬等，同時也按照了植物的用途別附有淺顯易懂的解說。

在綠化中心裡除了設有各式植物相關書籍及雜誌的閱覽區之外，也提供植栽諮詢的服務，在這裡可以學習到很多有關植物的知識。

此外，綠化中心內還另闢有占地極廣的香草園，可供民眾參觀學習，是打造住宅香草花園時最佳的參考範本。

### DATA

地址／山梨縣甲斐市篠原7-1
電話／055-276-2020
開園時間／9：00~17：00
　　　　　（7月~9月　9:00~18:00、
　　　　　　12月~2月　9:00~16:30）
休園日／每週一（週一逢國定假日則延後一日
　　　　休園）（4月29日~5月5日，以及7月
　　　　21日~8月31日均無休）

# 第四章
## 發揮綠化的效果

# — 052 —
# 掌握微氣候

**Point** | 除了當地的氣象條件之外，也要考量植栽用地周邊的微氣候，來選擇適合的樹木。

## 立地環境的氣候各有不同

　　所謂的微氣候，指的是溫度・濕度・日照・風等，某一特定區域所形成的氣象條件。

好比說，像東京都二十三區這樣大範圍地域的氣象資料，通常都會以標準值來發布。但即使都在二十三區之內，某部分區域的氣候多少會有些微的差異，這就是所謂的微氣候。

　　微氣候會因為地形、立地環境、以及周圍建築物等條件的不同而產生。例如，在日照良好的地方以柏油舖設成的停車場，夏天天氣晴朗時會產生高溫，導致周圍的氣溫跟著上升。相反地，在池塘、河邊附近，即便也是日照充足，同樣也鋪上柏油，水溫卻不太會上升，而且還會稍有涼意。

　　在高樓林立的都會地區，即便氣象預報是無風的日子，但在大樓與大樓之間，還是經常會吹起強風（大樓風）。

## 掌握微氣候

　　氣溫或風速等外在環境，要以機械的方式控制並不容易。然而，就像鋪設了柏油路面，若能在各處種植草皮、或是種植高木形成樹蔭的話，就可以透過植栽調節周圍的氣候環境。

　　從早期沒有電力及瓦斯的年代以來，日本人就已知道如何利用植物來控制戶外溫度及日照，可舒適地度過一整年。像是綠化屋頂及綠化牆面[1]，就是一種只要不弄錯、在適當的地方用對適當物材的話，就能充分控制微氣候的手法。因此，除了研究氣象資料之外，為了了解微氣候的影響程度，親自去植栽用地調查住宅周圍是很重要的。在了解微氣候適合栽種的樹種外，也要進一步去觀察附近有些什麼樣的植栽，什麼樣的樹木在這裡生長良好，也都要列入參考。

---

※ 原注
　**1 綠化屋頂・綠化牆面**　以植栽覆蓋住屋頂及牆面的方法。不僅可調和建築物內的冷熱溫度變化，同時也可以緩和都會地區的熱島現象、及空氣汙染。

# 微氣候的形成條件

微氣候是指特定於某地域的氣象條件。是受到當地不同的地形、立地環境、以及周圍建築物等的影響所形成的。

## ① 地形的影響

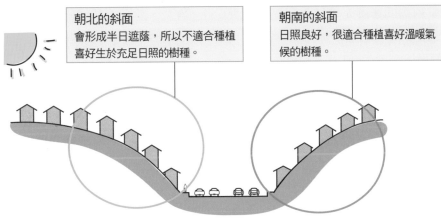

朝北的斜面
會形成半日遮蔭,所以不適合種植喜好生於充足日照的樹種。

朝南的斜面
日照良好,很適合種植喜好溫暖氣候的樹種。

## ② 周圍建築物的影響

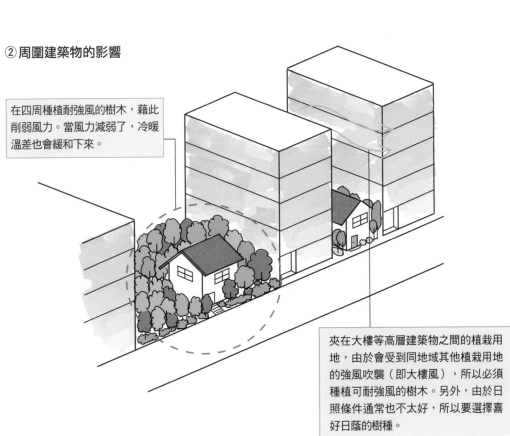

在四周種植耐強風的樹木,藉此削弱風力。當風力減弱了,冷暖溫差也會緩和下來。

夾在大樓等高層建築物之間的植栽用地,由於會受到同地域其他植栽用地的強風吹襲(即大樓風),所以必須種植可耐強風的樹木。另外,由於日照條件通常也不太好,所以要選擇喜好日蔭的樹種。

# ― 053 ―
# 控制日照強度

**Point** | 遮陰樹要選擇能夠遮蔽夏日豔陽、但又不會妨礙冬天日照的落葉樹。

## 以植栽控制強烈的日照

讓室內空間獲得充足日照，是營造良好居住環境的重要條件之一。不過，若日照過度，夏天時室內溫度也會變得太高。雖然利用空調來調節溫度的做法也很簡單，不過在節能意識抬頭的現在，還是盡量在不耗費能源上下工夫比較好。

因此，當陽光照射過度時，便可利用植栽來控制射入室內的日照量。過強的陽光可以利用樹木（遮陰樹）緩和日照，達到降低室溫的效果。

不過，夏天難以應付的陽光，反而是冬天最為必要的。所以在植栽上，基本上就要選擇冬天時會落葉、好讓陽光射入屋內的落葉樹。

## 樹木與建築物的距離

如果說種植栽的目的是要阻隔建築物上的日曬，那麼植栽與建築物之間要維持多大的距離，就會是需要留意的問題。在這方面，除了確認好建築物開口部的方位角度，還必須要仔細地掌握清楚隨著時間或季節而改變的日照角度。

還有，植物每年都會不斷地生長，這一點也要考量在內。雖然在種植時已經與建築物間保持了距離，但像櫸木這種生長快速的樹種，可能沒過多久就會長到很靠近建築物了。

雖然不同樹種各有差異，但一般而言，樹枝能伸展多大，土中的根就能伸展多大。樹根的擴張範圍，可以理解為大約會在樹木枝幅直徑的 50 ～ 100%左右。而樹木高度與樹冠幅度之間的比例，大約是每高 1 公尺，樹冠就會增大 0.5 ～ 1.0 公尺左右。所以若是種植高度約 6 公尺的樹木，距離建築物至少就得保持 3 公尺的距離。

## 栽植落葉樹來控制日照

① 夏季的日照　　　　　　　　　　② 冬季的日照

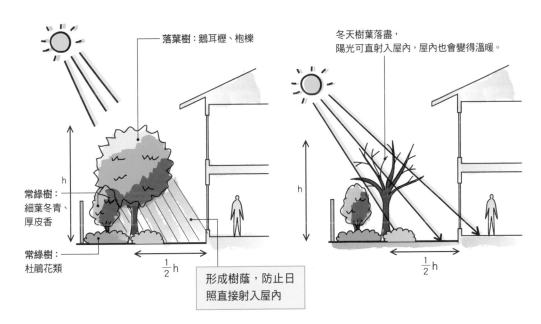

落葉樹:鵝耳櫪、枹櫟

常綠樹:
細葉冬青、
厚皮香

常綠樹:
杜鵑花類

形成樹蔭,防止日
照直接射入屋內

$\frac{1}{2}$h

冬天樹葉落盡,
陽光可直射入屋內,屋內也會變得溫暖。

$\frac{1}{2}$h

## 樹木與建築物的距離

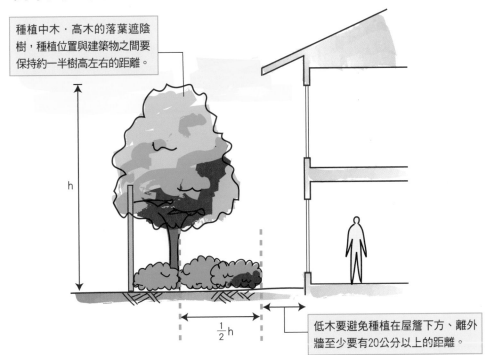

種植中木·高木的落葉遮陰
樹,種植位置與建築物之間要
保持約一半樹高左右的距離。

h

$\frac{1}{2}$h

低木要避免種植在屋簷下方、離外
牆至少要有20公分以上的距離。

# — 054 —
# 調節溫度的植栽

**Point** | 針對日照、與風的情形，有計畫地配置樹木，就能發揮調節庭院及室內溫度的效果。

## 會對氣溫帶來影響的植栽

在樹林或森林這樣林木資源豐富的地方，受到樹葉的蒸散作用[2]及樹木形成樹蔭的影響，林內的氣溫不太會上升。不過另一方面，缺少水分、無法培育樹木的沙漠或濱海沙灘，白天氣溫則會不斷上升，到了夜晚又會急劇下降。夏天的沙灘幾乎無法打赤腳走路，不過若是有草坪或草地的話，即使赤腳，也能舒服地行走其間。

由此可見，樹木具有緩和高溫，調和氣溫變化的功能。不過，若是樹木種得太過密集，也會造成通風不良，而使空氣加溫、形成悶熱的狀態。因此，以考量通風效果來設定植栽的密度，就是重點所在了。植栽的間距最好也要讓後方的景色可被稍微看見。不過，若是在北側原本就日照不佳的地方種植樹木，也會讓原本的日照情形變得更差，室內溫度也會變得更低，這點要特別留意。

此外，在多天北風經過的地方，若是種植像黑櫟、或杉樹之類可抗強風的樹木，就可避免正對著風吹，讓室內容易保持溫暖。

## 調整體感溫度

另外，也可以透過刺激五感的方式，控制人體所感覺到體感溫度、或感覺溫度。

譬如說，就像懸掛在屋簷下的風鈴發出的音色會讓人感覺沁涼一樣。風吹動樹葉的聲響，同樣也能夠帶來清爽的感覺。舉例來說，像刻脈多青及鵝耳櫪之類的樹木，風吹過樹葉時，都能發出柔和的聲響。

而在視覺的要素上，顏色濃郁的東西容易讓人感到暑熱。常綠樹的樹葉因為有多種層次的深色變化，能營造出溫暖的視覺效果。像蘇鐵及加拿利海棗等熱帶的樹種，就是印象中讓人感覺暑熱的典型樹木。相反地，若想要營造出清涼感覺，就要選擇葉色較淡的樹種。像是被歸類在落葉闊葉樹的楓樹、枹櫟等，都是不錯的選擇。

---

※ 原注

**2 樹葉的蒸散作用** 植物從根部所吸收的水分，透過莖部被樹枝、樹葉吸收。其中大部分的水分會形成水蒸氣從樹葉中的氣孔蒸散出去。植物就是利用蒸散作用的汽化熱，來調整體內的溫度。

## 透過植栽調節溫度（以朝南的庭院為例）

不要阻礙風的穿透，樹木之間要保有一定的間距。

保持通風順暢，選擇樹葉較輕薄的樹種（參照第218～219頁）。

要能遮擋夏日強烈的西曬，應選擇種植落葉樹。

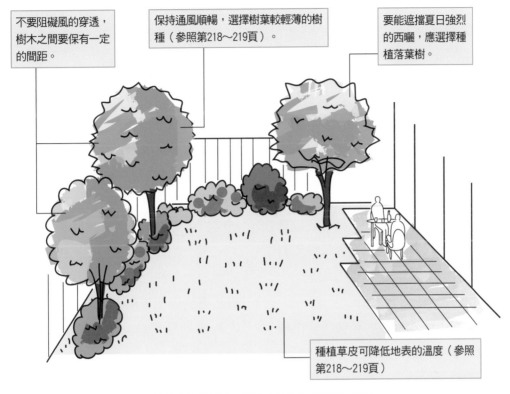

種植草皮可降低地表的溫度（參照第218～219頁）

要運用植栽來調節溫度，重點在於如何調整日照與風。

## 考量季風的植栽規劃

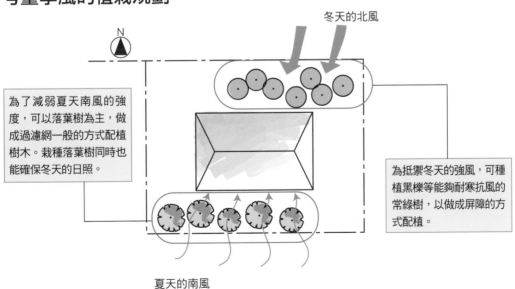

冬天的北風

為了減弱夏天南風的強度，可以落葉樹為主，做成過濾網一般的方式配植樹木。栽種落葉樹同時也能確保冬天的日照。

為抵禦冬天的強風，可種植黑櫟等能夠耐寒抗風的常綠樹，以做成屏障的方式配植。

夏天的南風

# — 055 —
# 調節風力的植栽

**Point** | 以防風為目的，要密植常綠樹；若是為了減弱風勢，則可將常綠樹與落葉樹混搭配植。

## 呼喚季節風的植栽

風是調節室內外氣溫時的重要因素。如果吹入室內的風通過了樹林，就會挾帶著新鮮空氣與豐沛的濕度，應該會帶來相當舒服的感覺。

要讓植栽能呼喚季節風，就必須以氣象資料為基礎加以考量。當地的氣象資料大部分都會公告在氣象廳的官方網站上，可以好好參考使用。

對於春夏季吹來的風，植栽不能做成密不透風的牆壁一般，而是要分散成點狀配植。同時為了保持良好的通風，也不要選擇樹葉長得過於緊密的樹種。

屬於落葉闊葉樹的楓樹、野茉莉、日本紫莖、以及衛矛等樹木，雖然都是不錯的選擇，不過這些樹木並不適合種在有強風吹襲的地方。像這樣會有強風吹過的地方，最好能在近處配植一些常綠樹來削弱風力。

另外像常綠闊葉樹的錐櫟及日本山茶花，針葉樹的杉樹、松樹等樹葉間距較緊密的樹種，也不適合種在經常需要保持良好通風的地方。不過庭院中若只種植落葉樹，到了落葉期會顯得毫無生氣，因此最好能運用像黑櫟及刻脈冬青之類樹葉分布較不緊密的常綠闊葉樹來做調和。

## 遮蔽強風

冬天的北風、或海風、山風等，還有因地形及季節而刮起的強風，甚至是在高層建築物周圍不斷吹著的大樓風等，也都能夠透過活用植栽的方式達到有效的遮蔽。

首先最基本的是，要選擇能夠耐強風的樹種。日本關東地區南部，比較推薦種植黑松或是羅漢松；而關東地區北部及寒冷地區，則較推薦杉樹及黑櫟等樹木。在東京‧新宿副都心的高樓層建築周邊，可種植樟樹、錐櫟、紅楠、以及楊梅等樹木。

雖然許多的常綠潤葉樹及針葉樹都具有抗強風的特性，不過，因為風的溫度也會影響所選擇的樹種，植栽前還是要先確認過當地的微氣候才行（參照第 24 ～ 25 頁）。

# 透過植栽調節風速

## ① 讓風量趨於平緩的配植

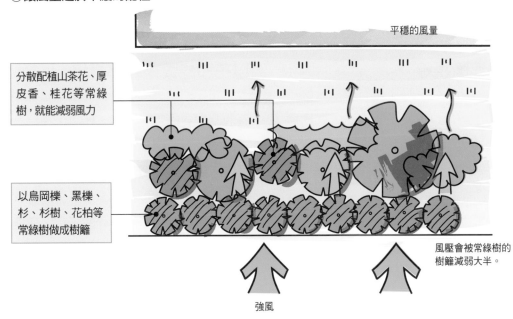

平穩的風量

分散配植山茶花、厚皮香、桂花等常綠樹，就能減弱風力

以烏岡櫟、黑櫟、杉、杉樹、花柏等常綠樹做成樹籬

風壓會被常綠樹的樹籬減弱大半。

強風

以常綠樹的樹籬減低風壓，再以分散配植常綠樹與落葉樹削減風力之下，就能隨此改變做出庭院的景色

## ② 防風的配植

常綠樹：黑櫟、石櫟、楊梅

常綠樹：珊瑚樹、細葉冬青

將常綠樹從低木到高木組合排列，達到防風的功能

常綠樹：紅芽石楠、茶梅

強風

常綠樹：齒葉冬青、厚葉石斑木

常綠樹：皋月杜鵑、錦繡杜鵑

種植時，要將常綠樹從低木到高木組合起來，讓相鄰的樹木與樹枝可相互碰觸到一般地密接程度。

# — 056 —
# 視線的控制

**Point** | 利用植栽做成的綠牆，一方面可引導視線，同時也能調和貧乏的視覺印象。

## 以綠牆遮斷視線

多數的都市住宅為了保有隱私，會在道路及鄰地四周以混凝土築牆的方式遮擋掉周圍來的視線。不過其實只要在植栽下一點工夫，即便不使用人工構築的屏蔽物，也能得到同樣的遮斷效果。

以一般住宅來說，一樓地板的高度大約比周圍的道路高 40 公分左右。所以，如果能做成 1.5～2.5 公尺高的綠牆，就可以遮斷掉從道路看過來的視線。

因此，若要以樹木做為綠牆，那麼植栽間隔的密度就會變得很重要。

如果種的是常綠闊葉樹和針葉樹，以高 2 公尺左右的中木栽植成樹籬時，每棵樹之間最少也要確保有 50 公分的間距。若是並排種植高度 50 公分左右的低木，植栽時樹幹與樹幹之間也要有 30 分公左右的間距才行。

## 以花和綠葉來轉移視線

如果把建築物的每一面牆都以綠牆覆蓋的話，會顯得太單調。所以，在沒有開口部的地方，因為沒有隱私問題的考量，可以將樹木間稍微挪出一點空隙，利用像落葉樹的密布枝椏（如衛矛等）的方式等做成綠牆，有了一些不同的變化，就能緩和單調的印象。

即使無法以植栽做成綠牆，只要在開口部的近處增添一些綠意，還是可以將視線轉移開來，也能意想不到地保護個人隱私。

若在近處添植繡球花或梔子花之類、會綻放大型花朵的樹木，效果會更好。因為人的視線會被花朵吸引，自然就不太會注意到後方的景色了。另外，在不想被外人看到的地方種植一些引人注目的花木，也是同樣的道理。若無法種植花木的話，改種像三色菫和鼠尾草等花朵顯眼的草本植物，也能期待有一定程度的效果。

# 以植栽控制視線

## ① 遮斷視線的配植

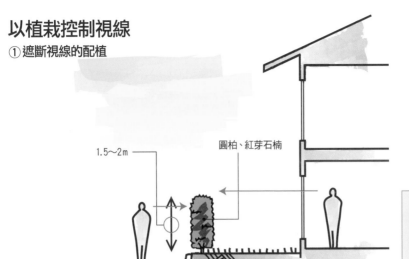

1.5～2m

圓柏、紅芽石楠

屋內的人可看見屋外道路的情形，但來往的路人無法窺進用地及建築物內部。

## ② 轉移視線的配植

桂花

以花朵醒目的植物來營造視覺的重點。
春：石楠花、杜鵑花
夏：芙蓉花、木槿、薔薇
秋～冬：山茶花、茶梅

開口處

種植花草也很不錯。例如三色菫、鼠尾草等

種植會開出醒目花朵的樹木，人的視線自然會轉移到花朵上。
即便在開口部前無法種植樹木，仍可確保一定程度的隱私

四照花。山茱萸科山茱萸屬的落葉闊葉樹。每年5～6月間，會綻放出向上開展的白色花朵。

### 小常識

### 視線由上往下看的植栽

都會庭院的植栽空間通常都不大，建議可以採由上往下的視角做植栽配植。

一般在庭院裡看樹木、或是從窗戶遠眺樹木的想法，採取橫向的視線角度配植。

不過，三層樓以上的獨棟住宅、或集合住宅，如果改以從窗戶、或通道由上往下眺望庭院的視線角度來設計庭院的話，也是相當不錯的想法。

因此在種植花木時，就要選擇花朵會向上綻放的樹種。較具代表的有洋玉蘭和日本厚朴等。其次，花朵呈星星型向上綻放的四照花、及花水木（大花四照花）應該也會是不錯的選擇。

另外，還有楓樹之類的樹種也可以，當綠葉轉紅的季節，由上往下看到風景，會有如同從溪谷看到的視角一般，也十分有趣。

129

# — 057 —
# 防犯上的活用

**Point**｜格柵式籬笆在防犯、及裝飾上都能發揮效用。在防犯方面，搭配帶有尖刺的樹木，效果還會更好。

## 樹籬支柱的竅門

在道路或鄰地的地界處，以植栽做成的樹籬若超過 1 公尺高時，就有架設支柱的必要。然而，如果每一棵樹都要分別設置支柱，就必須空出很多的設置空間才行。但若是成列的種植方式（列植）、或是平常在為樹籬架設支柱時，最好是讓數棵樹木共同設置一根支柱，橫向再架上連結材綁好，做成布掛型支柱的方式搭接起來。

## 利用格柵式籬笆

活用支柱的架設方式、以及選用樹種的方式，樹籬也能夠發揮防止外人侵入的效果。

由於布掛型支柱可在支柱之間留有間隙，如果種植的又是枝條柔軟的樹木，會有小動物容易侵入的缺點。為了防止小動物侵入，這時便可改採支柱之間縮小連接材料間隔的格柵式籬笆。

格柵式籬笆每一格的尺寸大約是 20 ～ 30 公分左右，可以把樹木綁在格柵上。由於格子造形看起來美觀，也具備了裝飾的功能，因此很受歡迎。不過，若是竹籬笆的話，因為是以生竹子製成，經年累月後也會漸漸朽壞，因此用了幾年後就必須整修一番。

而為了防止人和動物跨越，樹籬的植栽高度必須要有 1.5 公尺以上。另外，在日照良好的地方，樹木上方的樹葉會長得比較密，下方樹葉則會比較稀疏，在下方稀疏處再以低木或地被植物等補強，在防犯上更能萬無一失。

動手修整樹籬時也要注意，像是樹枝上有尖刺的小蘗、薔薇及胡椒木，以及樹葉本身就很尖銳的齒葉木樨及枸骨等，其實本來就都是能有效防止外人侵入的樹種。若能與其他常綠樹組合種植，即使只是配植在樹底下，也能提高防犯的機能。

## 樹籬支柱的防犯效果

### ①布掛式

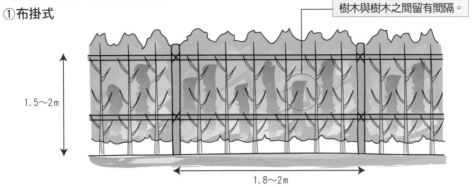

> 樹木與樹木之間留有間隔。

1.5〜2m

1.8〜2m

用手就能將樹木向左右掰開，縫隙甚至大人也能夠鑽入。

### ②格柵式

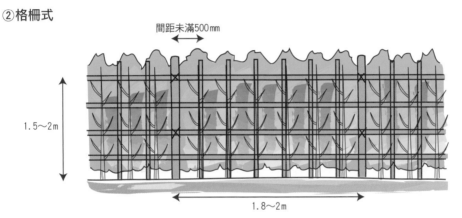

間距未滿500mm

1.5〜2m

1.8〜2m

支柱的網目縮小到不滿500mm，大人就無法鑽過了。

## 適合用來防犯的樹種

**齒葉木樨**
木樨科木樨屬的常綠樹。樹葉上有尖刺。

**紅葉小檗**
小檗科小檗屬的落葉樹。樹枝上有尖刺。

**枸骨**
冬青科冬青屬的常綠樹。樹葉上有尖刺。

# — 058 —
# 防火上的活用

**Point** | 把耐火性強的常綠樹密集種植可做為防火牆。不過，樹木終究只能發揮輔助的作用而已。

## 確保樹木的高度

在遭受震災或火災時，因受到植栽的保護使火勢不至於延燒的例子時有所聞。這是因為富含水分的樹木不易燃燒，所以發揮了有如防火牆一般的效果。關於建築物的防火，已訂定了相關的法規，當然這些規定一定得遵守，然而在這之外，樹木能發揮的防火效果也是令人期待的。在家戶與家戶的鄰界處，不妨也試試種植耐火性強的樹木來做防護。

把植栽綠牆做高也能提高防火的效果。如果是二層樓建築，大約需要6公尺高的樹木，植栽層也要確保有2公尺以上的厚度。

## 耐火性強的樹種

最容易發生火災的季節是乾燥的冬天。所以，入冬後樹葉會掉光的落葉樹並不適合用來做為防火植栽。在植栽樹方面，最值得推薦的還是常綠樹這種富含水分的樹種。像是有著大片樹葉的山茶花、錐櫟、珊瑚樹之類葉片厚實的樹種，或是葉片密集的常綠針葉樹，例如杉樹及圓柏等都很適合。

此外，落葉樹也並非都不適合用來防火。銀杏就是具有高度耐火性的樹木。在關東地區的公園及寺廟神社中，留存至今的巨木幾乎都是銀杏，這些都是歷經地震及戰火還能持續活下來、即使樹身部分被燒毀，仍有強大再生能力的樹木。除此之外，在原爆破壞後的廣島街頭，首先冒出新芽的是北美鵝掌楸。像這類雖屬於落葉樹，但耐火性強的樹木其實也不少。

利用植栽做成綠色防火牆，要留意從頭到最底部都要以常綠樹構成。在冬季期間，上部的莖葉會枯萎、只剩下根部的宿根草，以及經常用做夏天草坪的結縷草和韓國草，到了冬天會變乾燥反而容易引發火災，造成反效果。所以，在人潮往來的地方，入冬前要盡早除去枯草才好。

# 最有效的防火樹配置

這裡所說的防火樹，其實再怎麼樣也只能達到輔助防火的作用。即便已利用樹木築成防火牆，建築物防火‧耐火相關的安全性還是必須遵循建築基準法所訂的標準確實執行。

## ①立面

二樓的部分，考量到火勢會變大，所以可種植一定數量的常綠樹。高度至少要在6公尺左右。

例如青剛櫟、月桂樹、樟樹、錐櫟、楊梅等

圓柏、夾竹桃、珊瑚樹：為了確實阻隔火勢與熱度，在高木底下常綠樹葉廣布的範圍內，可密集地種植這些樹木。

## ②平面

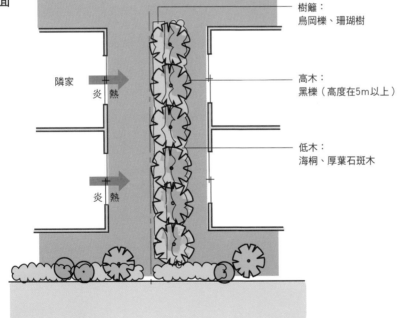

隣家　炎　熱

炎　熱

樹籬：烏岡櫟、珊瑚樹

高木：黑櫟（高度在5m以上）

低木：海桐、厚葉石斑木

# 耐火性強的樹種

| 高木‧中木 | 低　木 |
| --- | --- |
| 烏岡櫟、羅漢松、圓柏、夾竹桃、月桂樹、日本金松、紅淡比、茶梅、珊瑚樹、黑櫟、錐栗、紅楠、竹柏、日本石櫟、細葉冬青、厚皮香、日本山茶花、交讓木 | 青木、厚葉石斑木、海桐、八角金盤 |

# — 059 —
# 防煙上的活用

**Point** | 活用抗污染性強、葉片又厚又硬的常綠闊葉樹來構築綠層，發揮防煙的效果。

## 抗汙染的常綠闊葉樹

幾乎所有的樹木都不喜歡生長在被工廠排氣、或汽車廢氣污染的空氣環境中。所以在工廠附近、幹線道路沿線等，這些需要防煙的地方所種植的樹木，基本上就必須盡可能選擇對空氣汙染抵抗性強的樹木（參見第 76～79 頁）。

樹木在行光合作用時，會吸入 $CO_2$，也會把飛散在大氣中的污染物質吸附在樹葉上。因此，即使吸附污染物質也無傷、葉片厚且硬的常綠闊葉樹，就成了最適合做為抵抗污染的樹種。

不過，無論抗污染的能力再怎麼強的樹種，一旦污染物質覆滿樹葉表面，植物也就無法再行光合作用及呼吸作用了。所以，要盡可能將樹木種在能以雨水自然洗滌髒污的環境，或是必要時有水源可供清洗的地方，這是非常重要的。

## 利用綠層防煙

雖然近來已經比較少見了，以往在幹線道路的中央分隔島上，經常都會種茶梅。像這樣被種在大型交通要道、車輛往來頻繁的路樹，大部分都是對防煙有一定抵抗力的樹種。選擇防煙的植栽時，可做為參考。特別是高速公路兩旁的栽植區，這些區塊無法輕易地進行植栽，考量到這點，最好以種植不需要管理的植物為優先。

種植時，也要像構築綠層一樣，平均地將樹木從低木到高木順序列植好。防煙植栽的訣竅在於，要讓這些樹木的樹葉容易被雨水或澆水洗滌。因為樹木即便遭受嚴重的空氣汙染，也不會馬上枯死，但生長狀況會慢慢變差，然後就有可能在不經意的某天，突然枯死。所以樹葉的沖洗標準是，最好在一發現樹木上半部的樹葉已呈污黑時，就要立刻將髒污沖洗掉。

# 具有防煙效果的植栽配置圖

## ① 標準的配植方式
立體圖

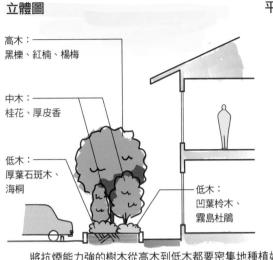

高木：
黑櫟、紅楠、楊梅

中木：
桂花、厚皮香

低木：
厚葉石斑木、
海桐

低木：
凹葉枵木、
霧島杜鵑

將抗煙能力強的樹木從高木到低木都要密集地種植好

平面圖

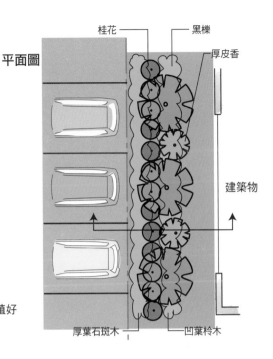

桂花　　黑櫟
厚皮香

建築物

厚葉石斑木　　凹葉枵木

## ② 建築用地較為寬敞的配植方式
立體圖

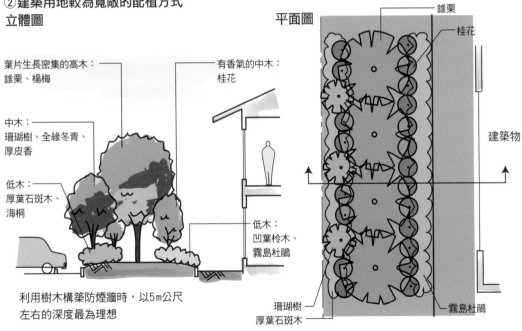

葉片生長密集的高木：
錐栗、楊梅

有香氣的中木：
桂花

中木：
珊瑚樹、全緣冬青、
厚皮香

低木：
厚葉石斑木、
海桐

低木：
凹葉枵木、
霧島杜鵑

利用樹木構築防煙牆時，以5m公尺
左右的深度最為理想

平面圖

錐栗

桂花

建築物

珊瑚樹
厚葉石斑木

霧島杜鵑

# 適合用來防煙的樹種

| 高木・中木 | 低木・地被植物 |
|---|---|
| 銀杏、槐樹、圓柏、夾竹桃、桂花、茶梅、珊瑚樹、黑櫟、錐栗、紅楠、木槿、全緣冬青、厚皮香、美國楓香樹、八角金盤、日本山茶花、楊梅 | 青木、馬醉木、大花六道木、霧島杜鵑、厚葉石斑木、海桐、地錦、凹葉枵木、枵木 |

# — 060 —
# 隔音上的活用

**Point** | 將各式各樣的常綠樹組合起來，利用心理 · 物理的相乘效果緩和噪音。

## 發揮隔音效果的植栽

由於聲音在一產生時，就會朝向四面八方傳送，因此要透過只占一隅的植栽是無法消除掉噪音的。即使種了一整列植栽，隔音效果還是很薄弱，想要利用樹木來減弱噪音，若沒有構成相當的樹木層，其實是不可能的。能夠達到隔音效果的樹木層，厚度最低也得有 10 公尺厚，所以要在個人住宅等建構出這樣的隔音植栽幾乎是做不到的。

不過，即便是連一點音量都無法降低，但藉著植栽的綠意，卻能讓人覺得聲音減弱的程度比實際上的效果來得好。要讓植栽發揮隔音效果，最好是面向噪音產生的地方來營造綠牆，以遮擋掉音源。

此外，由於聲音也會往上傳送，所以植栽的樹木愈高，隔音的效果也會愈好。另外同時也要考量到，聲音同樣也會向下傳送，所以最好將地被植物～高木組合種植的方式做成綠牆。

在植栽空間裡，為了讓聲波可因來回反射而逐漸減弱，以枝葉茂密的常綠樹構成的話，效果會比較好。最好是選擇像日本石櫟及珊瑚樹等樹葉又大又厚實、可以大面葉片吸收掉聲音的樹種。另外，常綠針葉樹的圓柏及側柏等，雖然每一片樹葉都很細小，但因為樹葉長得很密集，所以也有一定的隔音效果。

## 吸引鳥類的樹木可防蟲

近來也有一些人會覺得蟲鳴等大自然的聲音很刺耳。說到夏天最具代表性的蟲聲，當首推蟬鳴；蟬多半會聚集在都市裡有限的綠地中齊聲大鳴。還有，在夏末秋初潛藏在草叢中的蟋蟀也是如此。

為了有效隔絕蟲鳴，捨棄掉植栽的效果當然會是最好的，不過這樣一來也會變得了無生氣。比較好的做法是，種一些可吸引鳥類的花木、或是會結出果實的樹木，讓捕食昆蟲的鳥類增加，問題就解決了。（參照第 200 ～ 201 頁）

# 有隔音效果的植栽示意圖

## ①標準的配植方式

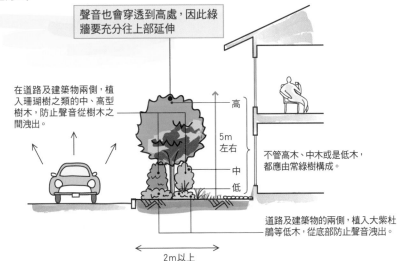

聲音也會穿透到高處，因此綠牆要充分往上部延伸

在道路及建築物兩側，植入珊瑚樹之類的中、高型樹木，防止聲音從樹木之間洩出。

高
5m左右
中
低

不管高木、中木或是低木，都應由常綠樹構成。

道路及建築物的兩側，植入大紫杜鵑等低木，從底部防止聲音洩出。

2m以上

## ②車輛往來頻繁時的配植方式

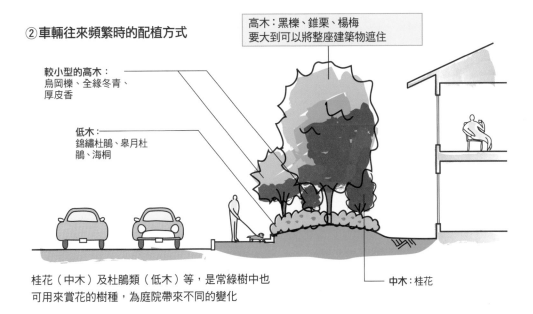

高木：黑櫟、錐栗、楊梅
要大到可以將整座建築物遮住

較小型的高木：
烏岡櫟、全緣冬青、厚皮香

低木：
錦繡杜鵑、皐月杜鵑、海桐

中木：桂花

桂花（中木）及杜鵑類（低木）等，是常綠樹中也可用來賞花的樹種，為庭院帶來不同的變化

# 具有隔音效果的樹木

| 高木・中木 | 低木・地被植物 |
|---|---|
| 青剛櫟、烏岡櫟、圓柏、樹參、桂花、茶梅、珊瑚樹、黑櫟、錐栗、洋玉蘭、紅楠、太平洋粟、全緣冬青、厚皮香、八角金盤、野山茶、楊梅 | 青木、寒椿、桂櫻、海桐、杜鵑類（大紫杜鵑、錦繡杜鵑、皐月杜鵑）、凹葉柃木、常春藤類 |

# ― 061 ―
# 擋土牆上的活用

## 樹木的擋土效果

在各種樹木高低參差、草本植物叢生的森林裡，樹木與草本植物的根系在土壤中盤根錯節、深淺交雜在一起，所以遇到再強的雨勢也會抑止住土壤流失。不過，倘若山林被毫無計畫地濫墾濫伐，只要稍微一點降雨，就會導致表層土壤流失。

樹根對於穩定表土具有絕佳的效能。因此廣植樹木，有效地配植根系強健、分布範圍廣的樹種，對植栽用地的水土保持將會有很大的幫助。

## 草坪及竹子最能防止土壤流失

最能發揮水土壤保持效果的當屬草坪。草坪植物可以利用「鋪草」與「播草」二種方式來種植。鋪草就是把已經成長到某個階段的草坪植物像毯子一般平鋪在地上，植栽後就可達到很好的保土效果。而播草則是以播撒種子的方式來培育草苗，因此要經過一段時間才能看到成效。

像孟宗竹及苦竹等竹類的根系大多是往橫向擴張，具有很好的擋土效果。不過，即使使用了草坪植物或竹子來擋土，若根系沒有在新的環境中紮根完全，表土還是很容易流失掉。所以施工初期要留意不厭其煩地做好土壤排水層。

若是使用草坪植物或竹子以外的樹木構築擋土牆，最好能讓種植的樹種愈多樣愈好。特別是杉樹及檜木等針葉樹，由於樹根的生長方式是往下紮根，而不是橫向伸展，因此若沒有在樹木四周鋪植草皮，表土也會因大雨而流失。

擋土牆實際能發揮出的效果也會因為土質而不同。日本關東周邊常見的壤土層，由於土壤本身就帶有粘性，因此只要稍做固定就可以防止土壤流失；不過，像砂質土本身缺乏粘性，若只有植栽的話，恐怕也沒有什麼擋土的效果。

# 利用樹木構築的擋土牆及其效果

## ①草坪植物構成的擋土牆

以草坪植物構成擋土牆（覆蓋）的例子。

## ②竹子構成的擋土牆

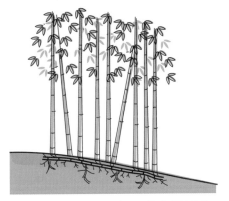

竹子在靠近地表處根系密布，擋土效果極佳。

## ③以草坪植物、竹子以外的其他樹種，構成擋土牆的基本配植方式

若要以草坪植物及竹子以外的樹種構築擋土牆的話，盡可能將中、低木的常綠樹、落葉樹混植，使樹木的根系盤根錯節向外擴張，以力發揮效果。

## ④以單一樹種構築擋土牆的問題

樹種不多的話，樹根就容易偏向一方擴張。特別是像杉木及檜木之類的針葉樹，由於根部有往下生長的特性，如果沒有再種一些低木或草坪植物的話，遇大雨時表土還是會有流失之虞。

# — 062 —
# 庭院界圍的活用

**Point**｜在藤蔓植物攀繞的圍籬前後種植樹木，可營造出較為輕巧的庭院界圍。

## 以藤蔓植物構築界圍

以樹木築成的樹籬，具有混凝土塊或圍牆等構造物無法匹敵的魅力。不過都會地區的用地通常都沒有什麼餘裕，甚至連做綠地的空間都沒有。這時若是樹籬改成架設網狀圍籬，讓藤蔓植物攀附其上形成綠色屏幕，用這種輕巧的圍籬做為界圍會是很不錯的方式。

藤蔓植物的特性分為攀附性及著根性二類。網狀圍籬上最好是種植卡羅來納茉莉、金銀花、常春藤之類具攀附性的藤蔓植物。

藤蔓植物的前端都具有趨光伸展的特性。相反地，不易受到日照的下部因為枝條伸長的速度緩慢，如果不用人手誘使其攀附的話，網狀圍籬的下方會變得稀疏而容易穿透過去

網狀圍籬的網目愈細，愈有利於藤蔓植物攀附，若網目大於 50 公釐以上，如果不加以誘導的話，也會出現無法順利攀附的情形。另外，在圍籬向光性較好的一面，藤蔓植物的枝葉會長得會較為茂密，因此，即使藤蔓已經長到一定程度了，還是有必要適度地誘引整理、與修剪。

## 搶眼的圍籬植栽

若需要與圍牆搭配進行植栽的話，這時在樹木與圍牆的位置關係上，看的方法也會有很大的不同。

若只把樹木種植在圍牆靠近建築物的一側，雖然從室內看起來很美，但靠道路側的圍牆卻赤裸裸地顯露出了無機質的封閉感。所以，如果能留出適當空間的話，不妨在圍牆兩側都種植樹木，讓視線不管是來自室內、或是外面的街道，都能看到美麗的界圍。

不過，像這樣在圍牆兩側植栽的話，就無法得到良好的通風效果。解決的方式就是避免遮蔽掉整座圍牆，改在圍牆上設計開口部位，例如把一部分的圍牆做成格子狀等，如此一來便能確保良好的通風機能。

# 形成綠色屏幕效果的植栽

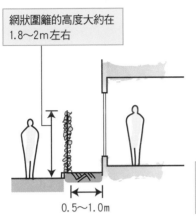

網狀圍籬的高度大約在1.8～2m左右

0.5～1.0m

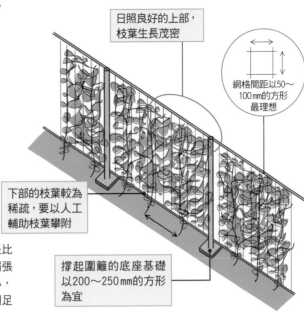

日照良好的上部,枝葉生長茂密

網格間距以50～100mm的方形最理想

下部的枝葉較為稀疏,要以人工輔助枝葉攀附

撑起圍籬的底座基礎以200～250mm的方形為宜

在狹窄的空間要構築樹籬的話,圍籬是比較好的做法。藤蔓植物的根部喜好可擴張生長的環境,所以即使用地再怎麼狹小,也要確保有足夠的土壤。若是植栽空間足夠的話,也可以選擇搭建樹籬(參照第104～105頁)、或是開放式外牆(參照第106～107頁)的型式。

藤蔓植物的生長,必須有可讓根部充分伸展的空間。即使寬度相當狹窄,也要盡量讓土壤的體積足夠。

## 改變植栽的位置也能夠改變界圍的景觀

### ①在圍牆裡、靠建築物側的植栽

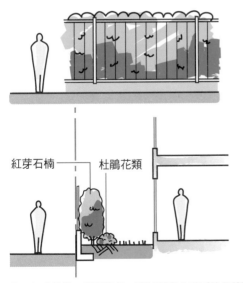

紅芽石楠　杜鵑花類

若只在建築物一側種植栽,雖然從室內看到的是美麗的界圍,但在道路那側看到的卻是了無生氣、封閉感的圍牆

### ②在圍牆兩側植栽

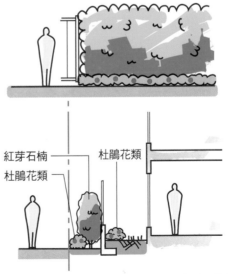

紅芽石楠　杜鵑花類

杜鵑花類

雖然需要多一點空間,但圍牆的兩側都種了植栽,這樣一來不管從室內側、或道路側都能看到美麗的界圍

1

2

3

**4** 發揮綠化的效果

5

6

7

# — 063 —
# 讓庭院變寬廣的植栽

**Point** | 以變化植栽高度及間隔種植的方式配植，可讓空間看起來更有立體感、更有景深感。

## 利用落葉樹呈現空間感

要讓庭院看起來更寬廣，基本原則就是在空間裡做出高低起伏。原本「毫無綠意的空間」，經過一番巧妙配置後，予人的印象也會徹底改變。在落葉樹中挑選樹枝、花朵、樹葉之間有縫隙的種類，可以有效地做出空間感，讓狹窄的空間產生放大的效果。

另外，樹種的數量也很重要。就像小型的庭院一般（參照第 208 ～ 209 頁），只要挑選比一般大小的樹木稍小一點的樹木種植，原本狹窄的庭院感覺起來也會變大了些。相反地，若在狹窄的空間種枝葉外張的樹木，即使只有一棵，也會讓庭院空間感更狹隘。

## 讓庭院更顯縱深感的配植方式

利用樹木的配置，也能調控庭院空間的寬闊感。如果把同樣大小的物件以等間隔排列來劃分空間，會讓人感覺較狹隘。比較好的做法是，將列植的樹木做出高低變化、以不規則的間隔等方式配置，藉此賦予空間韻律性，讓人感覺到立體感與景深感。

在配植方面要時時留意著，不管從任何角度看，都不要有三棵以上的木排列成一直線的情形。利用像針葉樹一般有著幾何樹形，例如雞爪槭及小葉欅有圓形或橢圓形的樹形，把這些帶有蓬鬆感的樹木組合起來，讓背景與樹木的界線變得曖昧模糊，這樣就能讓庭院更有縱深感。另外，利用地被植物～高木等高度各異的樹木混合種植，盡可能隱蔽掉背後的圍牆或牆壁，也能呈現出庭院深深的感覺。

雖然庭院的配植基本技巧是「近處種低的植物、後面種高的植物」，不過，弄清楚樹木的生長狀況還是很重要的。如果以住宅植栽三年後的樣子做為完整景觀來思考的話，種植時高木的間隔就要空出 2 公尺以上、中木 1 公尺、低木 0.5 公尺、地被植物則要保持在 15 公分以上。

# 讓庭園看起來會產生寬敞效果的植栽

## ①樹木大小與配植的原則

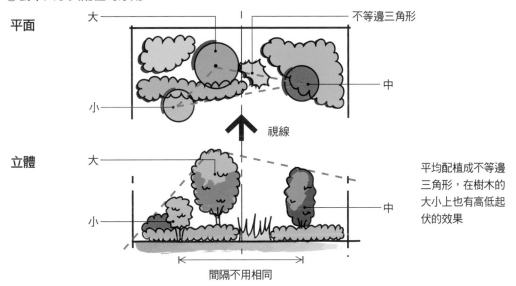

平面

大　　　　　　　　　　　不等邊三角形

小

中

視線

立體

大

小

中

平均配植成不等邊
三角形，在樹木的
大小上也有高低起
伏的效果

間隔不用相同

## ②讓庭院看起來更寬廣的植栽

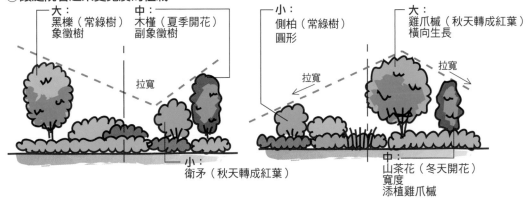

大：
黑櫟（常綠樹）
象徵樹

中：
木槿（夏季開花）
副象徵樹

拉寬

小：
衛矛（秋天轉成紅葉）

小：
側柏（常綠樹）
圓形

大：
雞爪槭（秋天轉成紅葉）
橫向生長

拉寬

拉寬

中：
山茶花（冬天開花）
寬度
添植雞爪槭

將大型的樹木從中心處移開。搭配高度的變化，讓樹形形成差異，更能凸顯出強弱的效果。

## ③拉出庭院深度的植栽

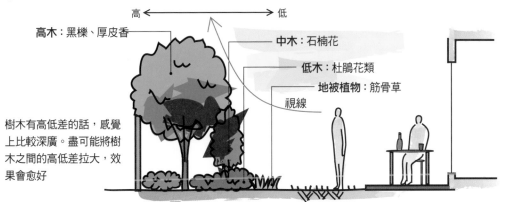

高　　　　　　　　低

高木：黑櫟、厚皮香

中木：石楠花

低木：杜鵑花類

地被植物：筋骨草

視線

樹木有高低差的話，感覺
上比較深廣。盡可能將樹
木之間的高低差拉大，效
果會愈好

# — 064 —
# 抑制建築量體的植栽

**Point** | 集合式住宅的植栽有近景‧遠景的考量，普通住宅一般是以高 6 公尺左右的樹木做為植栽基準。

## 建築物與植栽的平衡

中‧高樓層集合式住宅的植栽，在選定樹種時，除了考量建築物的近景之外，也必須考量遠景的均衡感。

在近景的均衡上，重點在於如何減低建築物本身帶來的壓迫感。在一棵樹木都沒有的建築物附近，總會讓人有種被建築物淹沒的感覺。所以，在利用樹木來緩和這種壓迫感時，配植上應特別留意，要盡可能讓建築物從往來行人的視野中消失才好。

好比說十層樓高的建築物，若能將樹高 5 公尺左右的樹木，盡可能地靠近建築物種植的話，那麼在抬頭仰望之際，建築物與行人之間將有充足的綠意，如此一來就能減輕建築物帶來的壓迫感。

在考量遠景的均衡時，建築物本身的體積與樹木之間的均衡感是很重要的。對於超過 60 公尺、一般所謂的超高層建築物，實際上幾乎沒有樹木的體積能夠制衡得了，不過市面上所流通的像欅木或樟樹等高達 15 公尺等級的樹木，就能夠讓一定程度的大型建築物在遠景上達到均衡效果。

不要讓樹木維持在一致的高度，要在建築物邊角的地方種植高大的樹木，建築物的中心地帶則是種植較的樹木。如此一來，除了較為容易達到視覺的均衡，也能因為視線的移動，而讓建築物的量體更加地凸顯出來。

## 住宅的體積

如果是二層樓的住宅建築，基本上不須考量建築物的壓迫感問題。只要種植高度約在 6 公尺左右的樹木，就能輕易達到景觀上的均衡。

另外，如果想改變建築量體的印象，可以種植 6 公尺以上的樹木，這樣建築物看起來會比實際小一些；但相反地，若栽種 6 公尺以下的樹木，就能讓建築物看起來更高大。

# 建築物與植栽的均衡

## ①近景上的均衡

錦繡杜鵑

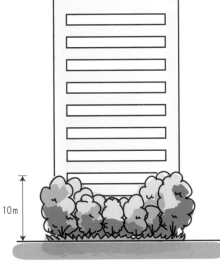
樟樹

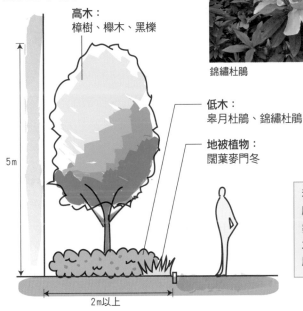

高木：
樟樹、欅木、黑櫟

低木：
皋月杜鵑、錦繡杜鵑

地被植物：
闊葉麥門冬

5m

2m以上

利用植栽緩和10層樓高建築物所帶來的
壓迫感。不過，這時重要的是樹木與建
築物之間的均衡感。若樹木高度在5公尺
左右，即使行經建築物附近，也不會有
壓迫感

## ②遠景上的均衡

5m

雖然在建築物附近不會有不諧調的感覺，但
若從遠景考量的話，10層樓高的建築物只種
植5公尺左右高度的樹木，其實說不上是最佳
的均衡效果。

10m

如果種植10公尺左右高的樹木，均衡效果會
很不錯。但若所有樹木的高度都一樣，這些
樹木反而也會形成壓迫感。最好是將樹木做
高低參差排列，讓視野顯得寬廣，以此來調
和視覺印象。

# — 065 —
# 調整建築物印象的植栽

**Point** | 利用闊葉樹遮去建築物的邊緣，可讓整體顯得柔和。若以針葉樹為主要植栽，則能凸顯出建築物的堅實感。

## 讓建築加分的植栽

將樹葉、樹幹、花朵顏色，以及樹形的外觀、明暗等巧妙地組合起來配植，就能調整建築物予人的視覺印象。配植的重點在於，必須選擇與建築物外牆建材或設計可互相搭配的樹種及樹形。

舉例來說，即使是外牆直接以混凝土放模而成（如清水模）、帶有硬質感的建築物，只要種一棵樹，視覺印象就會完全改變。若想抑制住這種堅硬的感覺，闊葉樹等樹葉形狀偏圓的樹種都是很不錯的選擇。常綠闊葉樹的樹葉顏色多半較濃綠，如果種得太多，容易產生沈重的印象，所以最好選擇像日本紫莖、四照花之類，樹葉顏色較淡的落葉闊葉樹，這樣配植出來的效果會很不錯。

不管是保持自然的樹形、或是把樹形修剪成圓型或橢圓型的園藝樹，都能緩和建築物的視覺印象。另外，在建築物的角落處（邊緣），如覆上一層綠被般地配植綠色植物，會比遮蔽掉整座建築物的邊角更有效。

相反地，如果要強調出建築物的硬實感，那麼最好是選種松樹或杉樹等針葉樹。

若是將修剪好造型的樹木，以一直線式地大間隔種植，也會形成人工・機械的感覺，可以用來強調剛硬的印象。

## 推薦使用外牆的對比色

選擇種植在建築物附近的植栽時，首先應考量的是，建築物外牆的顏色與樹葉的顏色必須能相襯搭配。

如果外牆的顏色比較重，就要選擇野茉莉或夏山茶之類葉色明亮的樹種，讓外牆顏色與樹葉顏色在不相互干擾下形成清爽俐落的印象。

若外牆是白色、或是混凝土直接放模做牆之類的較為明亮的顏色，以山茶花及樟木這種帶有濃綠葉色的樹種來配植，就能更凸顯綠意。

# 緩和建築物印象的配植方式

### ①配植的場所

將建築物的邊緣與直角隱藏起來，形成柔和的印象

### ②植栽位置與視線角度

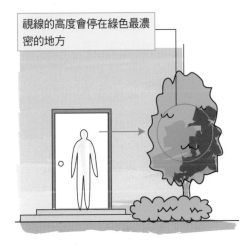

視線的高度會停在綠色最濃密的地方

為了緩和混凝土放模的外牆之類厚實又剛硬的建築物印象，配植的重點在於，要盡量把建築物的角落呈現直線幾何形的部分盡量地隱藏起來。

# 調整建築物整體印象的配植方式

### ①柔化建築物整體的印象

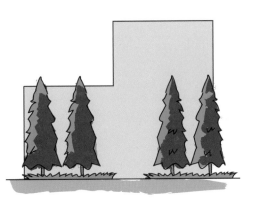

以枝葉橫幅較寬的闊葉樹為主要植栽，遮擋掉建築物的邊緣，以緩和建築物整體的視覺印象。樹木的高度與種植位置採隨機分配。

### ②強化建築物整體的印象

若以針葉樹為主體的話，可凸顯出建築物的線條感，形成剛硬的印象。樹木的高度與間隔要一致，左右對稱地種植。

# — 066 —
# 和洋混合式庭院的植栽

**Point** │ 不管日式還是西式的庭院，都很適合以雜木及草坪來配植。也可以活用葉色鮮明的樹種及花木。

## 庭院的主體是雜木與草坪

主建築是磚瓦組成的日式住宅，但比鄰而居的年輕夫妻住的是新建的西式風格建築，像這樣的搭配在日本國內出乎意外地還不少。

在外觀是西式風格的建築旁，打造以松樹、楓樹、杜鵑花等為主體的日式庭院，看起來並不協調。另一方面，從日式的庭院遠眺，看見的卻是雜然盛開著薔薇、薰衣草等花朵的英式花園[3]，也會讓人感覺十分突兀。

所以當所在用地旁有外觀設計上風格迥異的建築物時，植栽時就要考量到必須兩邊的建築風格都要搭配得了才行。

要打造兼具和、洋兩大元素的庭院，以草坪與雜木做為植栽的主要重點會是不錯的方式。若是以鄉野間常見的枹櫟、麻櫟和相思樹等樹木為主，再搭配帶有明亮綠葉的樹木，因為是以日本當地既有的樹木來構成庭院，所以很容易就能與和室風格融合。此外，避免與草坪搭配的常綠樹等帶有沉重感的樹木，這樣做還是能與西式風格搭配得了。

## 與和洋風格都很相襯的花木

在花木的植栽上，四照花、圓錐繡球、大花六道木都是不錯的選擇。大花四照花（花水木）的原生地是美國，但與日本原生的四照花是極為近似的品種。而圓錐繡球也和檞葉繡球很類似。此外，若將日本原生、落葉輕盈的樹種隨意地搭配，也可以緩和日式與西式風格庭院間的差異性，對於二者來說都很相襯。

栽種花木時要避免色彩鮮紅、顏色鮮艷的大型花朵，最好選擇會開小花、清新明亮的樹種。在雜木底下，建議種植矮竹或聖誕薔薇之類的花草。若能搭配天然石材，在其間種植一些地被植物或低矮花木，做成山石庭院[4]也會十分有趣。

---

※ 原注
**3 英式花園** 出現在西元 18 世紀後半至 19 世紀的英格蘭，以自然趣味為基調、栽種鮮艷植物的庭院風格。
**4 山石庭院** 為了培植高山植物及寒冷地區的植物，以自然石材、或岩石組合成花壇的庭院風格。

# 和洋協調的庭院配植

## ①庭院間沒有界圍時

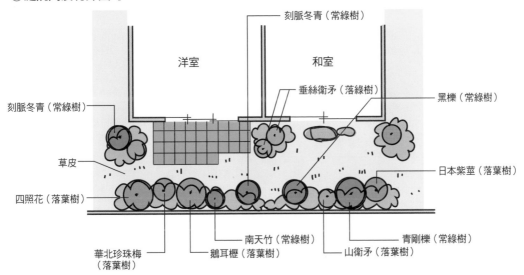

刻脈冬青（常綠樹）

洋室　　　和室

刻脈冬青（常綠樹）

垂絲衛矛（落葉樹）

黑櫟（常綠樹）

草皮

日本紫莖（落葉樹）

四照花（落葉樹）

南天竹（常綠樹）

青剛櫟（常綠樹）

華北珍珠梅
（落葉樹）

鵝耳櫪（落葉樹）

山衛矛（落葉樹）

以雜木林風格配植樹木，就能打造出與和式、歐式都能相襯的庭院（參照第178～179頁）。
另外，在接近和室庭院的一側，可種較多的常綠樹。

## ②庭院間設有界圍時

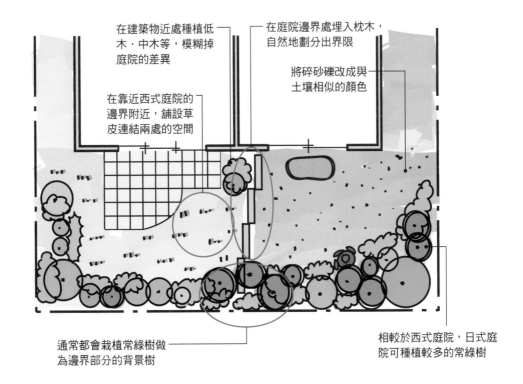

在建築物近處種植低
木・中木等，模糊掉
庭院的差異

在庭院邊界處埋入枕木，
自然地劃分出界限

在靠近西式庭院的
邊界附近，鋪設草
皮連結兩處的空間

將碎砂礫改成與
土壤相似的顏色

通常都會栽植常綠樹做
為邊界部分的背景樹

相較於西式庭院，日式庭
院可種植較多的常綠樹

## TOPICS
BOTANICAL GARDEN GUIDE 4

# 富士竹類植物園

金明竹　　　　　　　　　　　紫竹

## 全世界最珍貴的竹子及矮竹主題植物園

位於日本靜岡縣長泉町的富士竹類植物園，是一座私人植物園，園長一職是由「日本竹‧笹會」的會長室井綽先生擔任。園區內種有來自日本國內、到世界各地約 400 種（實際已培育出約 500 種以上）的竹子可供觀察，栽培及展示的種類規模堪稱全日本第一。

園內隨時提供竹子生長的最新資訊，像是罕見的竹子開花奇景等，可以得到詳細的竹類情報。

除了竹子‧矮竹以外，園內也栽植了四季的草花，遊客們可以充分地享受遊園賞花的樂趣。在園內附設的研究資料館中，陳列了全世界的竹子工藝品、竹子與矮竹的標本等，廣泛地展示、並介紹了各種竹子相關的物品。園內同時也有販售竹苗及竹子加工製品。

### DATA

地址／日本靜岡縣駿東郡長泉町南一色885號
電話／055-987-5498
開園時間／10：00～15：00
休園日／每週二及每月1日
入園費用／成人500日圓（團體另有優惠）、高中生以下免費

# 第五章

## 各種主題的植栽

# —067—
# 可欣賞樹葉質感的庭院

**Point** | 落葉樹的樹葉帶給人明亮、輕快的感覺；常綠樹的樹葉則給人沉穩冷靜的印象。

## 落葉樹的配置

樹木可分爲落葉樹與常綠樹二種類型（參照第44頁）。落葉樹的樹葉多半輕薄；常綠樹的樹葉則較爲厚實。在寒冷地帶生長的樹木，樹葉會比較薄；在夏季時日照強烈的地區，以及生長在面迎強風吹拂處的野生樹種，樹葉會比較厚。利用樹葉的不同厚薄、明亮度及厚實感等，就能演繹出整座庭院的氛圍。

楓樹類及竹子之類葉片薄的樹種，由於光很容易穿透樹葉，用來植栽的話，可讓庭院呈現出輕快明亮的印象。在日照方面，從庭院的東側一直到南側、正對朝陽的位置，與從南側到西側、正對西曬的位置，日照的強度和給人的印象都有所差異。如果是要做成可讓光線柔和灑落、沈穩寂靜的庭院，與其配植在西曬的位置，還是種植在迎接朝日處才會有效。

要讓樹葉都能獲得充足的日照，植栽的間隔距離要有50公分以上。此外，觀賞樹木的方向與樹葉迎光面的部分連成一線的地方，要避免讓樹葉顯出沉重感，這是植栽時需留意的重點。

## 常綠樹的配置

有著不易透光、厚實樹葉的樹種多是常綠樹，由於葉色濃郁，帶有強烈的存在感，很適合用來營造寂靜、沉穩的空間。利用樹葉大小各有差異的種類加以組合，產生分明的層次感，即使葉色濃郁，也不會給人沉重的感覺，反而能營造出清爽不悶熱的空間。

像是利用常綠樹中的日本山茶花及厚皮香等，樹葉表面泛著油亮皮革光澤的樹種（照葉樹），也能藉由光的反射帶來明亮感，除了背光的北側庭院外，這類樹種也很適合種植在東側及西側的庭院。

不過，錐栗及青剛櫟雖然被歸在照葉樹的類別中，但因爲樹葉的色澤比較沈，容易讓整體印象變得黯淡，這樣就完全無法展現出明亮氛圍了。

# 活用樹葉質感的配植方式

## ①配植的基本要件

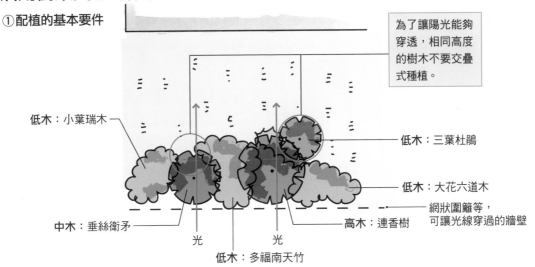

為了讓陽光能夠穿透，相同高度的樹木不要交疊式種植。

低木：小葉瑞木

低木：三葉杜鵑

低木：大花六道木

網狀圍籬等，可讓光線穿過的牆壁

中木：垂絲衛矛

高木：連香樹

光　光

低木：多福南天竹

## ②東·西·南側的庭院

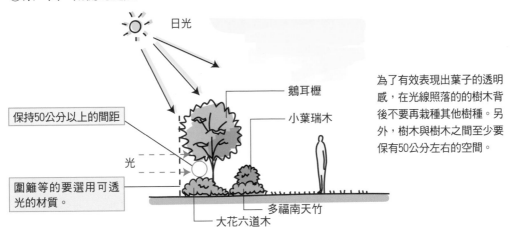

日光

鵝耳櫪

小葉瑞木

保持50公分以上的間距

為了有效表現出葉子的透明感，在光線照落的的樹木背後不要再栽種其他樹種。另外，樹木與樹木之間至少要保有50公分左右的空間。

光

圍籬等的要選用可透光的材質。

多福南天竹

大花六道木

## ③北側的庭院

種在庭院北側的照葉樹，要盡量讓樹葉可反射光線的方式來配植。若無法得到充足的日照，就要利用照明等補強。

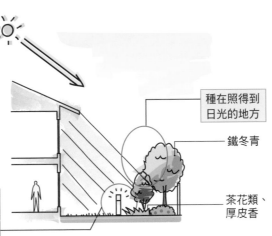

種在照得到日光的地方

鐵冬青

茶花類、厚皮香

若在背陰處裝設照明器具，要注意照明的熱度不會灼傷樹木，避免照明過於靠近樹木。

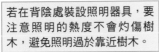

# — 068 —
# 享受紅葉的樂趣

**Point**｜要能變化出美麗的紅葉，樹木得種植在濕度適當、冷熱溫差大的地方。

## 紅葉與落葉的組合

落葉樹會隨春夏秋冬、四季更迭的變化，展現出不同的風貌。

葉在夏天葉綠體會旺盛地行光合作用，天氣轉冷時開始轉為紅葉，最後變成落葉。樹葉的活動力一旦轉弱，樹葉的基部（葉柄）（參照第49頁）就會產生裂紋，隨著裂紋慢慢加深，樹葉就會乾枯飄落。所謂的紅葉，指的就是樹葉表面所生成的碳水化合物積存在裂紋處，而使樹葉產生變色現象。因為樹葉上的裂紋一旦加深，水分的輸送也會被阻斷，使樹葉變乾枯最後掉落。

為了盡可能讓紅葉的觀賞期拉長，植栽時要把樹木種在濕度高、不會變乾燥的地方是很重要的。另外，日夜冷暖溫差大也是讓紅葉更美麗的訣竅。在都會區種植雞爪槭，樹葉之所以沒能變成漂亮的紅葉，就是因為冷熱溫差的環境條件。如果入夜後還會有暖氣、照明，在這樣容易變乾燥的環境下，是無法生成漂亮紅葉的，這一點最好要記得。

## 依葉色的濃淡來配植

秋天紅葉的觀賞期要比春天的花期來得長。實際上，大多數的日本庭園都是重視秋天的景色，更勝於春天的花季。紅葉的葉色種類大致可以分為衛矛、吊鐘花等會轉成紅色的紅葉；以及像銀杏、連香樹等會轉成黃色的黃葉二大類。

由於每一種紅葉在葉色上都有像紅褐色、赤銅色、以及淺黃綠等的些微差異，利用葉色的濃淡層次，可使空間變得有立體感，塑造出宛如「綾錦」[1]一般的空間。還有，要讓紅葉看起來更出色，可以在紅葉後方種植常綠樹，效果會很好。

紅葉的代表樹種雖然以楓樹類最為人所知，不過實際上，紅葉中會改變顏色的類型隨品種的不同有各式各樣的種類，選購時最好先向園藝業者確認清楚。

---

※譯注
**1 綾錦（あやにしき）** 指的是高級的綾與錦緞。日文常以「如綾錦一般」來形容華麗的服飾，以及美麗的楓紅。

## 可襯托紅葉的配植

厚皮香、全緣冬青：做為綠色背景的常綠樹

楓樹類

錦繡杜鵑：鮮綠色的常綠樹，葉形是杜鵑花中最大的。

衛矛、吊鐘花：
有鮮艷的紅葉

皋月杜鵑：
入冬後葉色
逐漸轉紅

以常綠樹做為庭院的綠色背景牆，與紅葉在視覺上形成鮮明的顏色對比。

## 有紅‧黃葉色變化的樹種

| 紅色 | 黃色 | 紅褐色 | 赤銅色 |
|---|---|---|---|
| 楓樹類、合花楸、烏桕、衛矛、木蠟樹、花水木（大花四照花）、毛果槭、山紅葉楓 | 色木槭、銀杏、連香樹、金縷梅、燈台樹 | 九芎、日本落葉松、水杉 | 色木槭、銀杏、連香樹、金縷梅、燈台樹 |

## 無法生成漂亮紅葉的環境

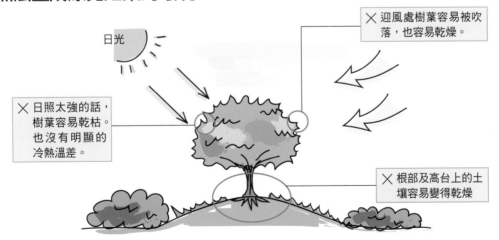

日光

✕ 迎風處樹葉容易被吹落，也容易乾燥。

✕ 日照太強的話，樹葉容易乾枯。也沒有明顯的冷熱溫差。

✕ 根部及高台上的土壤容易變得乾燥

要讓樹木形成漂亮的紅葉，一天中的日夜溫差、以及土壤中的水分都是必須留意的重點。
除了上圖中的生長環境外，若把樹木種在日夜都有暖氣、照明的地方，是無法期待變出美麗紅葉的。

# ― 069 ―
# 以紋路特殊的樹葉為主題

**Point** | 把彩色的、帶有斑紋的樹葉當成花朵一般，讓植栽空間增添斑斕的色彩。

## 有色的葉子和有斑紋的葉子

樹葉會因為種類的不同而有各式各樣的色彩組合。近來，這種有色的樹葉被稱為「彩葉」，應用在花園裡當做重點植栽的例子愈來愈多。彩葉的顏色系統大致可以分為藍色系、銀色系、黃色系、以及紅色系四種。其中紅色系還包含了銅色及紫色二種顏色。

而且，彩葉除了單色的之外，也有顏色濃淡不同的，還有好像是混入不同色彩而生成的，種類很多。一說到葉子上有泛白紋路的斑紋植物，就會想到古典園藝植物[1]中有名的萬年青及一葉蘭等，這些植物的珍貴性正是因為斑紋的樣式。

## 利用有個性的樹葉

在清一色的綠意空間中，如果能好好運用彩葉、或是有斑紋的樹葉，就算庭院裡沒有任何花卉，也能夠營造出饒富變化的植栽空間。

藤蔓類植物中最常使用的常春藤，葉片上有各式各樣的斑紋，不管是用在日式還是西式庭院裡都很適合。只要符合建築物及外牆顏色給人的印象，利用這些帶有特殊紋路的植物也是一個很好的方法。

與胡頹子同種的彩葉草，葉緣帶有明亮的黃色，能夠使得庭院空間變得輕快而明亮。另外，在日照欠佳的場所，可選擇耐陰性強、樹葉斑紋變化多樣的青木。

帶有白色斑紋的樹葉方面，比較推薦葉片幾乎有一半都是白色的三白草、以及繡球花等植物。而像杜英及細梗絡石，則會不時地長出紅葉，也能為植栽空間帶來多彩而繽紛的感覺。另外，葉表上會浮現出白色及粉紅色斑紋的斑葉絡石，光只有葉片就能夠呈現出如花朵一般喧鬧的效果。

不過需要留意的是，如果樹葉顏色改變了、出現不同紋樣時，有可能就是樹木生病了。這方面在選購植栽樹時，也不要忘了向屋主說明。

---

※ 原注
**1 古典園藝植物** 日本自古以來用來培育、觀賞用的園藝植物總稱。範圍包括草花、花木、蘭類、椰子類及蕨類等種類繁多。

# 有斑紋的樹葉

①葉緣有斑紋

彩葉草
小蔓長春花

②葉面有斑紋

花葉青木

③葉脈上有斑紋

細梗絡石

④葉緣及葉脈上有斑紋

金邊闊葉麥門冬
日本綠竹

# 斑紋植物的配植

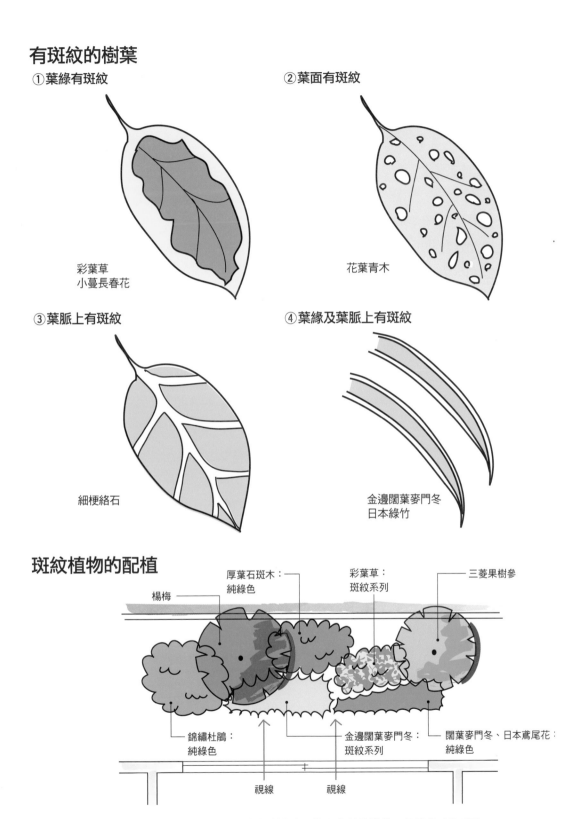

楊梅

厚葉石斑木:
純綠色

彩葉草:
斑紋系列

三菱果樹參

錦繡杜鵑:
純綠色

金邊闊葉麥門冬:
斑紋系列

闊葉麥門冬、日本鳶尾花:
純綠色

視線　　視線

把斑紋植物當做花一樣對待,在常綠樹之中混植有斑紋的植物,是植栽時的重點。

# — 070 —
# 以形狀特殊的樹葉為主題

**Point** | 樹葉的形狀往往給人這樣的印象：心形・圓形＝優雅；倒卵形＝個性；披針形＝頂尖；分裂形＝纖細。

## 從葉形做植栽設計

本書所提到的「樹葉的形狀」（參照第48頁），指的正是樹葉本身有各種形狀的意思。這裡就針對利用樹葉形狀配植時需注意的重點加以說明。

### ①心形

心形的樹葉雖然給人一種優雅、柔和的感覺，但太多的話也很乏味。若能搭配像是闊葉麥門冬等、帶有線狀葉形的地被植物，就能更強調出心形的印象。

### ②圓形

由於圓形的樹葉感覺很柔和，因此最好是在樹底下搭配一些給人強烈印象的草本植物。若能種植一些濃綠的常綠樹當做為背景的話，還能把圓葉的特徵更襯托出來。

### ③橢圓形・倒卵形

橢圓形的樹葉和任何形狀的樹葉搭配都很合適。從葉柄處開始膨大的卵形樹葉也是如此。

另外，從葉尖處膨大的倒卵形，雖然與圓形、橢圓形差不多大，不過因為是從葉尖變寬，容易讓人覺得是「大片樹葉」的印象。由於葉形各具獨特性，最好控制一下植栽的數量，整體感會比較好。

### ④披針形

披針形指的是細長的樹葉。有大片披針形樹葉的樹種，會給人幾何圖形的印象；而葉形較小的樹種，則有尖銳感。此外，若是落葉樹帶有這種披針形的樹葉，那麼樹木給人的感覺多半也會是輕快。特別是有一種細長、稱為「狹披針形」的樹葉，由於葉形本身非常細小，看起來與針葉樹十分類似，因此也能與針葉樹搭配栽植。

### ⑤分裂形・掌狀

分裂形及呈掌狀的樹葉等，由於葉片外緣的刻痕明顯，單靠這點就常給人深刻的印象。特別是有三道裂紋的葉片，外觀看起來就像三角形，很適合用來營造獨特的氛圍。像是三菱果樹參這種葉形較大的樹種，就是充滿熱帶風情的觀葉植物；而像常春藤葉槭這種葉形較小的樹種，則會帶給人纖細的印象。

## 特殊的葉形與植栽

| 葉片的形狀 | 代表樹種 | | 利用方法 |
|---|---|---|---|
| | 高木・中木 | 低木・地被植物 | |
| 心形 | 野梧桐、山桐子、連香樹、寬葉椴樹、小葉椴樹 | 寒葵、秋海棠、欅木 | 這類樹木有許多趣聞及話題,可當成象徵樹種植。 |
| 圓形 | 窄葉西南紅山茶、白雲木、紫荊 | 蠟瓣花、小葉瑞木、山菊、虎耳草 | 和葉子呈直線狀的草本植物等搭配,很容易就能營造出均衡感 |
| 圓形 | 橄欖、斐濟果、大葉冬青 | 海桐、錦繡杜鵑 | 和任何形狀的樹葉都很相搭。由於熱帶國家的街路樹大多也都使用一類葉形的樹木,所以當大量種植時,會給人熱帶的印象。 |
| 倒卵形 | 青剛櫟、烏心石、日本辛夷、日本厚朴、蒙古櫟 | 吊鐘花 | 由於葉片的形狀較為特殊,因此不建議大量種植。 |
| 披針形 | 垂柳、黑櫟、洋玉蘭、楊梅 | 大紫杜鵑、矮竹類、毛瑞香、金絲桃 | 大片葉形的樹種有幾何圖形的印象;小形的葉片則有尖銳感。細小的狹披針形小葉片,則是與針葉樹相當合搭。 |
| 分裂形（三道裂痕） | 三菱果樹參、桐樹、三角槭、北美鵝掌楸 | 葡萄、三椏烏藥 | 大片的樹葉帶有熱帶風情,小型的樹葉則給人纖細感。因為葉形容易聯想到三角形,所以可以幾何圖形的排列配植。 |
| 掌　狀 | 楓樹類、野山楂、日本七葉樹、八角金盤 | 欅葉繡、冠蕊木、紅醋栗 | 大片的樹葉有熱帶的印象;小型的樹葉則是給人纖細、輕快的感覺。 |

## 利用樹葉形狀的配植方式（以心形為例）

厚皮香、楊梅:
濃綠色的背景木

連香樹、日本椴木:心形（圓形）葉片

小葉瑞木:
卵形葉片

日本鳶尾花、一葉蘭、闊葉麥門冬:
葉片呈線狀的地披植物

錦繡杜鵑:葉片呈披針狀的低木

# — 071 —
# 利用有香氣的樹葉為主題

**Point** | 並非選種香氣濃烈的樹木，而是要選擇與身體碰觸時會微微散發出香氣的樹種。

## 可享受樹葉芳香的庭院

以花香為主的庭院稱為香氣花園，在建造庭院時，選擇這一類有香氣的樹種做植栽，也會很有意思。古時以來，人們就懂得將花葉中的芳香成分萃取出來，製成精油或酒精，做為醫療或其他用途使用。因此，庭院除了可用來欣賞外，也具有舒緩身心靈的作用。

帶有香氣的樹葉，與花自然地發散出香氣的情形很不同，樹葉是要透過摩擦才會產生香氣。因此，這一類的樹種最好是種在經過時身體與樹木容易接觸到的園路上，或是風的通道上等，也就是容易讓樹葉顫動的地方。而且，當樹枝及樹葉隨風擺動時發出的風聲，也能帶來清涼的氛圍。

不過，如果把各式各樣的香氣混在一起，反而無法顯出庭院的獨特性。因此，若是已經配植了香氣濃郁的樹木，那麼周圍最好就種沒有香氣的樹種。

## 樹葉有香氣的樹木

說到樹葉帶有香氣的樹種，最具代表的就是樟樹。樟樹是樟腦[2]的主要原料，只要輕揉葉片就會散發出獨特的香氣。其他的還有像是樟木科的大葉釣樟及月桂樹，也都是能讓人享受豐富葉香的樹種。尤加利類，以及日本夏橙、柚子、金橘等柑橘類的樹葉也都帶有獨特的香氣，不過因為香氣稍顯濃烈，選用時最好多加留意。

樹葉香氣濃烈的迷迭香，與其積極地讓它發散出濃郁的氣味，不如用一種不經意觸碰到、就會散發出淡淡幽香的方式來栽種，這樣的效果反而會更好。另外，像日本莽草雖然是具有宗教用途的香木，但因為整株植物都帶有毒性，植栽時也要慎重留意才好。

此外，有些枯葉也帶有香氣。像是連香樹，就有一股香甜的氣味；櫻花樹的枯葉踩踏過後，也會泛出一股獨特的芳香。

---

※ 原注
2 樟腦　樟樹的樹幹、樹枝、樹葉蒸餾後所得的結晶。多用於製作強心劑、防蟲劑、以及除臭劑等。

## 充分享受葉香的配植方式

### ①平面

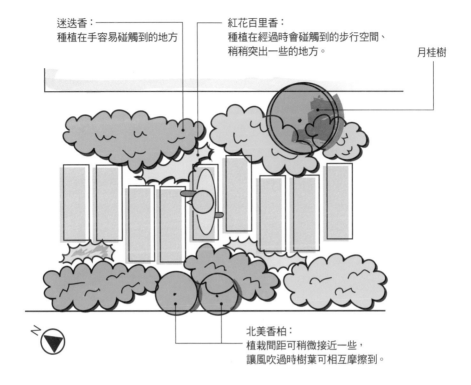

迷迭香：
種植在手容易碰觸到的地方

紅花百里香：
種植在經過時會碰觸到的步行空間、
稍稍突出一些的地方。

月桂樹

北美香柏：
植栽間距可稍微接近一些，
讓風吹過時樹葉可相互摩擦到。

### ②斷面

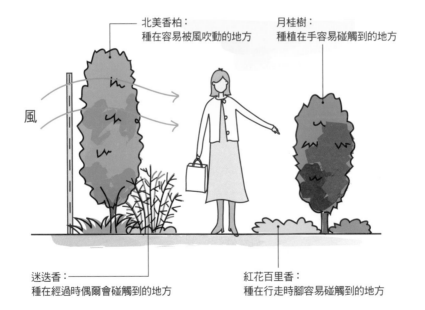

北美香柏：
種在容易被風吹動的地方

月桂樹：
種植在手容易碰觸到的地方

風

迷迭香：
種在經過時偶爾會碰觸到的地方

紅花百里香：
種在行走時腳容易碰觸到的地方

將帶有葉香的樹木配植在風會穿透、身體可以碰觸到的地方，透過摩擦樹葉來散發香氣。
樹葉帶有香氣的樹木還有：屬中高木的連香樹、樟樹、胡椒木；以及屬低木及地被植物的
薰衣草、穗花牡荊等。

# — 072 —
# 花團錦簇的庭院

**Point** | 植栽時，充分活用大型花朵、以及與葉子顏色對比強烈、花期較長的花朵。

### 花色顯目的條件

要讓庭院看起來花團錦簇，植栽時就必須考量到花朵的大小、顏色、以及花期的長短。

一般常見能開出大型花朵的樹種有山茶花類、薔薇類、木蘭花的同類、以及芙蓉等。這些植物都是由各式的園藝品種雜交繁衍而來，其中不乏花瓣層次多達八重的品種。八重的花瓣有的是只有幾片，而有的可以達到二百多片，能讓庭院顯出氣派感。以櫻花來說，日本人較喜好單層花瓣，但在國外，則是有偏好八層花瓣品種的傾向。

色彩鮮豔的花朵通常都很醒目。就像盛開在濃綠色樹葉中的鮮紅色山茶花，看起來更加出色一般，植栽時最好也能充分利用樹葉與花朵顏色的配搭。白色花朵與深綠色的樹葉雖然顏色對比鮮明，卻也意外地呈現出簡樸的樣子。另外，從黃色向橘色靠近的的花，相對之下也是很亮眼，不過若是偏黃綠色的花，那就會變得一點也不醒目了。

還有，除了考量到周圍樹木的葉子顏色外，也得留意與建築物外牆、以及周圍的配色是否均衡，這也是植栽時的重點。

### 考量花期長短及開花方式

即便是樸素的花朵，只要花期夠長，同樣也能吸引人們的目光。選種花期長的樹種，是以花為主角的庭院時要留意到的重點。譬如在低木中屬於半落葉樹的大花六道木，花期會從 6 月開始一直持續到 11 月左右，這類的樹木也可以說是花朵印象十分強烈的樹木。

另外，每逢開花時節樹葉就會掉光的樹木看起來也很醒目。像是染井吉野櫻、花水木（大花四照花）、以及三葉杜鵑，都是很具代表的樹種。而像珍珠繡線菊及連翹這種會一齊綻放小型花朵的樹種，當聚集了許多小花後就能呈現出一大朵花一般的感覺，也相當地引人注目。

# 凸顯花朵的配植

## ①背景為樹木

月桂樹、北美香柏、羅漢松：
背景一年到頭都是深綠色

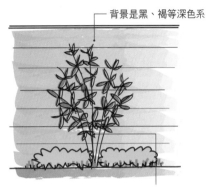

## ②背景為牆壁

背景是黑、褐等深色系

杜鵑花、山茶花：綻放出紅、白色等鮮明色彩的大型花朵

三葉杜鵑、星花木蘭：開花後才會長出葉子的樹木

## ③配植示例

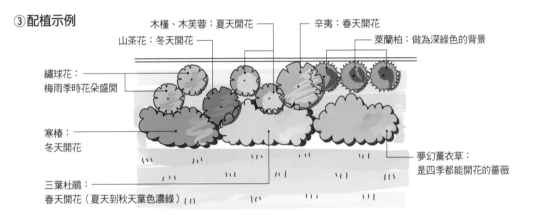

山茶花：冬天開花

木槿、木芙蓉：夏天開花

辛夷：春天開花

萊蘭柏：做為深綠色的背景

繡球花：
梅雨季時花朵盛開

寒椿：
冬天開花

三葉杜鵑：
春天開花（夏天到秋天葉色濃綠）

夢幻薰衣草：
是四季都能開花的薔薇

# 綻放美麗花朵的必需條件

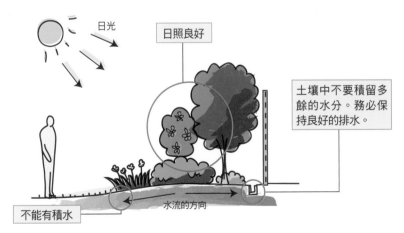

日光

日照良好

土壤中不要積留多餘的水分。務必保持良好的排水。

不能有積水

水流的方向

日照良好、土壤的排水及保水性適中、且富含有機質等，
是讓植物開出美麗花朵的必需條件。

# — 073 —
# 以花香為主題

## 香花的代表樹種

可讓人享受花香的樹木種類非常多。其中在住宅的植栽中具代表的有早春開花的毛瑞香、初夏開花的梔子花、以及在秋天開花的桂花。這些都是只要一聞到香氣，就知道進入了下一個季節的花。

不過，如同栽種有香氣的樹葉一樣，庭院裡一旦種了太多棵，香氣就會過濃，所以要控制種植的數量，讓香氣保持在宜人的程度。舉例來說，與一般俗稱桂花的金桂相比，銀桂及丹桂的香氣會比較柔和。而柊樹有著與金桂相似的宜人香氣，還會開出好看的白色花朵。另外，經常被用來做成樹籬的齒葉木樨，也會開出很相似的花朵。

## 選用其他的香花

除此之外，，說到可讓人享受花香的樹木，則是以薔薇最有名。在薔薇的各品種當中，香氣的類型及濃度不盡相同，可依個人對香氣的喜好來選擇。不過，照顧薔薇其實頗費工，不妨改選同屬薔薇科的玫瑰，這種與原生種相近的品種種植後整理起來會比較輕鬆。另外，具有攀附性的木香花雖也是薔薇科，但幾乎是沒什麼香氣味的植物。

多花素馨也是會開出香花的藤蔓類植物。以前只能在溫室及室內培育，現在因為地球暖化的影響都會區變溫暖了，所以戶外也能夠種植了。另外，以「茉莉」為名的植物多半是帶有花香的植物；不過會開出黃色花朵的卡羅萊納茉莉則是不太有香味的。

辛夷及木蘭花等木蘭屬的植物，花朵也帶有香氣。若要充分地享受到花香的芬芳，最好是種植在容易接近到花朵的地方。

紫丁香也是有宜人花香的樹木，不過紫丁香不耐暑熱，比較適合在寒冷、涼爽的地區種植。此外，大葉醉魚草與大花六道木會散發出如蜜一般、帶有甜味的香氣，所以經常會吸引蝴蝶等昆蟲來造訪。

# 可享受花香的配植方式

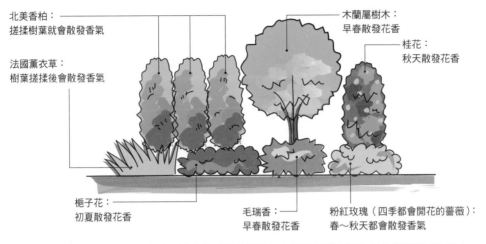

北美香柏:
搓揉樹葉就會散發香氣

法國薰衣草:
樹葉搓揉後會散發香氣

木蘭屬樹木:
早春散發花香

桂花:
秋天散發花香

梔子花:
初夏散發花香

毛瑞香:
早春散發花香

粉紅玫瑰(四季都會開花的薔薇):
春～秋天都會散發香氣

要營造能享受花香的庭院,基本的重點就是要把有香氣的樹木種在手容易碰觸到的地方。

## 代表樹種的香氣強弱

弱

鼻子湊近才聞到香氣
含笑花、辛夷、紫玉蘭等木蘭屬、薰衣草等植物。

紫玉蘭(木蘭科)

經過時可聞到香氣
大花六道木、柑橘類、洋玉蘭、薔薇類、柊樹、日本厚朴、大葉醉魚草、紫丁香、臘梅

大花六道木(忍冬科)

在較遠處就能聞到香氣
丹桂、梔子花、金桂、銀桂、毛瑞香、多花素馨

梔子花(茜草科)

強

# — 074 —
# 以欣賞花色為主題

**Point** | 植栽的花色需與建築物諧調搭配，最好選擇同色系的的樹種，讓庭院有一致的整體感。

## 考量花色與建築物的諧調性

日本庭園等傳統的和風庭院，是以樹葉的各種綠色和紅葉為基底，呈現出沉穩寂靜的氛圍，鮮少會使用到鮮艷的花朵。不過近幾年來，西式住宅愈來愈多，大量種植色彩豐富、多樣花朵的庭院也增加了不少。

配植大量的花木時，最重要的是要有色彩搭配的概念。掌握好植栽與建築物及外牆之間的諧調感，是最基本的。花色會改變住宅整體給人的印象，也會讓庭院更有季節的變化感。

不過，如果把二種以上的花色隨意地胡亂配植，就無法讓整體協調一致，這點要多加留意。比較好的做法是，植栽前先仔細考量色彩系統，一方面找出與樹葉的綠色可均衡搭配的顏色，以大區塊為主色整合出同色系的顏色。當然，配植時也要一併考量個別的花期長短。

## 以同色系構成

選擇樹種時，最好先決定出庭院的主色調。像是白色、紅色、或黃色等，先挑出一個喜歡的花色做為主色，再以同色系整合。倘若整體上過於單調，這時可以利用有強調作用的對比色做平衡，讓植栽產生層次變化。

以白色為基調的庭院中，英式庭院是最常見的一種。落葉樹的白玉蘭、櫻花、花水木（大花四照花）；常綠樹的洋玉蘭、珍珠繡線菊等都是其中的代表樹種。而以紅色和粉紅色為主色的植栽，會讓整座庭院鮮亮起來、令人印象深刻。像是春天的杜鵑類、冬天的山茶花、以及四季都會開花的薔薇等都很適合。若要黃、橘色為基本色調的話，除了低木的棣棠花及連翹、臘梅之外，也可以選擇有「含羞草」（mimosa）暱稱的銀荊（金合歡屬），或是具有攀附性的黃花紫藤。此外，也很推薦多利用照顧上很簡單的球根植物。

## 花色及其代表樹種

| 花色 | 中・高木 | 低木・地被植物 |
|---|---|---|
| 紅 | 雞冠刺桐、梅樹、西洋石楠花、立寒椿、刺桐（暖地）、扶桑花（暖地）、九重葛（暖地）、紅千層、鳳凰木（暖地）、山茶花 | 寒椿、倭海棠、天竺葵、櫻桃鼠尾草、杜鵑花類、薔薇類、紅秋葵 |
| 紫・藍 | 紫玉蘭、紫花野牡丹、西洋石楠花（花朵為大花瓣的「貴婦人」品種）、穗花牡荊、紫荊、大葉醉魚草、臭牡丹、木槿、紫丁香 | 百子蓮、葉薊、繡球花、筋骨草、紫陽花、玉簪花、杜鵑、薔薇、小蔓長春花、闊葉麥門冬、日本紫藤、芫花、麥門冬、薰衣草、藍雪花、迷迭香 |
| 粉紅 | 櫻花（江戶彼岸櫻、關山櫻、垂絲櫻、染井吉野櫻、日本晚櫻）、二喬木蘭、西洋石楠花、茶花類（雪山茶、覆輪佗助）、垂絲海棠、紅花齊墩果、紅花繼木、紅花橡木、紅花花水木、木槿、桃樹 | 線菊、聖誕歐石楠、毛瑞香、杜鵑花、郁李、麥李、薔薇類、頭花蓼、柳葉 線菊、松葉菊 |
| 黃・橙 | 金合歡、櫻花（鬱金櫻）、山茱萸、銀荊、金壽木蘭、黃花木蘭、欒樹、臘梅 | 野迎春（雲南黃梅）、金雀花、金絲梅、貫葉忍冬、山菊、凌霄花、姬金絲桃、彩葉金絲桃、萱草、小蘗、木香花、觀音蘭、棣棠花、連翹、蓮華杜鵑 |
| 白 | 杏樹、梅樹、野茉莉、大島櫻、糯米樹、辛夷、茶梅、洋玉蘭、日本七葉樹、梨樹、花楸樹、灰木、白雲木、白玉蘭、花水木、珙桐、日本厚朴 | 馬醉木、粉團、櫟葉繡球花、麻葉 線菊、笑靨花、雞麻、厚葉石斑木、杜鵑花類、熨斗蘭、六月雪、薔薇花、火棘、山月桂 |

1

2

3

4

**5** 各種主題的植栽

6

7

**①映襯白色花朵的配植圖（立體）**

大花六道木（常綠低木）：6～11月間長期綻放白色花朵
以常綠的羅漢松做為深綠色背景
辛夷（落葉高木）：春天開白色花朵
木槿（落葉中木）：夏天開白色花朵

連翹（落葉低木）：春天開黃色花朵
霧島杜鵑（常綠低木）：春天開白色花朵
寒椿（常綠低木）：冬天開出白色花朵

**②映襯粉紅色花朵的配植圖（平面）**

山月桂（常綠低木）：晚春時開粉紅色花朵
紅芽石楠的樹籬（常綠中木）：亮綠色

霧島杜鵑（常綠低木）：春天開粉紅色花朵
聖誕薔薇（地被植物）：早春時節開白色或粉紅色花朵
垂絲海棠（落葉高木）：春天開粉紅色花朵
木芙蓉（落葉中木）：夏天開粉紅色花朵

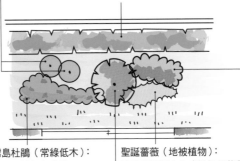

# — 075 —
# 依季節開花為主題

**Point** | 依季節更迭，營造四季皆能欣賞花開的庭院。期間也可空出一段沒有花開的時期。

## 考量花期的均衡分布

花是很適合用來表現季節感的元素。大部分用來做為植栽的花木，幾乎一年至少都能開花一次。花在開始綻放後，會對每天的氣溫變化相當敏感，雖然花期間溫度一上升，花期就會縮短，但一般樹木的花從最初綻放開始，通常還是能維持 1 ～ 2 週左右的賞花期。

在日本的四季變換中，春天是最多樹木開花的季節，一進入夏、秋、冬花開會逐漸變少。若想營造一座經年四季都有花可賞的庭院，如何在各個季節裡都能均衡地有花綻放，就是植栽時的重點了。不過在這當中，特別保留出一段沒有任何花開的時期也是很重要的。利用這個小技巧，開花時帶給人的衝擊感會更強烈。

## 利用各季節的花

由於春天的花會一齊綻放，如果各式不同種類的花都能分別種一些，相信會十分有趣。在 3 ～ 5 月間，依開花的順序選擇植栽的樹種，讓不同顏色的花接力組合起來是很重要的。

夏天開的花，多半是原產於暖熱地區的種類，因此植栽時必須種在日照充足、而且能避免寒風吹襲的地方。木槿和木芙蓉花雖然只開一天就凋謝，但因為能一朵又一朵地接著開，感覺起來花期很長。不過，由於掉落的花往往是造成病蟲害的主要原因（參照第 84 ～ 85 頁），所以要仔細地摘除枯萎掉的花殼才好。

到了秋天，開花的植物就比較少了，桂花是最具代表的樹種。另外像是會開黃色花的多年生草本植物山菊，即使在非花期期間，富有光澤感、圓形的葉子也十分搶眼，同時也具有耐陰性，是很常被使用的植栽。

而冬天的花，主角當屬自古以來即被日本人當做庭木欣賞的山茶花了。早開的品種，花期大約從 12 月開始，晚開的品種則要等到 5 月才能欣賞花開。此外，以山中野生的日本山茶花、雪椿為母樹所衍生出的各式品種，不管是做為日式、或西式庭院的植栽都很適合。

# 季節開花的時序

| 高木・中木 | 低木・地被植物 |
|---|---|

| | 高木・中木 | 低木・地被植物 |
|---|---|---|
| 1月 | 臘梅 | |
| 2月 | 梅樹 | 毛瑞香 |
| 3月 | 白木蘭<br>日本辛夷 | 麻葉繡線菊、小葉瑞木、珍珠繡線菊、連翹<br>三葉杜鵑、棣棠花 |
| 4月 | 染井吉野櫻<br>杏樹、里櫻（八重櫻）、花水木（大花四照花）、加拿大唐棣、紫荊花、垂絲海棠<br>梣樹、四照花、紫丁香 | 霧島杜鵑、久留米杜鵑、厚葉石斑木、錦繡杜鵑<br>皋月杜鵑、金絲梅、金線海棠 |
| 5月 | | |
| 6月 | 日本紫莖、夏山茶 | 繡球花、紫陽花 |
| 7月 | | |
| 8月 | 紫薇、木芙蓉、木槿 | 大花六道木、薔薇類 |
| 9月 | | |
| 10月 | 桂花、齒葉木樨 | 山菊 |
| 11月 | 茶梅 | |
| 12月 | 山茶花類 | 寒椿 |

紫花野牡丹（野牡丹科）
夏秋之際開花；有的花期也會持續至冬季。

# — 076 —
# 以結實、結果為主題

**Point** | 選種會結出大型果實，或是果實雖小、但結實數量多的樹木，構成庭院的景致。

## 果實的色調

一般植物都是在開花授粉後結成果實。所以如果能在賞完花之後，又能緊續著觀賞結果，也能讓庭院更添休閒的樂趣。至於果實的外觀是否搶眼，這就與果實的顏色及大小、分量有很大的關係了。

引人注意的果實顏色，通常都是和葉子的綠色呈對比色的紅色、橘色、以及黃色。像是花水木（大花四照花）一到秋天便會向上方結出紅色的果實，是一種果實特別醒目的樹種。其他也能用來做為植栽的還有像鐵冬青及火棘等，這些樹種也多半會結出紅色或橘色的果實。

當然也有其他會長出不同顏色果實的樹種。譬如在茶庭、或在饒富野趣、充滿雜木風格的庭院中，經常種植的青莢葉，會在綠色的葉子上結出一顆約6公釐左右、全黑的小果實。另外，小紫珠也恰如其名地，會在樹枝上密集處長出2公釐左右的紫色小果實。

## 果實的大小與分量

日本夏橙和金桔等柑橘類，雖然也可觀花，但其實分量存在感十足的果實才是主角。另外，用蘋果及木李這種果實色彩鮮明的樹種做為主要植栽，也是不錯的做法。

另一方面，也有一些果實較小、顏色也不怎麼起眼，但卻能結實纍纍吸引注意的樹木。好比花色很樸素，但果實卻長得很花俏的落霜紅，因為會長出許多比花朵稍大一些的果實，可以說是一種主要用來欣賞果實的樹木。另外，像是珊瑚樹雖然開的白色小花也很美麗，但入夏時結滿鮮紅色的果實卻更讓人印象深刻。

在果實周圍的綠葉數量愈少，果實給人的印象也會改變。像是帶有山林景致印象的柿子樹，會在結實期間紛紛葉落，當改以周圍的常綠樹為背景之下，果實會顯得更加出色，形成很棒的視覺焦點。

樹木還分有雌雄異株及雌雄同株[3]二種，果樹究竟屬於何種類型，栽種前有必要先確認清楚。

---

※ 原注

**3 雌雄異株 ‧ 雌雄同株** 雌雄異株是指雄花與雌花分別長在不同的植株上，若沒有個別的雄株和雌株，就無法結出果實；而且，果實只會長在雌株上。相對的，雌雄同株則是指在同一棵樹木上會同時開雄花與雌花，只要一棵樹木就能結出果實。

## 果實顏色與生長方式的搭配法

### ①常綠果樹

常綠果樹的果實多半是黃色或橙色，可與天空的藍色做對比。例如柑橘類等。

### ②落葉果樹

落葉的果樹通常只有果實會留在樹上，若能以常綠樹為背景，就會顯得特別醒目。像是蘋果、柿子和木李等。

## 果實的大小

### ①只要一顆就很醒目

假如果實的大小有手掌那麼大的話，只要一顆就很能很搶眼。例如蘋果、柿子、木李、柑橘類等。

### ②結實纍纍而顯得醒目

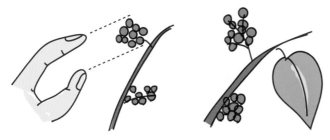

果實大小雖只有指尖那麼大，但如果是很多顆聚集在一起的話，也會十分搶眼。像是山桐子、糯米樹、莢蒾、小紫珠、珊瑚樹、日本花楸。

柿子樹。柿樹科柿樹屬的落葉闊葉樹，秋天結果。

小紫珠。馬鞭草科紫珠屬的落葉闊葉樹，秋天結果。

# — 077 —
# 以種植果樹為主題

**Point** | 利用可讓植物充分獲得日照的「垣籬」，種植容易照顧的果樹，還可享受採果的樂趣。

## 能享受收成樂趣的果樹

在庭院中種植植可食用的果樹，可以帶來欣賞以外的樂趣，讓庭院成爲深具魅力的植栽空間。並不是要像果園那樣大量地種植，而是做爲重點栽植會比較合適。可以選擇像是柑橘類，或是蘋果、柿子、梨樹、以及枇杷等，比較容易種植、一般家庭就能培育的果樹。

果樹結果之前，首先必須要先開花。由於絕大多數的果樹都需要充分的日照，因此爲果樹準備好一日照充足的地方，是非常重要的。將牆壁或樹籬架設成平面的「垣籬」，能夠讓樹葉更有效率地受到陽光的照拂，在果樹栽培上相當適用。

另外，也有像奇異果之類雌雄異株的果樹，需經由人工授粉才容易結出果實的樹種。

若想將果樹做爲庭木欣賞，要盡可能選擇不需費工照顧的樹種，再盡量任其自然生長、耐心地等待開花結果。還有，果樹結實的數量每年都不太一樣，但如果是因爲果樹結實的數量變少，而過度施肥的話，反而有損果樹的健康，這方面要多加留意。

## 選擇容易栽培的樹種

對人類而言美味的果實，對其他生物同樣也是極具魅力的東西。相較其他樹種，果樹更容易招致病蟲害，這方面務必多留意。（參照第 84 ～ 85 頁）。特別像是柑橘類，就經常會引來鳳蝶的幼蟲。如果要以無農藥的方式培育果樹，那就要勤於捕殺害蟲。

蘋果樹在梅雨季時容易生病。其中的姬蘋果，則是比較強健，比較容易培育的品種。

柿子和枇杷、木李、榲桲等，都是不太會有病蟲害的果樹。而感覺和橄欖很像、近年頗具人氣的斐濟果，也對病蟲害較有抵抗力。斐濟果除了果實外，花朵也可以食用。

## 享受採果樂趣的配植

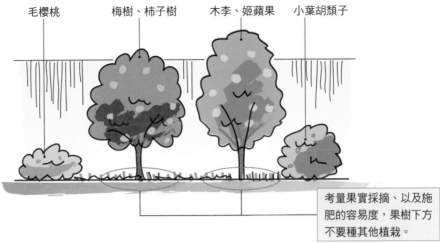

毛櫻桃　　梅樹、柿子樹　　木李、姬蘋果　　小葉胡頹子

考量果實採摘、以及施
肥的容易度，果樹下方
不要種其他植栽。

## 垣籬的栽植

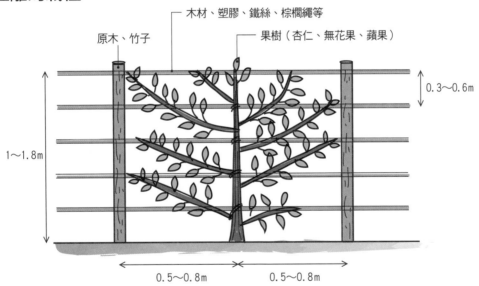

原木、竹子

木材、塑膠、鐵絲、棕櫚繩等

果樹（杏仁、無花果、蘋果）

0.3～0.6m

1～1.8m

0.5～0.8m　　0.5～0.8m

## 適合庭院種植的果樹

| | 高木・中木 | 低木・地被植物 |
|---|---|---|
| 可享採果樂趣的果樹 | 無花果、梅子、柿子、木李、柑橘類、栗子、胡桃、石榴、加拿大唐棣、枇杷、日本木瓜、　梓、桃子、四照花、楊梅、蘋果 | 木通、奇異果、茱萸類、倭海棠、斐濟果、葡萄類、藍莓、毛櫻桃 |
| 適合使用垣籬的果樹 | 杏仁、無花果、梅子、柿子、木李、金橘、日本夏橙、姬蘋果、檸檬、蘋果 | 倭海棠、黑莓、毛櫻桃 |

# — 078 —
# 以樹幹紋路為主題

**Point** | 栽種樹幹紋路帶有明顯特徵的樹木時，應將觀賞的視線壓低，如此才能享受欣賞的樂趣。

## 樹幹紋路的類型

樹幹通常大多會隱沒在樹葉當中。因此，平時往往不會被注意到，只有在配植的地方樹木的葉子都落光了，才會突然變得醒目。特別是種在浴室前等的情景一樣，營造以樹幹紋裡為主的景色，多半會選種在可以低視線眺望的位置。

樹幹紋路的類型，大致可分為平滑型、縱向或橫向裂開所形成的紋路、表面上有筋脈紋（縱紋、橫紋）、鱗狀紋、斑點或斑塊紋、樹皮呈剝落狀、以及帶有尖刺的類型等等。

樹幹紋路也會因為樹齡深淺而有所不同。不過，樹齡 30 年以下的樹木，因為樹幹紋路的變化不大，若是用來維持植栽時的視覺印象，是不會有什麼問題的。

## 各種乾裂紋的特徵

山茶花類、黑櫟、紅淡比等，都是樹幹較為平滑的樹種。紫薇及夏山茶除了有平滑的樹幹外，還帶有一些紋路。尤其是紫薇的樹幹，紋路富有質感，觀賞價值相當高。

枹櫟和麻櫟的樹幹紋路呈縱向裂紋狀，樹紋質感粗糙，即使是樹齡年輕的樹木，摸起來仍有歲月滄桑的感覺。日本椴樹的同類樹種，有著短淺的條狀裂紋，但與枹櫟有所不同，視覺上會給人比較清爽的印象。

在樹幹有筋脈紋的類型中，山櫻花樹的橫脈紋十分漂亮。這種橫脈紋樹皮經常被拿來製作秋田的傳統工藝「樺細工」[2]。鵝耳櫪的特徵是在縱向筋脈上有著白色條紋圖樣。瓜楓及瓜皮槭的樹幹紋路，則與西瓜皮的紋路十分相似。

鱗狀樹紋中，最具代表性的樹種是松樹，樹長得愈大，鱗狀樹紋也會變得愈大。而木李和夏山茶的樹紋，則是較為平滑的斑紋。

此外，白樺樹薄薄的樹皮，剝落的感覺就好像被刨過一樣，樹幹的紋路非常特別。

---

※ 譯注
2　「樺細工」是指利用老櫻花樹的樹皮製作成的工藝品，例如茶葉罐、木盒、以及木質等飾品。樺細工也是日本秋田縣最具代表的傳統工藝。

# 欣賞樹幹紋路的方法

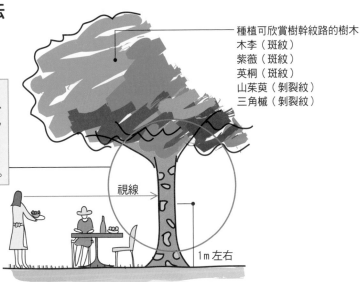

種植可欣賞樹幹紋路的樹木
木李（斑紋）
紫薇（斑紋）
英桐（斑紋）
山茱萸（剝裂紋）
三角槭（剝裂紋）

坐下來的視線高度大約在 1 公尺左右。如果種植這個高度、且樹幹上有特殊紋路的樹木，庭院會變得很有個性。為了讓視線不受干擾，多餘的樹枝或是樹下的雜草最好都清除乾淨。

視線

1m 左右

# 混植樹幹有縱橫條紋圖樣的樹木

白樺、山櫻花：
紋路朝橫向裂開
（有橫向的脈紋）

栓皮櫟、麻櫟：
紋路朝縱向裂開
（有縱向的脈紋）

將樹幹上有縱橫條紋的樹木搭配組合種植，做出庭院的韻律感。

# 樹幹外觀有特殊紋路的樹種

### ①橫條紋

山櫻花。薔薇科櫻花屬的落葉闊葉樹。

### ②縱脈紋

鵝耳櫪。樺木科鵝耳櫪屬的落葉闊葉樹

### ③斑紋

懸鈴木。三球懸鈴木科三球懸鈴木屬的落葉闊葉樹

# — 079 —
# 以不同的修剪樹形為主題

**Point** | 事先規劃好日式庭院造景樹的後續管理方式，修剪時要掌握好樹木造型的感覺。

## 純日式的庭園造景

日本庭園及一般日本住家的庭院，經常可以看到利用樹木所形塑出的「造景樹」。這些樹木與自然樹形不一樣，是利用人工的方式將樹木修剪、雕塑出特殊的造型。

在日本，有將松樹的橫枝被掛在門楣所做成的「門掛」，或是將松樹的主幹彎曲後做成的彎曲形造景物等。像是茶庭裡常見的蘆生杉，以及近來已經很少見的、把樹葉修剪成一顆一顆圓形的「珠玉形」（玉散形）羅漢松等都是人工造景樹。

造景樹必須透過專業職人之手來維護管理。在植栽設計時，就要在事前把日後的管理方式與屋主討論好，這是很重要的。

## 西洋風格的庭院造景

以西洋風格形塑而成的造景樹，與各種建築風格幾乎都搭配得來，而且在管理上也比較容易。但這並非只是單純種樹就行，還要配合要做成的造景物的主題進行植栽的設計。

法國常見的「整形式庭園」[3]也常會利用修剪做樹木的造型。例如使用常綠針葉樹的東北紅豆杉（紫杉），除了修剪成幾何造型的圓錐形、圓筒形和梯形之外，還能做成各種造型物，像是修剪出西洋棋中的駿馬、門柱及大門等樣式。雖然最好的做法是，從一棵樹的幼樹開始，在數十年間慢慢地修剪塑形；不過，就一棵大樹做修剪，或同時將數棵集中起來一起修剪，也是不錯的做法。

選擇造景樹的樹種時，最好能夠選用像齒葉冬青之類耐得住修剪的強烈傷害、且枝葉長得細而密集的樹種。造景樹的葉色濃綠的話，可以加重整體的存在感。此外，也可利用鐵絲做成造型框架，讓爬藤榕或常春藤等的藤蔓類植物攀附生長，形成不同的造型。順帶一提，造景樹若能多設數棵，整體的效果會很不錯。

---

※ 譯注
3 法國常見的「整形式庭園」為西式庭院造景的一種，特色是會將庭院的花壇、噴水池、步道、花木等以幾何學造型來規劃與配置。

## 主要的造形

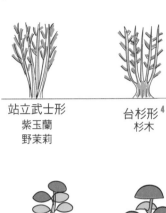
站立武士形
紫玉蘭
野茉莉

台杉形 4
杉木

筒狀
英桐
全緣冬青

棒狀
青剛櫟

垂枝形
垂枝梅
垂絲櫻
垂柳

珠玉形
赤松
齒葉冬青
羅漢松

貝殼形
赤松
齒葉冬青
羅漢松

散球形
齒葉冬青
杉樹

基本形
齒葉冬青
香冠柏
薔薇

圓錐狀
齒葉冬青
檜柏

門冠形
赤松
羅漢松
紫薇

圓球形
皋月杜鵑
吊鐘花
豆瓣黃楊

造景樹
齒葉冬青
香冠柏

圓筒形
齒葉冬青
檜柏

## 日式造景物與樹木的造型

齒葉冬青的珠玉形造景樹

用爬藤榕塑成的象形造景樹

---

※ 譯注

4　「台杉」造型源自日本室町時代的京都。京都北部地形峻峭的山區產有杉樹，以往工人為了搬運方便遂將杉樹的整
　　體修剪成「樹冠」、「直幹」、「壓條」三段，這種造型後來漸演變成庭園造景樹的一種形式。

# — 080 —
# 以自然野趣為主題

**Point** | 利用雜木或宿根草植物，以不規則的方式配植，可做出饒富自然趣味的庭院。

### 不規則‧不連續是基本要訣

庭院的風格各式各樣，有傳統的日式庭園、西式的平面幾何式庭園（法式庭園）等，雖然多是以講究手工打造的庭院，但近來，偏好以雜木或宿根草植物等將庭院做成富有自然野趣的，也有增加的趨勢。

這類風格的庭院和日式建築、或西洋建築都很相襯，可說是失敗率很低的設計。此外，由於這類庭院基本上都是以落葉樹為中心構成的，所以一到冬天樹葉落盡後，暖暖的冬陽就能照進屋內，這正是此類庭院的特色之一。

想營造饒富野趣的庭院印象，重點在於將植栽的樹木以不規則的方式配置。避免將樹形大小相同的樹木配植成左右對稱，三棵以上的樹木盡量不要排成一直線。也要記得種植樹木的數量需是奇數，且最好盡量以不連續的方式配植。

### 活用自然樹形

植栽的樹種，要避免選用已改良成大型花卉的園藝品種、或葉片上有有斑紋的樹種。盡量不要修剪樹形，要以充分展現自然樹形來做配植。

以落葉闊葉樹的麻櫟和枹櫟、鵝耳櫪、紅鵝耳櫪等高木為中心，再與中木的山衛矛、野茉莉、日本紫珠之類所謂的雜木組合起來，效果會很不錯。只要樹立了對的高木，就會流露出自然野趣的氛圍。

雖說這類庭院多以落葉樹為主，但若能搭配常綠樹陪襯的話，多少能緩和冬季的寂寥感。推薦可種植高木的黑櫟、以及中木的青剛櫟等，不但不會破壞整體的氛圍，到了冬天，還能有綠色的景致可欣賞。

若要選擇低木種植，就要避免密植，適度地配植一些齒葉溲疏或山杜鵑就好。另外像是闊葉麥門冬、吉祥草、矮竹類，也都能營造出充滿野趣的氣息。

## 人工感的配置及富有野趣的配置

### ①人工配置的基本方式

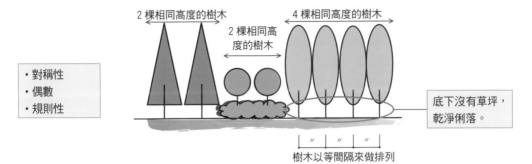

2 棵相同高度的樹木

2 棵相同高度的樹木

4 棵相同高度的樹木

・對稱性
・偶數
・規則性

底下沒有草坪，乾淨俐落。

樹木以等間隔來做排列

### ②富有野趣的配置方式

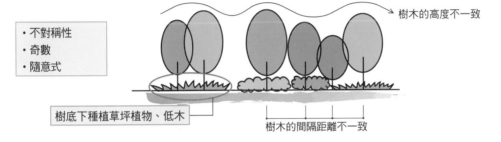

樹木的高度不一致

・不對稱性
・奇數
・隨意式

樹底下種植草坪植物、低木

樹木的間隔距離不一致

## 饒富野趣的庭院配置範例

### ①立體

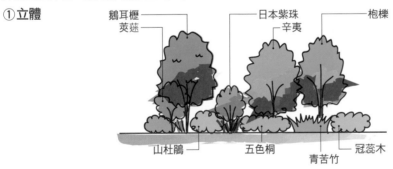

鵝耳櫪
莢蒾

日本紫珠
辛夷

枹櫟

山杜鵑

五色桐

青苦竹

冠蕊木

其他像是高木・中木的紅鵝耳櫪、野茉莉、麻櫟、四照花；以及低木・地被植物的齒葉溲疏、糯米樹、棣棠花、闊葉麥門冬等，都很適合用在富山野情趣的庭院。

### ②平面

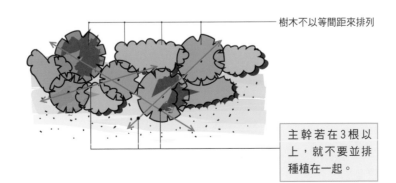

樹木不以等間距來排列

主幹若在3根以上，就不要並排種植在一起。

# — 081 —
# 和風的庭院

**Point** | 以落葉樹為主樹木，再以其他常綠樹為中心做配植。再擺放幾座添景物的話，就能更添和風的氣息。

## 配置樹木的重點

要營造和風印象的庭院，最好能採用日本人自古以來即熟悉的樹種。和風庭院的細部規則十分繁瑣，但即使無法完全遵從，利用楓樹、松樹、杜鵑等帶有「和風」印象的樹木，也能構成和式風格的庭院。然後再利用景石或石燈籠等添景物[4]，增加效果。

高木方面，可以落葉樹的楓樹類為中心，並搭配屬於花木的梅樹、櫻花樹等做為強調重點。此外，若能將不同高度的厚皮香、全緣多青、日本山茶花等常綠樹配植成一平面，做成綠色背景的話，會更能凸顯出主樹木的特色。

配植的重點在於，不要把做為季節主角的落葉闊葉樹種在眺望風景的視野正中央。最好是種在眺望的視野中左右約在6比4、或7比3的位置上配植主樹木，讓整個視野均衡沈穩。

其次，樹木與樹木之間的間隔不必均等，也不要排列成一直線。即使是集中同一種樹木植栽時，樹木的高度最好也要有所變化，並以奇數的樹木數量做出整體感，這樣的配植效果會比較好。

## 純和風的風格

如果要更強調和風的印象，還可以將常綠針葉樹的松樹或柏樹，修剪成珠玉形的造景式樣，並且種植在庭院的重點位置上（參照第176～177）。

以低木為造景樹時，可選擇皋月杜鵑、霧島杜鵑等常綠樹、但樹葉較為細長的樹木來修剪造型。把樹木配置成綿延的小山丘一樣，從哪個角度看起來都能呈現出圓形造景。若是種植松樹或柏樹，效果應該也會很不錯。

和風庭院雖是以常綠樹為主體，但若能少量栽種些吊鐘花或連翹等落葉闊葉樹，會讓庭院更有四季變化的趣味。

---

※ 原注
**4 添景物**　在構成風景時以人工增添景色而使用的裝飾品等景物。例如日本庭院中的石燈籠和景石，以及西洋庭院的花與雕刻品等。

# 和風庭院的配植

以常綠樹為主體、不規則地配置

① 立體

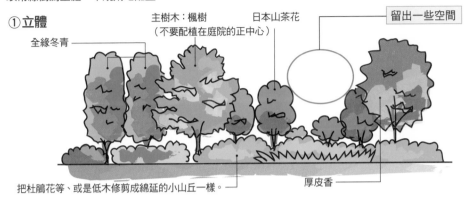

全緣冬青

主樹木：楓樹
（不要配植在庭院的正中心）

日本山茶花

留出一些空間

把杜鵑花等、或是低木修剪成綿延的小山丘一樣。

厚皮香

② 平面

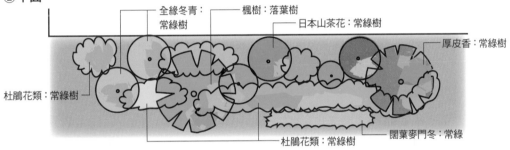

全緣冬青：
常綠樹

楓樹：落葉樹

日本山茶花：常綠樹

厚皮香：常綠樹

杜鵑花類：常綠樹

杜鵑花類：常綠樹

闊葉麥門冬：常綠

# 添景物的配置

石燈籠

景石

配置石燈籠和景石等添景物，
可增添和風的氛圍。

石燈籠

景石

# 適合和風庭院的樹種

| 高木・中木 | 赤松、青剛櫟、羅漢松、爪槭、梅樹、紅淡比、茶梅、垂絲櫻、黑櫟、全緣冬青、厚皮香、山茶花 |
|---|---|
| 低木・地被植物 | 寒椿、伽羅木、霧島杜鵑、皋月杜鵑、茶樹、南天竹、柃木、紫金牛、闊葉麥門冬 |

# — 082 —
# 自然雅趣的茶庭

**Point** | 茶庭重視實用的美感，要避免種植視覺上太強烈的花、或園藝品種，整個呈現上以自然為宜。

## 呈現山野的雅趣

茶庭是日式庭院的一種，是舉辦茶道聚會的茶室旁所附屬的庭院。用來引導人們彷彿從鄉間前往山中草庵[5]的小徑沿途稱為「露地」，也是茶庭設計的重點。露地[6]又分為外露地、中露地和內露地，在客人徐步前往草庵時，展現出「以茶相待」的歡迎之意。

與其說茶庭是用來觀賞的庭院，倒不如說茶庭更重視實用的美感，就像「隱於市的山居」一樣，非常強調人敬重大自然的山林雅趣。茶庭的園路以鄉間常有的雜木為主，庭院主體最好以山裡的常綠闊葉樹或常綠針葉樹構成。會開大型花朵、或屬於園藝品種、或是帶有濃郁香氣的植栽，都要減少使用。此外，要避免植栽的種類過多，種植間隔也不要太密。還要調整綠意量，讓茶庭顯出清爽的意象。

做為園路的鄉間雜木，可選用枹櫟、鵝耳櫪、楓樹、山衛矛等，下方最好再種植一些矮竹之類的地被植物。庭院主體方面，可選擇日本山茶花、全緣冬青、青剛櫟等常綠闊葉樹，針葉樹的話杉樹也很不錯。

種植的高木最好不要超過4公尺高。此外，以茶花做為茶庭的植栽會是不錯的選擇。若是中木的話，以木槿及青莢葉最佳；低木方面則可種植像枸木之類花朵樸實、不會搶眼的植物。草本植物則較推薦桔梗、鳳仙花等植物。

## 依流派做不同的配置

在園路的步道上配置「飛石」[7]，周圍不要種任何植物，以便於通行為基本考量。庭院依流派的不同，配置的造景物如「蹲踞」[5]、或「迎付」[6]的做法等都會有所差異，因此蹲踞「役石」[8]的陳設條件、和茶庭中門附近的飛石鋪設方式等，都會隨之改變，這點要加以留意。

近來，相較於做成獨立的茶室，把茶室兼做和室使用的例子增加了不少。把住宅玄關處做成接待室，或是只以石頭鋪設成的「腰掛待合」[9]處，做為茶會時賓客們可坐下歇腳的地方。總之，符合住宅的情形、以及屋主的茶道觀，在茶庭的設計上是很重要的。

---

※ 原注
5 草庵　隱者所居住的簡樸處所。日本平安時代末期開始，隱居山林成為最美的人生理想。
6 露地（茶庭當中的小庭院）　在通往茶室的小路上所闢出的一小方庭院。內露地的景致要比外露地幽寂枯淡。
7 飛石（踏腳石）　設置於露地上，兼具造景與步行功能的石頭。
8 役石　以飛石及石塊所組成，能發揮兼具機能與美觀功能的石頭。
9 腰掛待合　進入露地後的接待處，也就是屋主迎賓的地方。為一有屋頂、前方開放的等候亭，在可坐下的台子前會陳設稱為「貴人石」或「詰石」等的役石。
※ 譯注
5 蹲踞　茶庭入口處放置的洗手盆，通常為石材。供茶會賓客淨手之用。
6 迎付　茶道聚會時，主人會至中門附近迎接在茶庭小徑「待合」處小憩等待的客人們。

## 茶庭的構成

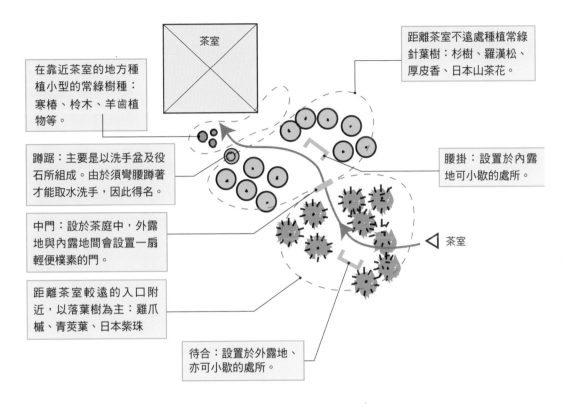

在靠近茶室的地方種植小型的常綠樹種：寒椿、枒木、羊齒植物等。

距離茶室不遠處種植常綠針葉樹：杉樹、羅漢松、厚皮香、日本山茶花。

腰掛：設置於內露地可小歇的處所。

蹲踞：主要是以洗手盆及役石所組成。由於須彎腰蹲著才能取水洗手，因此得名。

中門：設於茶庭中，外露地與內露地間會設置一扇輕便樸素的門。

距離茶室較遠的入口附近，以落葉樹為主：雞爪槭、青莢葉、日本紫珠

待合：設置於外露地、亦可小歇的處所。

## 茶庭的配植

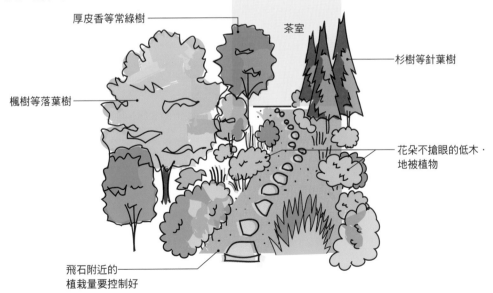

厚皮香等常綠樹

杉樹等針葉樹

楓樹等落葉樹

花朵不搶眼的低木 · 地被植物

飛石附近的植栽量要控制好

要謹記著，茶室的庭院要配置得好像邀請人從鄉間往山裡探詢的樣子。

# — 083 —
# 北歐風的庭院

**Point** | 北歐風庭院的植栽以常綠針葉樹為主體。在樹木底下種植的地被植物，以簡潔為原則。

## 以常綠針葉樹為主

瑞典、芬蘭和挪威等北歐諸國，由於氣候比北海道還要寒冷，植栽的樹木也僅限於能耐寒的種類。

北歐庭院當中最具代表的有歐洲赤松、白樺、以及楓樹類等樹種，但這類野生的高木種類並不多，自然植生的種類也不比日本來得多樣。

北海道的自然植生是以蝦夷松及椴松等亞寒帶針葉林為主，此類樹種不僅能做為庭木，也是構成北歐庭院植栽中最主要的常綠針葉樹。

## 符合北歐氛圍的樹種與配植方式

適合種在北歐庭院的常綠針葉樹，有歐洲雲杉等雲杉類，以及楓樹、赤蝦夷松等樹種。

不過，松柏類雖然也是常綠針葉樹，但卻不適合種在北歐風格的庭院裡。例如赤松帶有相當濃的和風氣息，但因為在北歐也有很多相似的野生品種，所以，如果在北歐風的庭院要種赤松的話，最好不要修剪成帶有和風的造景樹，只要栽種一棵

樹形挺拔的就好。另外，有著青銅色樹葉的藍葉雲杉，則是與北歐風格的印象十分吻合。

屬常綠針葉樹的加州紅木及北美香柏，雖然原生於北美，但因為與北歐風格庭院的氛圍很相襯，穿插著種植也會有很不錯的效果。

樹木底部不要只種低木，最好也能種植一些草皮、地被植物，或像雪花草之類球根類的植物。另外，種植像鋪地柏這樣的針葉樹來做為地被植物，也是很不錯的做法。

常綠針葉樹會長成圓錐形，帶有些許人工造形的趣味，雖然隨意配置也不錯，但以等間距的方式栽種，很容易展現整體感。

建築開口部是等間隔、對稱的話，植栽時就以等間隔的方式種植；若開口部的位置與建築物的形狀呈不規則的話，配置時不妨變化一下樹木的間隔或高度。

# 北歐風庭院的配植

## ①對稱的配置

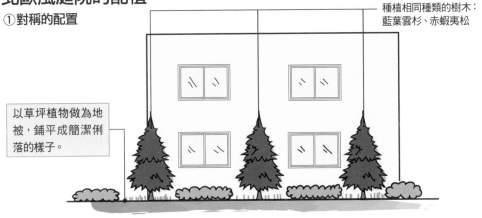

種植相同種類的樹木：
藍葉雲杉、赤蝦夷松

以草坪植物做為地被，鋪平成簡潔俐落的樣子。

建築物的外觀設計若呈規則狀的話，樹木的選擇及配置上也要符合相同的規則性。

## ②不對稱的配置

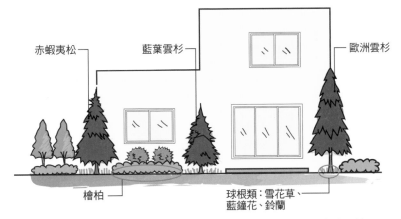

赤蝦夷松

藍葉雲杉

歐洲雲杉

檜柏

球根類：雪花草、藍鐘花、鈴蘭

建築物的開口部或樣式呈不規則狀時，就以隨機、不規則的方式配植。

歐洲雲杉。松科雲杉屬的常綠針葉樹

## 適合北歐風格庭院的樹木

| 高木・中木 | 赤蝦夷松、東北紅豆杉、加州紅木、歐洲雲杉、北美香柏、喜馬拉雅雪松、藍葉雲杉、日本冷杉 |
| --- | --- |
| 低木・地被植物 | 歐石楠屬、藍鐘花、鈴蘭、雪花草、西洋草坪（寒帶草坪）、檜柏 |

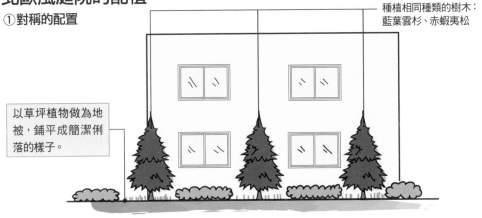

# ― 084 ―
# 地中海風的庭院

**Point** | 植栽時要以柑橘類或帶有細小葉片的樹木為主。庭院需保持通風及充足的日照，才能營造出乾爽的地中海印象。

## 以葉片細小的樹木構成

近年來受到熱島效應等地球暖化的影響，以首都圈為中心的都市區域，以往只能培育在溫暖地帶的樹種，現在也變成可在室外種植了。

例如檸檬等柑橘類、及橄欖等樹種，都是其中的代表例子。因此，只要能用上這些樹種，要做出充滿南歐・地中海風的庭院也變得容易了。

所謂的地中海風，就是以常綠闊葉樹為主要樹種來構成的庭院。由於地中海位於比較乾燥的地區，鮮少會有大量開花的樹種，一般都是以樹葉細小又厚實的樹種居多。

營造地中海風庭院的要點是，通風必須良好、要有日照像是要滿溢出來一樣的空間感。植栽上以橄欖、銀荊（含羞草科）、迷迭香、薰衣草、以及鼠尾草等植物最為合適。

## 地中海風的花色與柑橘類

橄欖和柑橘類本來就不是日後會長得很高大的樹種，可選擇 2 公尺高左右的植栽樹。另一方面也要留意，銀荊長成成木後是無法再移植的。最初植時儘管只有 1 公尺高左右，但三年多的時間下來，樹高及樹寬即能長到 3 公尺，到了六年左右，還會再成長一倍。所以，植栽時就要預先考量到長成後的幅寬，是非常重要的事。

柑橘類的話，檸檬樹和橘子樹雖然是很好的選擇，但如果擔心耐不了寒冷，可以改用會結出黃色果實的夏橙、金桔代替。

由於低木及地被植物都能展現出地中海的氛圍，所以將迷迭香、薰衣草、鼠尾草類等植物均衡地配置好，也能產生不錯的效果。另外，種植低木、地被植物、或是草本植物時，最好先決定好主要的花色。一般而言，花色不應是鮮紅色，白色、紫羅蘭色及黃色才是符合地中海風庭院的顏色。

# 地中海風庭院的配植

## ①立面

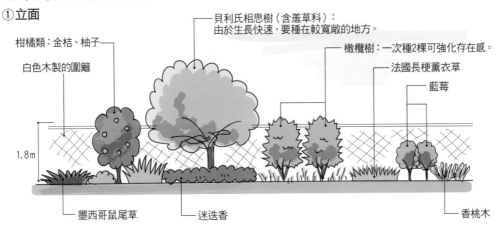

- 貝利氏相思樹（含羞草科）：由於生長快速，要種在較寬敞的地方。
- 柑橘類：金桔、柚子
- 白色木製的圍籬
- 橄欖樹：一次種2棵可強化存在感。
- 法國長梗薰衣草
- 藍莓
- 1.8m
- 墨西哥鼠尾草
- 迷迭香
- 香桃木

## ②平面

- 香桃木：常綠樹
- 柑橘類：常綠樹
- 橄欖樹：常綠樹
- 藍莓：常綠樹
- 香桃木：常綠樹
- 墨西哥鼠尾草
- 貝利氏相思樹
- 迷迭香
- 法國長梗薰衣草

地中海風庭院以常綠樹為構成主體。配植的重點在於利用葉片細小的樹種，
而不是有著大片樹葉或是花朵的樹種。

迷迭香：唇形科迷迭香屬的常綠低木

## 適合地中海式庭院的樹種

| 高木・中木 | 橄欖樹、金桔、貝利氏相思樹、石榴、夏橙 |
|---|---|
| 低木・地被植物 | 香桃木、墨西哥鼠尾草、醉魚草、法國長梗薰衣草、藍莓、薰衣草、迷迭香 |

# — 085 —
# 民族風的庭院

**Point** | 以常綠、葉片較大的樹木為主木。不要種得密，要保持適度、足夠的間隔空間。

## 利用常綠的大型樹葉

飯店中的休閒設施、餐廳等，都會固定打造出一處帶有民族風（亞洲風情）的建築。在住宅的起居空間，也可以利用這樣的設計風格，營造一個可悠閒度日的場所。

採用民族風時，要把室內延伸至屋外的空間連結起來設計。但這並不是說要像叢林一般種植大量的樹木，而是要精選帶有熱帶風情的植物種類和數量，控制好植栽的使用才是重點所在。

無論都市變得再怎麼熱，並非所有原本適合培育在室內的觀葉植物都能移植到屋外種植。但為了有效地營造出民族風的氛圍，植栽時就得選用可種在屋外的樹種。

常綠的、有著大型樹葉的樹種，可說最能完美演出民族風的氛圍。

## 樹木之間要保持一定空間

從偏矮的高木‧中木‧低木、及地被植物中分別選出 1～2 種，規劃出一定的空間來搭配組合。基本上用這樣方式導入植栽，就能營造出叢林一般的意象。

高木方面可選擇較低矮的三稜果樹參；中木的話，最好選擇讓人聯想到椰子的芭蕉，或是蘇鐵以外的樹種，像是有掌形樹葉的棕櫚及八角金盤都很不錯。

此外，日本本州地區山林鄉間經常可見的蓬萊竹（與一般竹以地下莖生長的方式不同，蓬萊竹是一株株個別生長的竹子）也非常適合做為民族風庭院的植栽。

另一方面，地被植物最好要以完全看不到表土的程度覆蓋土壤。而以葉形較大的一葉蘭，或是葉色具有特色的沿街草、野芝麻類等植物，取代種植草坪，效果也會很不錯。

還有，利用一平方公尺左右種植約莫25 株的藤蔓類、羊齒類植物，也是很好的做法。

# 民族風庭院的配植

## ①立體

珊瑚樹

深褐色的木製圍籬

八角金盤

芭蕉

陶製的壺罐

棕櫚竹

2m

吊蘭

一葉蘭

野芝麻

## ②平面

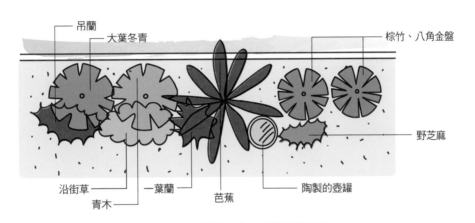

吊蘭

大葉冬青

棕竹、八角金盤

野芝麻

沿街草

青木

一葉蘭

芭蕉

陶製的壺罐

植栽的重點在於選擇常綠、有大型葉片的樹種

華盛頓棕櫚。椰子科華盛頓棕櫚屬的常
綠高木。

## 適合民族風庭院的樹種

| 高木·中木 | 青木、蓪草、珊瑚樹、棕櫚、棕竹、蘇鐵、洋玉蘭、大葉冬青、唐棕櫚、芭蕉、八角金盤、交讓木、華盛頓棕櫚 |
| --- | --- |
| 低木·地被植物 | 鳳尾草、多福南天竹、吊蘭、菱葉常春藤、沿街草、一葉蘭、銀葉常春藤、貫眾蕨、野芝麻類 |

# — 086 —
# 熱帶風格的庭院

**Point** | 利用鮮豔的花朵、果實，讓植栽成為庭院的主角，營造出有如叢林般的分量感。

## 叢林印象

民族風的庭院是以連結起起居空間或個室之間關連性的方式整合植栽；而熱帶風格的庭院，則是以植栽為主要。最好能像叢林一般做出植栽的分量感。在植栽的選擇上，從高木到地被植物，各種形狀、以及會長出鮮豔花朵和果實的樹種，全都要採用才行。

由於熱帶植物種植在室外，一到冬天就會因為太冷而枯死，所以在樹木的構成上，最好能選擇生長在日本溫暖地帶的常綠樹，好讓庭院能夠經年常綠。樹葉的形狀不管是圓形、掌形、或是細長形的，樹姿不管是瘦高形還是肥碩厚實等，各種不同形態的樹種最好都能納入，讓整體看起來很豐富。

## 多元樹種的組合搭配

中高木方面，採用像是八角金盤及棕櫚樹這種葉片較大、樹葉外形如羽翼一般的樹種，就能營造出充滿熱帶風情的庭院。

大葉多青的樹葉是草履形，在分量感上與熱帶叢林的氛圍十分合搭。另外，葉片小、但富有光澤的光臘樹，也是很適合的樹種。

青木的花朵和紅色的果實，也很有熱帶的印象，而布滿斑紋的樹葉，與熱帶的感覺也很搭。另外，能讓人聯想到香蕉的芭蕉樹，也是只要種上一棵就能改變整個氛圍的植栽素材。

此外，原產自紐西蘭的紐西蘭麻，是耐寒力強的植物。其中有一種紅葉的品種，葉色很絢麗，可用來做為熱帶庭院的重點。

另外還有雖然不是常綠樹，但夏天會綻放出鮮豔花朵的木槿、木芙蓉，因為看起來和扶桑花很類似，所以也很符合熱帶庭院的印象。

在能結出果實的樹種方面，如果在庭院的背後種植枇杷的話，也能融和出很好的熱帶氛圍。

低木‧地被植物則可選用像梔子花一樣，樹葉帶有光澤的樹種；或是和紫金牛一般，會結出果實的樹種。地被植物方面，讓常春藤類、還有爬地榕等藤蔓類植物攀緣著中高木上生長，這樣更能詮釋出熱帶感十足的氛圍。

# 熱帶風格庭院的配植

## ①立體

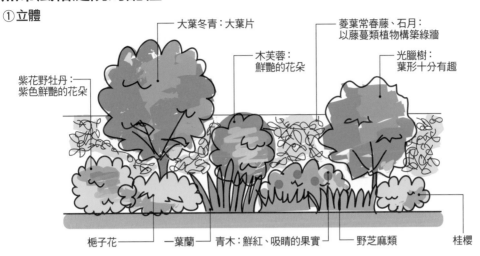

- 紫花野牡丹：紫色鮮艷的花朵
- 大葉冬青：大葉片
- 木芙蓉：鮮艷的花朵
- 菱葉常春藤、石月：以藤蔓類植物構築綠牆
- 光臘樹：葉形十分有趣
- 梔子花
- 一葉蘭
- 青木：鮮紅、吸睛的果實
- 野芝麻類
- 桂櫻

## ②平面

- 大葉冬青
- 木芙蓉
- 青木
- 藤蔓植物的壁面
- 桂櫻
- 紫花野牡丹
- 梔子花
- 一葉蘭
- 野芝麻類
- 光臘樹

從高木到低木，選用各式各樣不同型態的樹種來營造庭院的分量感。
訣竅在於，要混搭種植各種會綻放鮮艷花朵、及能結出果實的樹種來。

石月。木通科野木瓜屬的常綠藤蔓類植物

## 適合熱帶風格庭院的樹種

| 高木·中木 | 青木、光臘樹、棕櫚樹、大葉冬青、芭蕉、八角金盤 |
| --- | --- |
| 低木·地被植物 | 梔子花、紫花野牡丹、桂櫻、紐西蘭麻、一葉蘭、木芙蓉、紫金牛、野芝麻 |
| 藤蔓類植物 | 爬地榕、菱葉常春藤、常春藤類、石月 |

# — 087 —
# 中南美風的庭院

**Point** | 以仙人掌、多肉植物、以及中南美 · 澳大利亞的原生植物，營造出乾爽的視覺感。

## 營造中南美風的乾爽印象

中南美地形複雜、景色變化多樣，一般來說，在乾燥地帶上兀自生長仙人掌之類的多肉植物，正是中南美給人的強烈印象。

在營造中南美風的庭院時，與民族風的溼度感相比，中南美風會比較強調採以乾爽的方式來營造，是中南美風的重點所在。將草坪與椰子相搭組合、或是配植能在砂質或岩地生長的仙人掌，再採用一些形狀特殊的針葉樹，這樣一來自然就有了中南美風的氛圍。

## 日照與排水是關鍵

椰子樹的話，可選用華盛頓椰子和加拿利棗椰等即使在日本也能種在戶外的品種。仙人掌如果種在地面，由於不耐寒、難以過多，所以最好種在花盆等容器中，到了冬天可以搬進室內，管理上會比較容易。另外，最近常見的斐濟果，本來就是原產於南美洲的樹木，花朵與果實都可供賞玩，只要日照充足，就不用擔心病蟲害，是很容易照顧的樹種。

中南美的原生樹種，很多都無法適應日本的氣候，雖然如此，像紅千層這種原產於澳洲的植物，因爲本身就很喜好乾燥的環境，所以也很適合使用在中南美風的庭院。若由耐乾燥這方面來挑選植栽的話，近來多利用在屋頂綠化上廣受矚目的圓扇八寶和景天類等多肉植物，也是很不錯的選擇。

修剪成特殊造型的針葉樹雖然也常有人使用，像是小葉南洋杉、廣葉南洋杉等。由於外型太過獨特，所以很難與其他相同大小的樹木做搭配。還不如做爲象徵樹，再好好地配置低木或地被植物，這樣的效果會比較好。

這種中南美風的庭院，一旦日照變差，庭院的很多植物就會失去活力，所以說，日照是否充足是非常重要的。此外，爲讓土壤的排水效果通暢，在土壤中混入砂質土也是不錯的辦法。

# 中南美風庭院的配植

## ①立體

- 小葉南洋杉、廣葉南洋杉
- 斐濟果
- 仙人掌：
  為了冬季時搬運方便，
  建議種植在花盆中。
- 將背景牆面漆上塗料，表面做成粗糙的質感。顏色建議選用米白色、或是土黃色。
- 鳳尾蘭
- 草坪植物
- 砂礫

## ②平面

- 香棕櫚蘭
- 斐濟果
- 南洋杉
- 仙人掌、燈台草（澤漆）
- 砂礫或草坪植物

選擇仙人掌等帶有乾燥印象的樹種做為主要植栽。

斐濟果。桃金孃科斐濟果屬。常綠中木。

## 適合中南美風格庭院的樹種

| 高木・中木 | 加拿利棗椰、小葉南洋杉、斐濟果、廣葉南洋杉、華盛頓棕櫚 |
| --- | --- |
| 低木・地被植物 | 鳳尾蘭、虎尾蘭、磯菊、仙人掌類、草坪植物、景天屬類、燈台草、香棕梠蘭、圓扇八寶 |

# — 088 —
# 栽種山野草的庭院

**Point** | 山野草要種在雜木的樹蔭底下，取三棵以上複株數一起種植，以顯出量感。

## 品種殊異、管理困難

以杜鵑花或是松樹爲主體的庭院，幾乎不太會種植其他花草；反而是以雜木爲主體的庭院，較能靈活地運用花草。所謂的山野草，通常是指在山野、林間野生的草本植物，或是小型的低木。在日本的園藝店中，有些店家會闢出山野草的販售區，可見喜愛山野草的人很多。

由於山野草的種類繁多，因此無論是栽培、或是後續管理上，難度也比較高。因爲即使是種在庭院裡，也有無法存活的品種，所以在選購時要多加注意。而且即便看似隨意生長在深山林野、或是道路兩旁的山野草，一旦因被種植導致降水、日照條件等環境改變了，也會有枯死的情形。因此，如實地還原植物的原始生長環境就變得很重要。此外，像宿根草這種多年生草本植物，在夏季或冬季時，地上部的草莖就會枯掉，因此，可以在宿根草的周邊設置石材做出區隔，以便在事前就弄清楚哪裡已經種了什麼植栽。

## 不耐夏季的直射日照

山野草的特徵是，絕大多數都是適合在春天或秋季欣賞，而且夏季時會開花的品種相當地少。此外，山野草多半不喜歡陽光直射，所以像玉簪花類、紫花地丁類的春季品種，最好能種植在落葉樹的林蔭下；而山菊、杜鵑草等秋季品種，則是適合種在落葉樹、或常綠樹的樹陰底下。

只種一棵的話，未免會顯得單調，所以種植山野草時，一個位置最好能以 3 株以上一起種植。

特別要注意的是，有些品種的山野草會因季節轉換、而有地上部的草莖枯掉的情形。若能將這些品種種植在低木旁邊的話，整體看起來才不會顯得荒涼。

此外，像紫花地丁之類的山野草，是可以結出種子、以種子繁殖的品種，每年都能享受採籽、播種的樂趣。或者，每年都選購生長情況良好的草苗來種植，更換掉枯萎的部分，這也是不錯的辦法。

山野草大多喜歡富含完整養分的土壤，所以最好能在植栽時，在土壤中混入腐葉土。

# 使用山野草的庭院配植

## ①立體

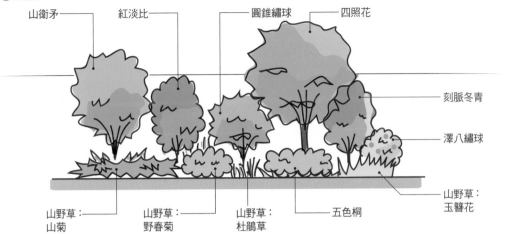

山衛矛 — 紅淡比 — 圓錐繡球 — 四照花
刻脈冬青
澤八繡球
山野草：玉簪花
山野草：山菊 — 山野草：野春菊 — 山野草：杜鵑草 — 五色桐

## ②平面

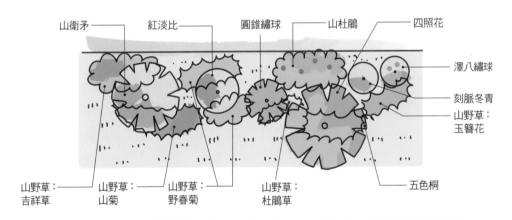

山衛矛 — 紅淡比 — 圓錐繡球 — 山杜鵑 — 四照花
澤八繡球
刻脈冬青
山野草：玉簪花
山野草：吉祥草 — 山野草：山菊 — 山野草：野春菊 — 山野草：杜鵑草 — 五色桐

種植山野草時，庭院的樹木要以雜木為主體，再一次取3株以上的山野草種植在樹底下。

野春菊。菊科野春菊屬的多年生草本植物。春天會開出紫色的花朵。

## 適合栽種於庭院的山野草

| 春天開花 | 鳶尾、梅花草、踊子草、杜若、玉簪花、紫花地丁、鵝掌草、野春菊、荷青花 |
|---|---|
| 夏天開花 | 草珍珠梅、三白草、兔兒草 |
| 秋天開花 | 女郎花、吉祥草、山菊、杜鵑草、龍膽草 |

# — 089 —
# 有菜園的庭院

**Point** | 開闢成菜園時應考量日照條件、工作效率、以及庭院的整體外觀。若能活用牆面，還能發揮節能的效果。

## 享受豐收樂趣的菜園

有愈來愈多的人，喜歡在自家庭園中闢出一小塊空間來做為菜園。只要有 1 平方公尺左右的面積，就能輕鬆地做成菜園。植栽時，如果概念上側重於享受豐收樂趣的話，也可以考慮開闢一畝菜園來試試看。

由於蔬菜類植物非常需要陽光，所以首先要確保菜園是否位於陽光充足的地方。同時，充分飽含肥料及腐葉土的土壤也是必要的。不過，如果種的是香草植物，土壤不需太肥沃也沒關係。

在開闢菜園時，以便於採收、架設支柱等方便作業的方式來規劃，這是很重要的。同時也要考量到，在照顧管理菜園時，周圍很容易會被泥土及菜葉弄髒，所以菜園的周邊要收整成方便清掃的空間會比較好。另外，由於番茄、茄子、以及豆科蔬菜等都是無法用原來的土壤連續種植的作物，所以也要事先做好方便換土的規劃，這是非常重要的。

此外，若能設置好堆肥存放處、或是堆肥容器 [10] 等，就能回收再利用的經濟效益。不過，由於堆肥會產生臭氣，所以考量過是否會影響周邊鄰居之下，再決定設置的位置。還有，工具間也要設置在菜園附近，使用起來才會方便。

## 收整美觀與活用牆面

由於蔬菜長成後，庭院看起來容易顯得雜亂，所以也可以在兼顧景觀的美感上，在菜園周圍的種一些植栽。

或是像英國修道院的庭園一樣，利用一般人熟悉的磚塊或枕木、以及常綠低木（細葉黃楊、豆瓣黃楊）做成菜園的邊圍，這樣就能讓菜園整齊又美觀。

另外，活用日照充足的牆面，也是一個不錯的方法。在牆面上架設網格，種植苦瓜或絲瓜等藤蔓類植物，到了夏天就能享受到收穫的樂趣。同時，牆面綠化（參照第 116 ～ 117 頁）還可以緩和夏天的日照，達到節能效果。

---

※ 原注

**10 堆肥容器** 將廚餘、枯葉等埋入土中，透過土壤中的微生物使其發酵、分解形成堆肥。堆肥容器指的就是專供堆肥發酵、存放用的容器。

# 菜園的設計

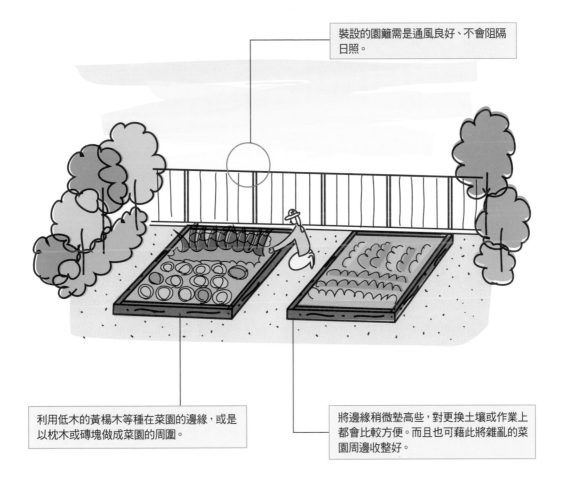

裝設的園籬需是通風良好、不會阻隔日照。

利用低木的黃楊木等種在菜園的邊緣，或是以枕木或磚塊做成菜園的周圍。

將邊緣稍微墊高些，對更換土壤或作業上都會比較方便。而且也可藉此將雜亂的菜園周邊收整好。

## 能在菜園培育的蔬菜（較為簡單的種類）

| | |
|---|---|
| 葉菜類 | 義大利香芹、空心菜、小松菜、紫蘇、茼蒿、青江菜、波菜、羅勒、香芹 |
| 果菜類 | 草莓、毛豆、南瓜、玉米、茄子、小番茄 |
| 根莖類 | 蕃薯、白蘿蔔、胡蘿蔔、櫻桃蘿蔔 |

# — 090 —
# 讓孩童嬉戲的庭院

**Point** | 栽種花朵、果實、樹葉有明顯特徵的樹種。為安全起見，要避免種植有毒植物及有尖刺的樹木。

## 可供孩童嬉戲的樹種

有小孩的家庭，除了在庭院種植樹木外，如果能另闢出一處讓孩子自由玩耍的空間，孩子們一定會很開心。在小孩們活動的空間舖設地墊或種植草坪植物，可確保孩子們戲耍時的安全（參照第218～219頁）。不過草坪植物若經常被踩踏的話，生長能力會減弱，所以在經常會活動的區域就不要種植草坪了，改以夯實土壤取代也會是不錯的做法。

選用花朵、或果實、樹葉等造型獨特的樹木，可吸引孩子的注意，撿拾起來玩耍。像是會吸引蝴蝶和獨角仙的樹種，也很適合列入植栽的選項中。可輕鬆地讓孩子們遊戲於其間的樹種有，山毛欅科的橡樹類（黑桐、青剛櫟）、以及枹樹類（枹櫟、麻櫟）等會結出果實的樹種。其中，錐栗的果實經加熱後便能夠食用。而有奇特造型的樹葉或漂亮的花朵，還可以用來做為押花的素材。

如果是要讓孩子們攀爬的樹種，就要選擇樹枝粗壯、不易折斷，樹幹紋路平滑的樹種。雖然說樟樹、朴樹、欅木等很適合，不過這些樹木都屬於大型樹木，枝幅較廣，並不適合種在空間狹小的庭院。此外，如果種植的位置正好靠近住家二樓的開口部，也要留意可能容易遭外人入侵。

## 避免種植有毒的樹種

植栽時，基本上要選種不易生長對人體有害蟲類、以及沒有毒的植物。對人體有害的蟲類，以容易附著在山茶花類植物上的茶毒蛾為代表。特別是想讓孩子在庭院裡戲耍的家庭，還是要多加留意、避免種植為宜。其次，經常被用來做為庭木、且帶有毒性的樹種有夾竹桃、深紅茵芋、日本莽草、以及大花曼陀羅等。除此之外，馬醉木、野茉莉、蓮華杜鵑也帶有微量的毒性，若要種植也要種在孩子不易碰觸到其果實及樹枝的地方。

## 適合孩子戲耍的庭院配植

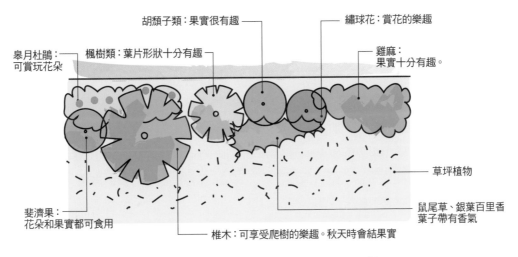

胡頹子類：果實很有趣 —

繡球花：賞花的樂趣 —

皋月杜鵑：可賞玩花朵

楓樹類：葉片形狀十分有趣 —

雞麻：果實十分有趣。

草坪植物

斐濟果：花朵和果實都可食用

鼠尾草、銀葉百里香葉子帶有香氣

椎木：可享受爬樹的樂趣。秋天時會結果實

打造可讓孩童玩耍的庭院，重點在於選用花葉、果實特殊的樹種。

## 適合孩子們接近的樹種

| | 高木・中木 | 低木・地被植物 |
|---|---|---|
| 賞花 | 梅花樹、櫻花類、紫花野牡丹 | 繡球花、杜鵑花類 |
| 賞果 | 遊戲的素材（樹籽等）<br>青剛櫟、櫟樹、枹樹、黑櫟、錐栗、無患子<br>可以食用<br>杏仁、梅樹、柿子、柑橘、姬蘋果 | 遊戲的素材（顏色漂亮及其他）<br>青剛櫟、日本紫珠、雞麻、薏苡、草珊瑚、絲瓜、硃砂根<br>可以食用<br>五色桐、奇異果、胡頹子、葡萄、藍莓、毛櫻桃 |
| 賞葉 | 雞爪槭、槲樹、棕櫚、八角金盤 | 菱葉常春藤、山菊、地錦 |

## 對孩子們較有危險性的樹種

| | 高木・中木 | 低木・地被植物 |
|---|---|---|
| 有尖刺的樹種 | 食茱萸、枸橘、山椒、刺楸 | 薊草屬、金剛藤、雲實、野薔薇、玫瑰花、小蘗 |
| 有毒的樹種 | 東北紅豆杉（紅色果實中）、野茉莉、夾竹桃、日本莽草 | 馬醉木、木曼陀羅、鈴蘭、毒空木、金銀木、深紅茵芋、蓮花杜鵑 |

# — 091 —
# 吸引鳥類遊憩的庭院

**Point** | 在人和小動物不易靠近的地方，種植會長出鳥類喜好的花朵、或果實的樹木。

## 吸引鳥類的果實與花朵

在庭院裡栽種樹木，各種生物就會聚集過來，特別是會結出果實的樹木，最容易吸引鳥類前來。這些樹木稱之爲食餌樹[11]，在鳥類與樹木之間有著生態上的連結關係。

人類嚐起來覺得美味的果實，對鳥類而言也同樣對味。好比說，尚未成熟的蘋果吃起來酸澀，連鳥類也不愛吃；成熟後果香四溢，便會引來鳥類飛來啄食。不過，有些人類覺得難吃、或是會壞肚子的果實，依然能做爲鳥類的食物。像是枸木、花椒，就會吸引多種鳥類聚集。

除了果實之外，也有許多鳥類會專門捕食附生在樹木上的小蟲。多虧有這些鳥類，樹木才不至於發生大規模的蟲害，所以不過度使用藥劑，營造出鳥類容易親近的環境，這一點是相當重要的。

此外，也有些專門在開花季節飛來吸取花蜜的鳥類。例如，在早春開花的梅樹總會吸引綠繡眼前來。在每個人的記憶當中，都有自己熟悉的樹木與鳥的畫面，自成一格且

難以抹滅。考慮看看，在庭院中心種幾棵吸引鳥類光臨的樹木，也會是不錯的想法。最好選擇會開鮮艷花朵、或結成果實的樹木，這樣會比較容易吸引鳥類。

## 吸引鳥類光臨的要點

要吸引鳥類前來，首先要注意的是，經常人來人往的地方、或是貓容易攻擊到鳥類的地方，都會讓鳥類產生戒心而無法靠近。另外，由於鳥類聚集之處容易有鳥糞掉落，所以也要留意不要讓樹枝伸長到曬衣服的地方。此外，烏鴉最喜歡在常綠、且茂密的高木上築巢，若不想吸引烏鴉前來，不妨選種落葉樹，或是修剪樹枝降低樹木高度。還有，每逢櫻花盛開，也常會聽聞有大批的紅腹灰雀飛來啄食花朵。由此可見，爲了保護花朵，可在樹枝上拉掛釣魚線等，這時防犯鳥類也是有必要的。

---

※ 原注
11　若沒有食餌樹，可準備飼料架及供水架，也能藉此形成吸引鳥類光臨的庭院。

## 果樹配置的要點

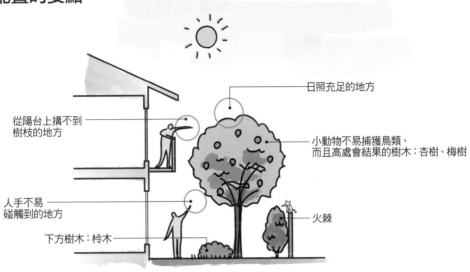

- 日照充足的地方
- 小動物不易捕獲鳥類、而且高處會結果的樹木：杏樹、梅樹
- 從陽台上搆不到樹枝的地方
- 火棘
- 人手不易碰觸到的地方
- 下方樹木：枌木

## 適合庭院植栽的果樹及容易聚集的鳥類

| 樹木種類 | 鳥類 |
|---|---|
| 樟樹 | 赤腹鶇、灰喜鵲、烏鴉、金背鳩、竹雞、斑鶇、栗耳短腳鵯、灰椋鳥、綠繡眼、銅長尾雉、連雀 |
| 鐵冬青 | 赤腹鶇、松鴉、綠雉、竹雞、白腹鶇、斑鶇、栗耳短腳鵯、連雀 |
| 日本衛矛 | 赤腹鶇、金翅雀、綠雉、竹雞、黃尾鴝、白腹鶇、斑鶇、栗耳短腳鵯、銅長尾雉、連雀 |
| 枌木 | 啄木鳥、赤腹鶇、灰喜鵲、烏鴉、金翅雀、綠雉、金背鳩、竹雞、黃尾鴝、白腹鶇、斑鶇、栗耳短腳鵯、三道眉草鵐、綠頭鴨、綠繡眼、銅長尾雉、藍尾鴝 |
| 赤松 | 啄木鳥、松鴉、金翅雀、綠雉、金背鳩、竹雞、大山雀、翠鳥、斑鶇、栗耳短腳鵯、三道眉草鵐、　雀、赤腹山雀、銅長尾雉 |
| 東北紅豆杉（紫杉） | 大斑啄木鳥、松鴉、金翅雀、錫嘴雀、白腹鶇、斑鶇、栗耳短腳鵯、赤腹山雀、連雀 |
| 水蠟樹 | 赤腹鶇、灰喜鵲、綠雉、大山雀、斑鶇、栗耳短腳鵯、綠繡眼、銅長尾雉 |
| 五色桐 | 灰喜鵲、松鴉、烏鴉、金背鳩、紫背椋鳥、栗耳短腳鵯、灰椋鳥 |
| 五加木 | 大斑啄木鳥、赤腹鶇、綠雉、金背鳩、紫背椋鳥、斑鶇、栗耳短腳鵯、黃雀、灰椋鳥 |
| 野茉莉 | 松鴉、烏鴉、金翅雀、綠雉、金背鳩、竹雞、錫嘴雀、白腹鶇、斑鶇、栗耳短腳鵯、灰椋鳥、綠繡眼、赤腹山雀 |
| 朴樹 | 赤腹鶇、灰喜鵲、松鴉、竹雞、紫背椋鳥、錫嘴雀、白腹鶇、斑鶇、栗耳短腳鵯、灰椋鳥、綠繡眼、連雀 |
| 柿子樹 | 赤腹鶇、灰喜鵲、烏鴉、綠雉、竹雞、大山雀、錫嘴雀、斑鶇、栗耳短腳鵯、灰椋鳥、綠繡眼、連雀 |
| 莢蒾 | 啄木鳥、灰喜鵲、綠雉、金背鳩、竹雞、黃尾鴝、斑鶇、栗耳短腳鵯、銅長尾雉 |
| 小葉桑 | 赤腹鶇、灰喜鵲、烏鴉、金背鳩、紫背椋鳥、白腹鶇、栗耳短腳鵯、灰椋鳥、綠繡眼 |
| 黑松 | 金翅雀、綠雉、金背鳩、竹雞、大山雀、白腹鶇、翠鳥、三道眉草鵐、赤腹山雀、銅長尾雉 |
| 山椒 | 灰喜鵲、烏鴉、金翅雀、綠雉、金背鳩、紫背椋鳥、黃尾鴝、栗耳短腳鵯、綠繡眼、藍尾鴝 |
| 染井吉野櫻 | 赤腹鶇、紅腹灰雀、灰喜鵲、松鴉、烏鴉、綠雉、金背鳩、、紫背椋鳥、大山雀、栗耳短腳鵯、灰椋鳥、綠繡眼、赤腹山雀 |
| 野薔薇 | 啄木鳥、赤腹鶇、鴛鴦、灰喜鵲、綠雉、金背鳩、竹雞、紫背椋鳥、黃尾鴝、白腹鶇、斑鶇、栗耳短腳鵯、灰椋鳥、銅長尾雉、連雀、藍尾鴝 |
| 糙葉樹 | 赤腹鶇、灰喜鵲、烏鴉、綠雉、金背鳩、竹雞、錫嘴雀、白腹鶇、斑鶇、栗耳短腳鵯、灰椋鳥、銅長尾雉、連雀 |
| 日本紫珠 | 啄木鳥、紅腹灰雀、灰喜鵲、金翅雀、綠雉、金背鳩、竹雞、白腹鶇、斑鶇、綠繡眼 |

# — 092 —
# 蝴蝶飛舞的庭院

**Point** | 選種的樹木要有蝴蝶喜歡的帶蜜的花、以及蝴蝶幼蟲喜歡吃的樹葉。

## 吸引蝴蝶飛來的庭院

其實只要在庭院種植會開花的植物，就會吸引小昆蟲或鳥類等各式各樣的生物前來。不乏也有些愛蝶人士，會想要以容易吸引蝴蝶的方式配植樹木，這種庭院就稱為「蝴蝶花園」（Butterfly Garden）。

吸引蝴蝶前來庭院的，有二個主要原因，一是蝴蝶飛來採食花蜜；二是蝴蝶會在將來可供做幼蟲啃食的樹葉上產卵。所以說，蝴蝶花園的基本條件，就是要栽種帶有成蝶喜歡採食的花蜜的花木、以及樹葉可供幼蟲啃食的樹木。

## 蝴蝶的種類與喜好的植物

百花盛開的春季，通常都能吸引二種以上的蝴蝶飛來。其中最具代表的蝴蝶是白粉蝶。由於白粉蝶喜愛十字花科的植物，所以要吸引白粉蝶，最好能開闢一處種有油菜、蘿蔔、以及高麗菜等蔬菜的菜園。

另外，像是芸香科的植物可以吸引白鳳蝶、傘形科可以吸引金鳳蝶，而樟木則可吸引青鳳蝶前來產卵。所以，只要種植這些的樹木，就會更容易吸引蝴蝶飛來。其次，大葉醉魚草是帶有蝴蝶喜愛的花蜜的花木，也被稱為蝴蝶灌木，會一次綻放許多紫色或白色、帶有蜜香的房狀花朵。

營造一個適合蝴蝶幼蟲生長的環境也很重要。由於蝴蝶的蟲卵與蟲蛹較不耐乾燥，所以最好不要把樹木種植在日照強烈、以及庭院的迎風面等容易變得乾燥的地方。

不過，由於剛孵化而成的蝴蝶幼蟲，隨即就會啃食樹葉，所以如果幼蟲的數量太多的話，樹葉也會有枯黃等病蟲害發生，這方面要特別留意才好。（參照第84～85頁）。此外，蝴蝶喜歡的樹木通常也會引來蜜蜂或椿象（臭屁蟲），所以最好不要把這些花木種植在住宅的開口部附近。

# 蝴蝶花園的配植

## ① 立體

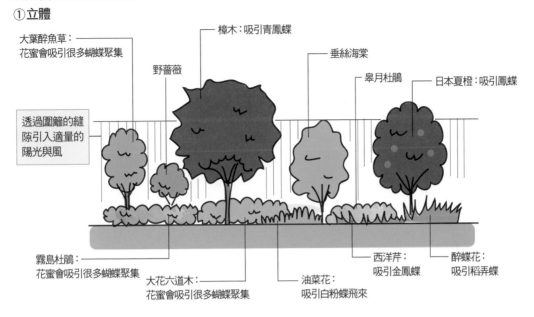

- 大葉醉魚草：花蜜會吸引很多蝴蝶聚集
- 野薔薇
- 樟木：吸引青鳳蝶
- 垂絲海棠
- 皋月杜鵑
- 日本夏橙：吸引鳳蝶

透過圍籬的縫隙引入適量的陽光與風

- 霧島杜鵑：花蜜會吸引很多蝴蝶聚集
- 大花六道木：花蜜會吸引很多蝴蝶聚集
- 油菜花：吸引白粉蝶飛來
- 西洋芹：吸引金鳳蝶
- 醉蝶花：吸引稻弄蝶

## ② 平面

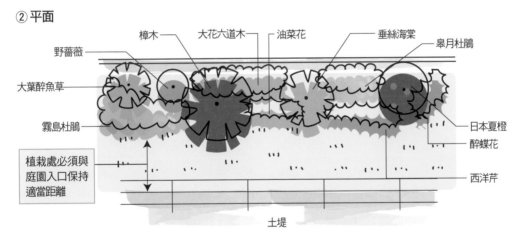

- 野薔薇
- 樟木
- 大花六道木
- 油菜花
- 垂絲海棠
- 皋月杜鵑
- 大葉醉魚草
- 霧島杜鵑
- 日本夏橙
- 醉蝶花
- 西洋芹

植栽處必須與庭園入口保持適當距離

土堤

金桔。芸香科金桔屬的常綠低木。芸香科是鳳蝶的食用草。

## 蝴蝶喜歡的樹種

| 高木・中木 | 低木・地被植物 | 蔬　菜 |
| --- | --- | --- |
| 枸橘、柑橘類（日本夏橙等）、海州常山（臭梧桐）、樟木、日本常山（小臭木）、紫薇、垂絲海棠、醉魚草、木芙蓉、木槿 | 大花六道木、霧島杜鵑、葛藤、久留米杜鵑、皋月杜鵑、連翹 | 寒葵類、高麗菜、醉蝶花、油菜花、西洋芹 |

# — 093 —
# 池塘的植栽

**Point** | 掌握水生 · 濕地植物的生長形態，保持良好均衡地做植栽。也要注意保持好水質的潔淨。

## 各類水生植物

在日式庭院中常見的池塘，經常都可看見鯉魚悠游其中的身影。不過，為了不讓池塘中的鯉魚把池裡的水生植物盡數吃光，這些水生植物就要避免直接種在池塘裡。但如果池塘裡飼養的是青鱂之類小型魚的話，直接在池塘裡種植水生植物也沒關係。種植水生植物不僅可做為水中生物棲息的空間，同時也有淨化水質、緩和水溫上升等功能。

水生植物可分為漂浮於水面的浮游植物、葉片廣被在水面上的浮葉植物、以及莖幹伸出地表後展開葉子的挺水植物等。種植水生植物時，最好先掌握好各類植物的生長形態，均衡地進行植栽。

## 保持水質潔淨的要訣

能在水深不到一公尺的池塘土底著根生長的水生植物其實非常地多。幾乎所有的水生植物都喜好在日光充足的環境下生長，所以良好的日照條件，也是栽種水生植物時的重點。不過，在最適的環境下生長的水生植物或溼地植物，容易有生長過盛的情形發生，這方面要特別留意。

另外，當池水滯留、水溫又升高的夏季等，水中會孳生藻類。這時候就必須加裝幫浦等設備系統，幫助池水循環，或是經常將新鮮空氣導入池子裡。水質一旦變好了，就可以種植像是蘆葦、寬葉香蒲、以及會開出黃色花朵的黃花菖蒲了。

池塘底部若是以石材或水泥打造的話，可先將水生植物種在花盆中、再沉入水底來進行植栽。將容易生長過盛的水生植物種植在花盆中，好處是可以控制水生植物的成長速度。像布袋蓮這種會漂浮在水面的浮游植物，也可以採用這種方法輕鬆地植栽。此外，水生植物及濕地植物等，到了冬天幾乎都會枯萎，為了維持水質的清澈，枯萎的部分最好要清除乾淨。

## 池塘的植栽

① 池底部為泥土的池塘

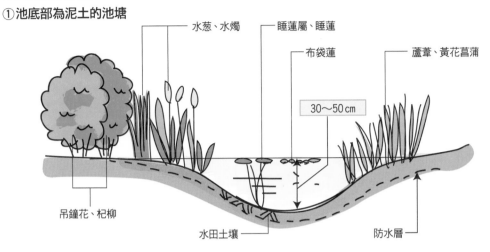

水葱、水燭 ── 睡蓮屬、睡蓮 ── 布袋蓮 ── 蘆葦、黃花菖蒲

30～50 cm

吊鐘花、杞柳 ── 水田土壤 ── 防水層

② 池底為水泥的池塘

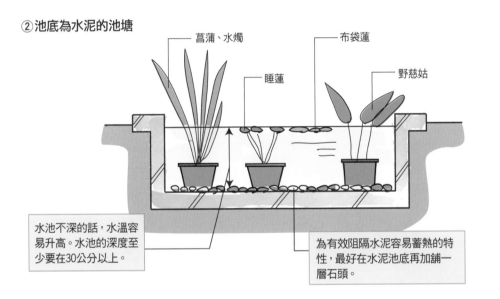

菖蒲、水燭 ── 布袋蓮 ── 睡蓮 ── 野慈姑

水池不深的話，水溫容易升高。水池的深度至少要在30公分以上。

為有效阻隔水泥容易蓄熱的特性，最好在水泥池底再加鋪一層石頭。

## 適合在池塘生長的植物

| | 濕生植物 | 挺水植物 | 浮葉植物 | 浮游植物 | 沈水植物 |
|---|---|---|---|---|---|
| 樹種名 | 杜若、黃花菖蒲、毛黃連花、鷺草、雨久花、扯根菜、野花菖蒲、水虎尾、千屈菜、挖耳草 | 珠芽慈姑、野慈姑、寬葉菖蒲、日本萍蓬草、大葉蘭、菖蒲、睡蓮、水燭、水葱、茭白筍、水葵、三菱草、睡菜、蘆葦 | 荇菜、芡、金銀蓮花、蓴菜、蘋草、蓮花、野菱、睡蓮、異匙葉藻 | 紫萍、魚刺草、水鱉、布袋蓮、貂藻 | 石昌藻、聚藻、金魚藻、水車前草 |

# — 094 —
# 生態系庭院

**Point** | 營造一處可讓植物與小動物、鳥類、魚類、及昆蟲都能共存的水岸環境。只要適度維護即可。

## 生態系棲息的庭院

由於都會地區是以開發為第一優先，使得綠意盎然的大自然逐漸消失。有鑑於此，以植栽再現生活周遭的自然環境，採用「群聚生態」的概念營造一個能讓生態系統生存的場域，因而成為時下最盛行的運動之一。

「群聚生態」（Biotop」）源自於希臘語生命（Bio）、及場所（Topos）這兩個詞彙所組合而成的造語。在德語首創這個詞的原意是指生物社會的生養棲息的空間。

廣意而言，雖然所有豐富的自然環境都可統稱為群聚生態，但其中所指的大多是人類的生活場域。因此，營造一個可供昆蟲、魚類、鳥類、小動物們生養，或是讓牠們能夠飛來棲居的空間，正是群聚生態這個概念所期待的目標。

日本境內所謂的群聚生態，一般都會想像成可供青鱂之類的小型魚悠遊水間、或是讓蜻蜓棲息的水邊空間。

不過，生物生養棲息的場所，並只有水邊而已，原野、樹林等也都與群聚生態密切相關。

## 選擇原生種的植物

想要吸引生物前來棲息，需要準備誘餌、以及設置能讓生物棲息的家。除了利用植物、水、石、土等的自然素材之外，也可利用人工物來構築昆蟲及鳥類棲息的家。

不過，相較於強調空間美觀的管理，以自然的品味和運作方式營造生物容易棲息的環境，還是基本的先決原則。所以在植栽上，應避免種植園藝品種，而要以生長在庭院周遭的原生植物為優先考量。

而做成了適合生物成長的環境，當然也會吸引蜜蜂或烏鴉等不太討人喜歡的生物前來。所以在營造生態系庭院前，事先探察清楚住宅周邊的生態情形是很重要的。

# 生態庭院的配植

## ①立面

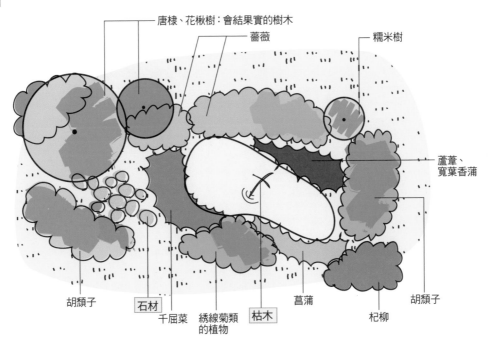

## ②平面

打造生物容易棲息的環境，重點在於除了樹木以外，也可以多利用石材及枯木。

# — 095 —
# 迷你型庭院

**Point** | 活用低矮、生長速度緩慢的品種、以及即使是幼樹也能有老樹質感的樹種做植栽規劃。

## 活用低矮品種的植物

在狹窄的空間中，要採用各種不同的元素搭配多樣化的植栽來營造醒目的視覺空間，其實是相當困難的。像這樣在一點都寬敞的空間裡，要營造迷你庭院的話，最好要慎選植物，並配置小型的添景物來造景。

植物當然是會生長的，若不想因為這樣破壞迷你庭院的均衡感，植栽時除了選擇低矮種的植物以外，也可採以生長速度緩慢、或是幼樹卻帶有老樹質感的樹木來構成。

被稱為「矮生樹」（dwarf）的低矮品種，本來是基因突變造成的，將這種樹型較小的性質加以改良、固定化，就成為了現今園藝中常見的低矮品種。除了常見的針葉樹之外，也有樹高還不滿 50 公分的小紫薇樹等樹種。另外像姬梔子花、小紫珠這種，以「姬」或是「小」來命名的植物，

多半都是由於整株的體型、或樹葉、花瓣比較小的緣故。

## 設置小型添景物

迷你庭院若是栽種葉形較大的樹種，會破壞庭院整體的均衡感。所以最好能選擇樹葉較小、花朵及果實也不大的品種會比較好。

其次，若是一次種了太多種的植物，由於植物成長速度各不相同，庭院整體的均衡也會容易被破壞掉，因此仔細挑選植物的種類也就變得很重要。

利用石頭、照明、以及人形等添景物的話，更能展現迷你感，空間看起來也會比較寬敞。當然也可以設定主題，挑選與空間和植物相合的物件，均衡地配置。盡可能地在植栽與地面之間留出一些空隙，也會是不錯的做法。

# 迷你庭院的配植

## ① 日式庭院

立體

樹高不要超過2公尺。

茶花（樹高1.8公尺）

齒葉冬青（樹高1公尺）

梔子花（樹高0.2公尺）

小型石灯籠等添景物　沿階草　皋月杜鵑（樹高0.3公尺）

平面

山茶（名為「侘助」的品種）

梔子花

砂礫

齒葉冬青

皋月杜鵑

沿階草

石燈籠

以常綠闊葉樹、最好是喜好日蔭的樹種為中心做配植（參照第62～63頁）。

## ② 西洋庭園

立體

歐石楠類

側柏（針葉樹類）

小葉瑞木

小紫薇樹

筋骨草　　爬地柏（針葉樹類）

平面

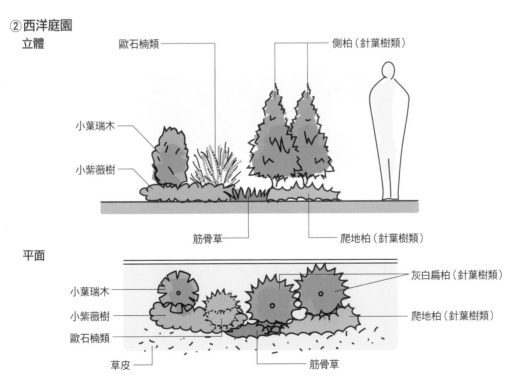

小葉瑞木

小紫薇樹

歐石楠類

草皮

灰白扁柏（針葉樹類）

爬地柏（針葉樹類）

筋骨草

混植針葉樹，並選擇喜好日照的樹種為中心做配植（參照第62～63頁）。

# — 096 —
# 讓樹木說故事的庭院

**Point** | 利用有故事、傳說的樹木、或是有吉祥寓意的樹木做為象徵樹，賦予庭院主題。

## 選擇象徵樹

用來象徵家、建築物的樹木，就稱爲象徵樹。選擇象徵樹時，多會從樹形、花朵、紅葉等隨季節變化的樣子等加以考量。選擇有故事或傳說的的樹木做爲象徵樹，也是不錯的方法。

幾乎所有樹木的名字都有其命名的由來。即便是一棵平淡無奇的樹木，實際上也會有一段命名的演變歷程。

好比說，春天會開出白色花朵的辛夷（日文漢字爲「拳」），就是因爲其果實的形狀有如拳頭一般而得名。夏天會開出粉紅色花朵的紫薇（日文漢字爲「猿滑り」），就是因爲其樹幹連猴子都爬不上去、會滑下來而得名。另外，秋天有著美麗紅葉的日本花楸（日文漢字爲「七竈」），是因爲樹木本身的燃點高，就算被放在火爐裡連續燃燒七次，也無法完全燃燒殆盡而得名。

## 利用有吉祥寓意的樹木

除了樹木命名的由來及樹木本身的性質之外，也有些樹木也被視爲幸運物。

好比說海桐，雖然葉子與莖幹帶有臭氣，但因爲樹枝經常被插在門扉上用來做爲消災除厄之用（門之木），所以若能種植在玄關廻廊處也很不錯。交讓木則因爲在新芽長出之前，原有的殘葉都會留在樹枝上，所以日本人相信，種植交讓木，即會帶來家業永興、多子多孫的吉兆。

另外也有因爲名稱吉利而被用來做爲正月新年裝飾的植物，例如草珊瑚（日文漢字爲「千兩」），或硃砂根（日文漢字爲「萬兩」）等。這二種植物的日文名稱中都帶有「兩」字，容易讓人聯想到代表金錢的「銀兩」，進而衍生出錢財滾滾而來的幸運意涵。而南天竹的「南天」，日語讀音「NANNTEN」，與「排除萬難」之意的「難を転じる（NANWOTENZIRU）」音相近，因爲帶有吉祥美意，而經常被選用做爲庭木。

# 依樹木名稱的由來選擇象徵樹

**草珊瑚**

與漢字記為「百兩金」、屬紫金牛科的植物為相近的科屬，由於植株較大型所以被命名為「千兩」。是正月裡最常見的花。

**交讓木**

嫩葉長出之後，老舊的樹葉就會凋零，看起來有新舊交替的意味在；日語的漢字記為「讓葉」。交讓木是象徵父母將家業傳承予孩子的意思。

**日本花楸**

生材很難被點燃，即便放在爐灶裏被燒個七次也燒不完，具有象徵家屋不會失火的意思，當然也很適合做為植栽。

**南天竹**

原產於中國大陸中部以南的原生樹種，因此得名。日語音近「排除萬難」，所以經常用來做為吉祥物。

**日本辛夷**

花苞的形狀與「拳頭」神似，因而得名。讓人不禁聯想到能將「幸福」與「幸運」牢牢掌握一般，所以經常被當做吉祥物。

**海桐**

樹葉與樹莖有臭氣，自古以來經常在除夕夜時被插在大門，用以去除厄運之用。因此在日語裡被稱為為「門樹」或是「門之樹」。

# 其他含有特殊有趣寓意的樹種

| 樹種名 | 故事源由 |
| --- | --- |
| 柊樹 | 因為有刺，象徵拔除厄運。 |
| 百兩金（百兩）<br>紫金牛（十兩） | 草珊瑚（千兩）與硃砂根（萬兩）同為紫金牛科，日文名稱可聯想到銀兩，是帶有吉祥寓意的植物，可搭配種植於盆栽中。 |
| 伏牛花 | 搭配草珊瑚（千兩）與硃砂根（萬兩）二種植物一起栽植，有象徵「千金萬金享不盡」吉祥招財的寓意。（伏牛花，日文為アリドオシ，指的是「總是有」的意思） |

# — 097 —
# 無需費心照料的庭院

**Point** | 無需費心照料的植栽條件是生長速度緩慢、不需施肥、可耐病蟲害。

## 能夠輕鬆管理的植物

說到真的不需多花心思照料的庭院，當屬以石材及砂礫構築而成的枯山水了。[12]因為枯山水庭院裡不種植樹木，所以管理起來比較輕鬆。不過，若是要在庭院中好好地種植樹木的話，日照、土、水、氣溫與風都是必備的條件，若有不足時，就得仰賴人力補足才行。因為樹木也是生物，花心思照料是不可少的，所以在栽種樹木的一開始，應該就要先有這樣的心理準備。

但是，如果生活忙碌、幾乎無法抽空照顧庭院的話，植栽時最好選擇符合以下三個條件的植物會比較好。

①生長速度緩慢的植物

②不需特別施肥的植物

③很少發生病蟲害的植物

在不需特別費心照顧的庭院中，最具代表的當屬針葉林花園了。因為構成針葉林花園的羅漢柏、紫杉（東北紅豆杉）、蝦夷赤松等針葉樹，都是生長極為緩慢的樹木。不過，側柏和萊蘭柏多數是屬於極能耐受貧瘠土地的類型，若是植栽地的土壤太過肥沃，則會加快其生長的速度。

## 省時省力的重點

要定期掃除落葉樹的落葉真得非常麻煩，相信一定很多人都是這麼想的；但就算是常綠樹，整年也都會落葉，所以也必須每天清掃才行。而有些種來專供賞花的樹木，開花之後如果不摘除掉花殼，除了整體觀瞻不佳之外，也會影響日後開花的情形，這些都是必需費心照料的類型。另外，若是種植果樹，為了要結果豐碩，也會需要施肥及消毒，如果這樣地費心照料，還是盡量避免栽種會比較好。

若是鋪植草皮的話，那麼春天到秋天就得和叢生的雜草搏鬥，如果不想費工除草、希望有個只需輕鬆管理的庭院，那就應該在地板上鋪設裝潢材料。由於日照充足的表土就一定會滋生雜草，不過若能種些常綠的地被植物，就可以抑制雜草的滋長，也能省去除草的工夫。

---

※ 原注

**12 枯山水**　以石材做為庭院的主體，以白砂代替水流，表現山水的意境，是日本獨特的庭院樣式之一。日本國內較具代表的枯山水庭院有大德寺大仙院的書院庭院，以及龍安寺的方丈庭院等。

## 不需費心照料的庭園配植

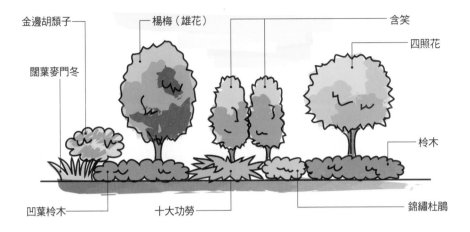

金邊胡頹子 ── 　楊梅（雄花） ── 　 　含笑 ──
閣葉麥門冬 ── 　 　 　 ── 四照花
　 　 　 ── 柃木
凹葉柃木 ── 　十大功勞 ── 　 　 ── 錦繡杜鵑

以常綠樹為主要樹種。搭配像是樹身有斑紋、或比較不需費心照料的落葉樹，
像是四照花等，就能使庭院變得明亮。

## 不需費心照料的代表樹種

| | 高木・中木 | 低木・地被植物 |
|---|---|---|
| 生長速度緩慢的樹種 | 青剛櫟、紅豆杉、齒葉冬青、烏岡櫟、野茉莉、刻脈冬青、多幹赤松、大花四照花、奧氏虎皮楠、全緣冬青、厚皮香、昆欄樹、四照花 | 吉祥草、野扇花、射干、厚葉厚葉石斑木、草珊瑚、爬地柏、富貴草、紫金牛、麥門冬 |
| 不需施肥的樹種 | 青剛櫟、紅豆杉、齒葉冬青、羅漢松、烏岡櫟、黑櫟、刻脈冬青、北國香柏、奧氏虎皮楠、西南衛矛、紫珠、細葉冬青、厚皮香、四照花、楊梅、萊蘭柏 | 青木、百子蓮、葉薊、大花六道木、吉祥草、金絲梅、熊　、小隈　、紫珠、清香桂、射干、厚葉石斑木、木藜、草珊瑚、大吳風草、南天竹、爬地柏、濱柃木、富貴草、萬兩、紫金牛、閣葉麥門冬 |
| 極耐病蟲害的樹種 | 青剛櫟、紅豆杉、齒葉冬青、羅漢松、烏岡櫟、黑櫟、刻脈冬青、野茉莉、北美香柏、奧氏虎皮楠、西南衛矛、紫珠、全緣冬青、厚皮香、四照花、楊梅、萊蘭柏 | 青木、百子蓮、大花六道木、吉祥草、金絲梅、紫珠、野扇花、射干、厚葉石斑木、木藜蘆、草珊瑚、南天竹、爬地柏、凹葉柃木、富貴草、硃砂根、紫金牛、麥門冬、迷迭香 |

# 牧野植物園

五葉黃連。日本本州東北以西，至四國山區，生長於潮濕陰暗的多年生草本植物。

## 紀念牧野博士功績的植物園

漫步在牧野植物園，可了解出生於日本高知縣的植物學者—牧野富太郎博士（1862～1957）畢生的貢獻及生平事蹟。牧野植物園也是以高知縣境內常見的植物為主題的植物園。園區位於可以俯瞰全市的五台山，占地約6公頃。園內栽種了牧野博士研究過的植物，種類約有1,500種、數量多達13,000多株，是一座四季繽紛、可提供大眾遊憩的植物園。

園內劃分了從標高1千公尺以上的冷溫帶，到溫暖海岸線為止的四個氣候帶，首度重現了土佐（日本高知縣的舊名）的植物生態。櫻花、三葉杜鵑園、齒葉溲疏園、繡球花園、藥用植物園等，也都整備其中。此外，園內也展示了許多珍貴的研究資料，同時也附設了提供生涯學習專用的博物館。

**DATA**

地址／日本高知縣高知市五台山4200-6
電話／088-822-2601
開園時間／9：00～17：00
休園日／年末、年初
入園費用／一般成人700日圓（團體另有優惠）、高中生以下免費

# 第六章
## 特殊樹種的植栽

# 種植竹子及矮竹的庭院

**Point** | 竹子或矮竹雖然也能種植在狹窄的植栽空間裡，但要記得在土中鋪設塑膠軟墊等，以防竹子的地下莖過度蔓延。

## 注意地下莖過度蔓延的情形

竹子和矮竹都是瘦高地向上生長，所以即使在狹窄的植栽空間也能有效地做為綠化的素材，因此經常使用在住宅植栽中（參照第 88 ～ 89 頁）。不過，由於竹子的地下莖容易橫向擴展，為了避免根部向鄰界延伸，有必要採取相關的因應措施。

順帶一提，竹子和矮竹其實不太一樣。以日本竹類植物研究權威室井綽博士的觀點來看，在生長後，竹稈（竹幹的一部分）的表皮會脫落的稱為竹子類；而表皮不會脫落的稱為矮竹類。另外，矮竹當中也有一些是不會冒出地下莖的，這些則會歸類在竹族類（Bamboo）中。

## 竹子與矮竹的植栽方式

竹子是生長速度非常快的植物。大量冒出春芽後，僅需二個月就能長成成竹，一年約可長高 6 公尺左右。不過一棵竹子的壽命並不是很長，大概七年左右就會枯死。枯掉的竹子最好貼近地面砍除比較好。

竹子的稈部並不喜歡受到陽光直射，但竹葉卻很需要陽光的照射。所以說，必須讓竹子的上端部分照射到陽光，那麼就生長環境而言，房子的中庭是很適合的。不過，若是生長環境通風不良的話，也很容易好發介殼蟲害，這一點要特別留意。

在植栽中經常使用的竹子中，孟宗竹及日本苦竹都相當地高。竹子的植栽高度若在 7 公尺左右，從二樓也能欣賞到綠竹的景致。此外，由於竹子的地下莖會往外擴展的緣故，可在地面往下約 1 公尺左右的深度，以鋪設橡膠軟墊或混凝土的方式區隔出地下莖的擴張範圍，這樣子栽種起來會比較放心。而若想控制竹子的生長量，紫竹（黑竹）、大明竹、或四方竹等都是推薦的選擇。

常被用來做為庭院植栽的矮竹類有寒竹及矢竹，這二種矮竹在長成後，會形成叢狀的姿態。另外像是隈竹及小隈竹，也常被用來做為地被植物來植栽。這些矮竹經過修剪之後，看起來像是一張鮮綠色的地毯，種植在日式，或是西式庭園中都非常適合。

# 竹子的種植環境

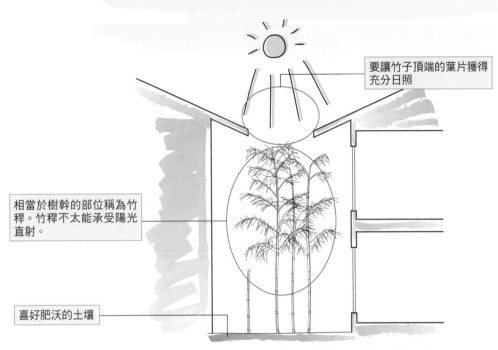

要讓竹子頂端的葉片獲得充分日照

相當於樹幹的部位稱為竹稈。竹稈不太能承受陽光直射。

喜好肥沃的土壤

適合住宅植栽的竹子有：龜甲竹、金明孟宗竹、紫竹、四方竹、棕竹、業平竹瑞竹、蓬萊竹、布袋竹、日本苦竹、孟宗竹等。

# 防止竹子根部過度擴張的方法

竹子的根部會橫向擴張，植栽時要特別留意。最好在離地面1公尺深左右的地方，構築混凝土牆來做阻隔，以防止根部向外過度擴展。

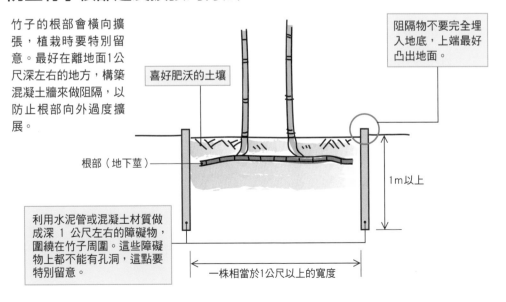

喜好肥沃的土壤

阻隔物不要完全埋入地底，上端最好凸出地面。

根部（地下莖）

1m以上

利用水泥管或混凝土材質做成深 1 公尺左右的障礙物，圍繞在竹子周圍。這些障礙物上都不能有孔洞，這點要特別留意。

一株相當於1尺以上的寬度

# — 099 —
# 種植草坪的庭院

**Point** | 草坪植物可分為夏型草與冬型草二種；不管何種，都需留意日照是否充足。植栽前務必與業主充分討論過。

## 夏型草與冬型草

一整片碧綠寬廣的草坪庭院，是一個讓人很舒服的空間。所以在植栽設計時，最好也能將草坪納入一併規劃。

草坪植物大致可分為結縷草、韓國草之類冬季會枯萎的夏草型；以及百慕達草、長葉草之類不耐暑熱，但可在冬季保持鮮綠的冬型草二種。

夏型草的草皮，地下莖糾結著往四方生長，栽種時可選用已在襯墊上加工好的「植草帶」直接鋪設。當然也可以播撒種子的方式來種植草皮，不過這樣子長出的草皮容易稀稀落落，要讓草皮長得茂盛翠綠，還得費一番功夫才行。

另外，也很適合生長在溫暖地區的鐵夫頓草，是西洋草皮的一種，屬於夏天時播種的類型。日本本州地區足球場會使用好幾種的西洋草皮，讓球場一年到頭都可常保翠綠。

冬型草的草坪植物，相較之下有些是頗能耐受暑熱的品種，在北海道也可長年栽植。這種冬型草通常都會在秋季時播種培育。而且每年都需要播種，若不如此，草皮會有部分光禿、部分叢聚的情形。

## 草坪植物的管理方式

無論是夏型草或是冬型草，都需要有充足的日照，若是栽種的位置有半日以上沒有陽光照射的話，那麼草皮就會長得不好。要想培栽植出一塊漂亮的草坪，必須勤於修剪、填入草坪土[1]、拔除雜草、以及施肥等，而且是意想不到地費工。當然坊間也有用來除去草坪以外野草的藥劑。不過，這類藥劑的施用，要先與管理者充分溝通之下，決定用藥範圍後才能使用。

由於冬型草能夠長到 30 公分以上的高度，如果希望草坪能夠如地毯一般美觀的話，就得增加除草的次數。夏型草方面，相對於結縷草，韓國草的高度與葉都長得較為小巧且密集，雖然這樣可不用經常修剪，不過這樣卻也比較不能耐寒。

---

※ 原注
**1 填入草坪土**　種植草皮時，為了增加存活及繁殖率、保持緻密的美觀狀態，而將調整過的細粒土壤撒在草坪上。

# 草坪植物喜好‧不喜好的生長環境

①適合草坪植物
　生長的環境

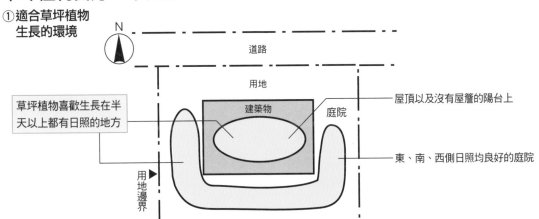

N

道路

用地

建築物

庭院

屋頂以及沒有屋簷的陽台上

東、南、西側日照均良好的庭院

草坪植物喜歡生長在半天以上都有日照的地方

用地邊界

②不適合草坪植物生長的環境

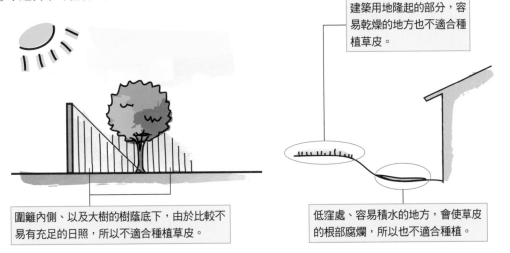

建築用地隆起的部分，容易乾燥的地方也不適合種植草皮。

圍籬內側、以及大樹的樹蔭底下，由於比較不易有充足的日照，所以不適合種植草皮。

低窪處、容易積水的地方，會使草皮的根部腐爛，所以也不適合種植。

基本上，草坪植物都喜歡生長在日照充足的地方。
若有半天以上缺乏陽光照射、或是水分過多的潮濕環境，都會造成生長不良。另外，道路或常有人車通行的地方，也會因過度被踩踏導致根部受損枯死，因此，這些地方都要避免種植。

## 較具代表的草坪植物

| 夏型草 | 冬型草 |
|---|---|
| 彎葉畫眉草、狗牙根、韓國草、奧古斯丁草、結縷草、鐵夫頓、野牛草、鐵絨草、天鵝絨草（高麗芝） | 西伯利亞草、肯塔基藍草、百慕達草 |

# — 100 —
# 種植苔蘚植物的庭院

**Point** | 苔蘚植物多喜好生長在常年高濕度、半日陰～全日陰的環境，栽種時要特別留意種植的位置及澆水的問題。

## 苔蘚植物的特性

　　苔蘚植物是日本庭園構成裡特有的素材。長有苔蘚植物的庭園，在濕度偏高的日本也算是一種特有的景觀。由於苔蘚植物可以小型態生長，所以可種植在狹小的空間或園路的縫隙等，這也是苔蘚植物的特色之一。

　　苔蘚植物多半沒有根、且藉由莖葉儲水，所以僅靠莖葉就能直接吸收水分。因此若在空氣濕度較高、或常有朝露滋潤之處，苔蘚植物就能長得好。雖然苔蘚植物在缺水時可以暫時休眠來維持住生命，但若持續處於乾燥狀態的話，還是會枯死。

　　雖然說苔蘚植物喜好濕度較高的生長環境，但仍需要相當程度的日照。有些種類的苔蘚植物甚至需要在日照良好的環境才能生長。另外，葉片較厚的苔蘚植物，也會比葉片較薄的更能耐受乾旱。

　　苔蘚植物在飽含水分時，莖葉會因為膨脹而顯得鮮綠；一旦缺水乾枯，莖葉就會閉鎖起來而呈現褐色。如果苔蘚植物經常處於一下子飽水、一下子缺水的循環當中，整株植物就會弱化以致枯死，因此要特別注意適度的澆水。總之，種植苔蘚植物，就是要維持常年處於高濕度、或是半日陰～全日陰的環境狀態。

## 住宅用苔蘚植物的植栽

　　都會地區多半濕度較低，而且夏天多是高溫，所以很不適合苔蘚植物生長。而自家庭院若想種植苔蘚植物，要選擇種在沒有強風吹襲及西曬的位置，而且最好是種植在落葉樹的根部附近。

　　就像要打造一處排水良好的環境一般，稍微填高地勢、做成平緩的小山丘，然後在上面種植苔蘚植物，這樣的種植方式是最好不過的。通常都會採「片植法」，取用已經在鋪墊上加工種好的苔蘚，一片一片地鋪設栽植。

　　儘管有些苔蘚植物可生長在銅質金屬上，但種種在庭院的苔蘚植物則是對於土壤的 pH 值特為敏感。苔蘚植物通常偏好生長在弱酸性的環境，不太喜歡含有氯氣的水質，所以盡量不要直接使用自來水澆水，最好能事先將自來水靜置一段時間，讓氯氣揮發後再用來澆水。

## 無法培育苔蘚植物的原因

### ①乾濕反覆不定的環境

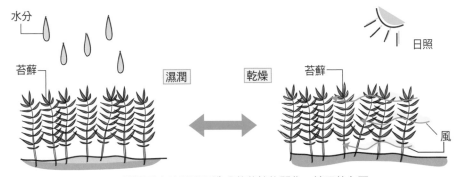

水分

日照

苔蘚

濕潤 ← → 乾燥

苔蘚

風

乾濕不定的環境是造成苔蘚植物弱化、枯死的主因。

### ②終日不見陽光

### ③不恰當的管理

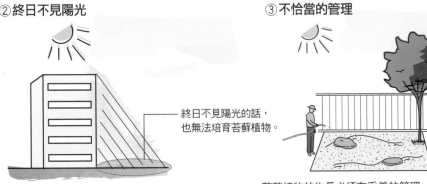

終日不見陽光的話，
也無法培育苔蘚植物。

苔蘚植物的生長也需要適度的日照，若在
完全沒有日照的環境底下，苔蘚植物也會
枯死。

苔蘚植物的生長必須有妥善的管理。夏季時澆水，
若變成①所示的情況，就會相當不妙。

## 苔蘚庭院的配植重點

種植高中・中木，
營造合宜的日陰環
境。

在建築物周圍舖設
砂礫，也可利於排
水。

讓庭院的地勢能有
高低起伏的變化之
外，同時也要適度
調整排水的品質。

經常使用在庭園植
栽上的苔蘚植物：
金髮蘚
大金髮蘚
大葉蘚
砂蘚
大灰蘚
大檜蘚

# — 101 —
# 種植蕨類的庭院

**Point** | 蕨類植物可種植在樹木底下，或是添景石、飛石旁側，這樣的種植方式可為庭院增添不少野趣。

## 日本是蕨類植物的寶庫

　　放眼世界，以蕨類植物來打造庭院的例子實在是少之又少。不過在日本，蕨類植物卻是庭院植栽中經常使用到的素材。蕨類植物雖然不會結出種子，也不會開花，但在日本江戶時代，做為園藝品種的松葉蕨及瓦葦等蕨類植物，就已經有一段被改良得更具觀賞性的歷史了。因為日本的高濕度氣候型態，實在是非常適合蕨類植物的生長。

　　蕨類植物雖然喜歡生長在水氣豐沛的環境，但卻又不耐水分滯留。所以，要有排水良好的土壤不會阻礙水分流出，是種植蕨類植物時必須留意的重點。只要在樹木底下、或在景石及飛石的側邊種植幾株蕨類植物，就能自然地營造出野趣的氛圍。

## 蕨類植物的配植方式

　　在住宅植栽方面，一般多會以常綠的蕨類植物為主。由於蕨類植物生長較為緩慢，長成後的高度充其量不過在 30 公分左右。所以在管理上，只要去除掉發黃的枯葉即可，並不需要刻意修剪。

　　像是有著柔和氛圍的鳳尾蕨、或是稍有剛硬感的紅蓋鱗毛蕨、以及色彩濃烈且予人剛硬印象的貫眾蕨，這些都是十分強健、且容易種植的代表品種。但以觀葉植物著稱的鐵線蕨，其同種類的單蓋鐵線蕨、及掌葉鐵線蕨，雖然外形都很優美、觀賞價值高，但照顧起來卻不太容易。莢果蕨看起來很有分量感，若以密植的方式就能以蕨類做出低木的效果，種植在飛石與景石的側邊會相當不錯。另外，長得像是苔類植物、且會爬覆於地面的疏葉卷柏，其實並不屬於苔蘚類，而是蕨類植物的同類。

　　蕨類植物雖然帶有強烈的和風印象，但如果能多利用像是全緣貫眾蕨、腎蕨等種類來做配植的話，也能夠營造出充滿熱帶氣息的庭院印象。此外，戟葉耳蕨則是日本境內常見的野生品種，這種蕨類長得十分強健，少有病蟲害，而且外形優美，無論和洋，任何風格的庭院都非常適合種植。

# 蕨類植物喜歡的生長環境

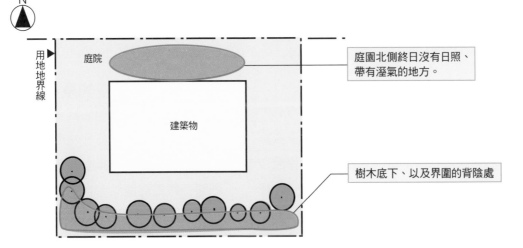

蕨類植物喜歡生長在濕氣較重、日陰的地方，若有一定程度的日照，也無礙生長。
另外，若水分過多則反而會導致生長不良，必須要將水分持續維持在適量的狀態。

# 蕨類植物的配植示例

喜好溼氣的闊葉樹：
青剛櫟、黑櫟、山茶花

喜好溼氣的針葉樹：
日本花柏、羅漢柏

蕨類植物經常會種植在日式
的庭園中。配植在高木與添
景物底下，可為庭院增添野
趣。

在常綠樹底下栽種蕨類植物

# 較具代表的蕨類植物品種

鳳尾蕨、萬年松、山蘇、莢果蕨、掌葉鐵線蕨、疏
葉卷柏、戟葉耳蕨、鳥巢蕨（熱帶）、腎蕨（熱帶）[2]、
木賊、單蓋鐵線蕨、紅蓋鱗毛蕨、貫眾蕨、山蘇鐵

莢果蕨。球子蕨科莢果蕨屬。可種
在飛石與景石旁。

1

2

3

4

5

6 ｜ 特殊樹種的植栽

7

---

※ 原注
2　為生長於熱帶地區的植物。通常栽種在室內，或者像日本沖繩地區，栽種在屋外。

# — 102 —
# 種植椰子和蘇鐵的庭院

**Point**｜椰子樹很難和其他樹種相互搭配，所以，在椰子樹下可再加種一些低木·地被植物。

## 椰子樹的特微

在營造熱帶氛圍的庭院中，利用椰子樹做為庭院植栽的例子相當多。椰子樹雖屬於熱帶植物，無法在寒冷的地區種植，不過，在冬季不太寒冷、夏季氣溫又會升得很高的都會地區，卻是有機會種植的。

要種植真的會結出果實的椰子樹其實有一定的難度，但是像同為加拿利海棗屬的加拿利棗椰、以及凍子椰子（布迪椰子）、華盛頓棕櫚等，就可以做為植栽。不過，由於加拿利棗椰和凍子椰子的葉子，充分開展後的寬度可達 4 公尺左右，所以植栽上還需確保空間是否充裕。

此外，華盛頓棕櫚和蘇鐵的樹形就比較密實，植栽起來相對容易。蘇鐵是日本九州南部的在地品種，大約從日本安土桃山時代以來，就已廣泛地出現在全國各地大名的庭院裡。日本宮家的別墅桂離宮，甚至還有一座蘇鐵山，可見日式庭園是多麼地愛用。

## 特別留意椰子樹的重量

蘇鐵只需半日照的環境就能生長，但椰子樹卻偏好日照良好的環境。蘇鐵與椰子樹都是能耐受海風吹拂的植物，所以也很適合做為海邊住宅的植栽。（參照第 76 頁）。此外，由於椰子樹的外形特殊、且頗占空間，並不適合與其他植物搭配種植，頂多是配上低木、或地被植物一起種植。

而且，即使是樹高較低的椰子類，與其他樹種相較都還是非常地重，所以搬運上頗費工夫。加拿利棗椰和布迪椰子等，因為樹幹特別粗壯，要以人手抱起十分困難。所以在搬運上會需要動用到機具，因此事先還要確認好施工的範圍才行。

此外，千萬不要在寒冷的時節栽種椰子樹，應該選在天氣開始轉暖後再作業，而且植栽時也要確實做好修根[3]。而在天氣轉涼時，還要以寒冷紗[4]包覆樹木全體，藉此禦寒，待天氣轉暖後再行撤除。

---

※ 原注

**3 修根**　移植老巨木、珍貴的樹木、或是不耐移植的樹木時，為了提高移植後的存活率，必須在移植前先以人為的方式讓樹木在根缽內先長出許多細根。之後要留下樹木原本的粗根，再以挖掘輪狀深溝的方式，利用怪手等工具把雜根切斷的斷根法。

**4 寒冷紗**　為了替植物遮光、防霜害、防風、防蟲害，以及防止水分蒸散等所使用的粗網目編織物。

# 椰子樹及蘇鐵的庭園配植

加拿利棗椰：
屬於樹體龐大的樹種，需要較大的植栽空間。

蘇鐵：
即使種植在圍牆附近稍有日陰的地方也無妨。

華盛頓棕櫚：
是不太會往橫向發展的樹種，所以即使空間不大，也可以種植。

椰子樹不太容易與其他樹種搭配種植，所以椰子樹底下，最好是種植低木與地被植物，這樣看起來也比較不突兀。

## 椰子與蘇鐵的代表品種

加拿利棗椰，棕櫚科刺葵屬。

華盛頓棕櫚，棕櫚科華盛頓棕櫚屬。

蘇鐵，蘇鐵科蘇鐵屬。

# — 103 —
# 種植香草植物的庭院

**Point** | 在庭院種植香草植物，可做為日常生活使用。以磚塊區隔出空間，將香草分類種植，將來摘取時比較方便。

## 可運用在生活中的植物

香草植物是指可做為藥用、或用於料理的植物總稱。有些香草植物雖具有藥效，但也含有毒性，而有些種類的香草植物還必須領有使用及栽種許可才能種植。

一般而言，香草植物與常見的植物相較，在栽種與管理方面都比較容易。只要了解植物的特性，備好可培植的土壤、並且適度澆水的話，任何人都能夠輕鬆地享受種植香草植物的樂趣。

若要同時種植二種以上的香草植物，考量到採摘時的方便，不妨將香草分類種植，並以磚塊區隔區空間，這樣子管理起來會省事許多。

香草植物可分為草本類與木本類二種。木本類的香草植物一整年下來的管理都很容易。經常用來調味肉類料理的迷迭香，就是只要種在溫暖地區就很容易長得好的代表。香草植物依類別不同，有直立性與匍匐性[5]二種特性，栽種時最好能依植物的特性，選擇適當的場所種植。

## 推薦種植的香草植物

木本類的香草植物除了迷迭香之外，還有葉子帶有強烈香氣的銀梅花，以及經常在燉煮料理中使用、也是綠籬植物和庭院象徵樹代表的月桂等等。月桂樹需要足夠的日照才會長得好，為了要有良好的生長，修剪月桂做為造景樹來裝飾庭院，也是不錯的辦法。另外，胡椒木也可做為香草植物使用，可種在庭院的一角，需要時會很方便。

草本類的香草植物屬薄荷類最強健好種，只要種植一棵就會長得很茂盛。百里香則喜好乾燥的生長環境，栽種在石堆縫隙之間，模樣也十分有趣。洋甘菊則會綻放一小朵一小朵的白花，花朵與葉子都可以做為香草使用，唯一的缺點是不耐暑熱。

一般而言，香草植物都喜歡在日照充足的環境下生長，若是日照環境不佳的話，選種日本既有的香草植物，像是魚腥草或蘘荷等，應該會比較好。

---

※ 原注
**5 直立性，匍匐性** 直立性，是指植物會一直往上生長的特性；匍匐性，則是指植物會覆在地面繁殖的特性。

## 香草庭園的配植圖

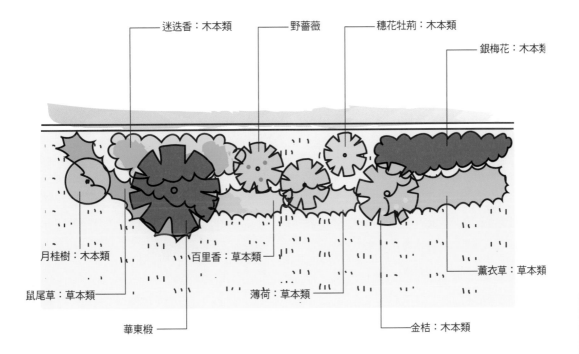

迷迭香：木本類　野薔薇　穗花牡荊：木本類　銀梅花：木本類

月桂樹：木本類　百里香：草本類　薰衣草：草本類

鼠尾草：草本類　薄荷：草本類

華東椴　金桔：木本類

在日照充足的地方，將草本類與木本類的香草植物混合起來種植。

## 適合做為植栽的草本植物

| 可使用部分 | 植物名稱 |
|---|---|
| 使用花朵<br>（葉子亦可使用） | 德國洋甘菊、金蓮花、洛神花（果實也可食用）、香檸檬、錦葵、千葉蓍（西洋蓍草）、薰衣草類（因為不耐暑熱，選購時要特別注意是否能適應栽種場所的氣候。） |
| 使用葉子 | 香芹、紫馬蘭菊、野薄荷、月桂樹、芫荽（泰語：phakchi）、鼠尾草、百里香（紅花百里香即使是在乾燥的環境，繁殖力也很旺盛）、羅勒、柳薄荷、小茴香、薄荷類（任何品種的薄荷繁殖力都很強）、檸檬草、香葉天竺葵、迷迭香（有橫臥生長，以及直立生長等，樹形繁多）。 |

# — 104 —
# 種植針葉樹的庭院

**Point** | 把針葉樹獨特的樹形和顏色像拼圖一樣組合起來,均衡地配置好。

### 在冬季時展現魅力

Conifer 是指樹葉形狀有如細針、會長出毬果(CONE)的針葉樹的總稱。一般聽到的松果也是毬果[6]的一種。由於針葉樹終年常綠,僅栽種有針葉樹的庭院,雖從一整年都看不出有什麼變化,不過到了冬季,當庭院周圍的綠意皆枯時,就是針葉樹展現魅力的時候了。隨著針葉樹的品種不斷改良,葉子的色彩更形豐富,使得針葉樹的變化更有玩賞的趣味。

幾乎所有的針葉樹都不喜歡生長在悶熱多濕的環境,因此,選擇日照充足、通風良好的場所,就是栽種針葉樹的重點。大部分的針葉樹都不需要特別修剪,自然的樹形就能維持颯爽俐落的造型,對植栽來說,其中也有完全不需費心照料的樹種(參照第212～213頁)。針葉樹的中木～高木各有不同的高度,樹形與樹幅寬度也各有不同,不妨採用一種組合拼圖的方式,將針葉樹做均衡的配置。

### 豐富的樹形與色彩

適合在有限空間種植的針葉樹,最常見的有呈長圓錐形、以及圓筒形(或稱Fastigiata,即長鞭形)的密生刺柏、地中海柏木等。而低木方面,最常見的則是有常併在一起種植的伽羅木及球柏等。另外,在小形半球狀的樹形中,除了金芽伽羅木、北美香柏的「金球造型」之外,還有小型的側柏及迷你黃金柏等。

此外,也可以栽種一些會像地被植物一樣,匍匐著往外擴張生長的樹種,例如像是密生刺柏的「藍色太平洋」園藝種、清水圓柏、線葉黃金柏等。

在葉色方面,除了講究綠色的濃淡之外,還有黃色、藍色、以及白色等不同的顏色組合。運用這些樹形和豐富色彩,可構成各式各樣的變化,依不同的組合讓庭院呈現出立體的視覺感。

---

※ 原注
**6 毬果(CONE)** 是裸子植物的針葉樹、松科、杉科、檜木科的樹木所結出的果實。其中松樹結的果實又稱為松果。

## 針葉樹的樹形及代表樹種

圓錐形（寬・狹）　　　長圓錐形（筆狀）　　　半球形・球形（寬・狹）　　　匍匐形（寬・狹）

赤蝦夷松、東北紅豆杉、黃金扁柏、花柏、密生刺柏「藍色天堂種」、北美香柏「綠毯種」、北美香柏「歐洲黃金種」、檜木、黃褐雲杉、萊蘭柏（黃金種）

地中海柏木、密生刺柏（綠藻種）、密生刺柏「哨兵種」、歐洲紫杉（長靴種）、花葉複葉槭

金芽伽羅木、北美香柏（金球種）、北美香柏（丹妮卡種）、北美香柏（萊茵黃金種）、北美藍雲杉

密生刺柏（黃金海岸種）、密生刺柏（藍色太平洋種）、清水圓柏

## 針葉樹的配植

### ①立體

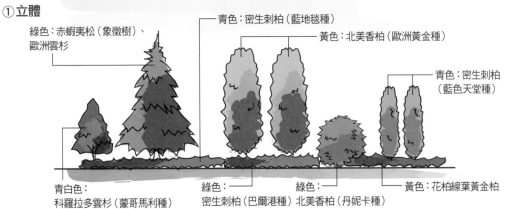

綠色：赤蝦夷松（象徵樹）、歐洲雲杉

青色：密生刺柏（藍地毯種）

黃色：北美香柏（歐洲黃金種）

青色：密生刺柏（藍色天堂種）

青白色：科羅拉多雲杉（蒙哥馬利種）

綠色：密生刺柏（巴爾港種）

綠色：北美香柏（丹妮卡種）

黃：花柏線葉黃金柏

### ②平面

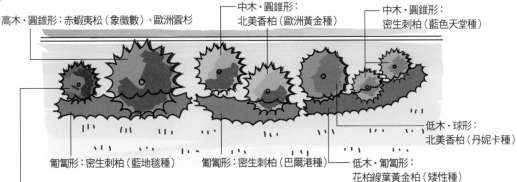

高木・圓錐形：赤蝦夷松（象徵數）、歐洲雲杉

中木・圓錐形：北美香柏（歐洲黃金種）

中木・圓錐形：密生刺柏（藍色天堂種）

低木・球形：北美香柏（丹妮卡種）

匍匐形：密生刺柏（藍地毯種）

匍匐形：密生刺柏（巴爾港種）

低木・匍匐形：花柏線葉黃金柏（矮性種）

低木・圓錐形：科羅拉多雲杉（蒙哥馬利種）

## TOPICS

## 京都府立植物園

BOTANICAL GARDEN GUIDE 6

熱帶睡蓮。睡蓮可分為耐寒睡蓮,以及熱帶睡蓮。在日本,由於熱帶睡蓮無法種在戶外,必須培育在溫室裡。其中,青色及紫色系這二種顏色只有熱帶品種。

### 盡覽全球的熱帶植物

京都府立植物園位於日本京都市北側,東面比叡山、西有加茂川流經、北有北山層峰為背景,是一堪稱為風景名勝的植物園。京都府立植物園歷史悠久,西元 1924(大正 13 年)年 1 月 1 日以「大典紀念京都植物園」的名稱,開園至今。

植物園內除了有花壇或噴水池等設施之外,也有可體驗山野自然的植物生態園等,以及可體驗有關植物各種生長情景的空間。其中最值得注意的是,園區內還有一處可近距離觀賞的世界級熱帶植物溫室。

不論是占地面積、或是植物種類,都是日本最高等級,裡頭除了有像猢猻樹這種世界級珍奇的植物之外,也充分利用溫室內部空間,栽種了非常豐富的觀葉植物。

### DATA

地址／日本京都府京都市左京區下鴨半木町
電話／075-701-0141
開園時間／9:00～17:00
　　　　　(入園時間至16:00為止)
溫室植物參觀時間／10:00～16:00
　　　　　(入室時間至15:30為止)
休園日／年末、年初
入園費用／一般成人200日圓、高中生120日圓、
　　　　　國中、小學生120日圓
　　　　　※溫室參觀費另計

# 第七章
## 植栽的工程與管理

# 植栽工程的主要內容

**Point** | 樹木要依照高木→中木→低木→地被植物的順序栽種。植栽工程也得視建築工程的實際情形加以調整。

## 植栽的基本順序

植栽設計完成後，就要開始進行實際的植栽工程。植栽工程在建築工程大致完成時再開始進行，是最為理想的。如果與建築工程同時進行的話，建築物外牆的塗漆可能會沾染到樹木，在搬運建築設備時，也可能踐踏到樹木等等，造成樹木的傷害。

植栽工程的基本流程是，首先要整備好植栽的場地，先依序種植高木、中木後，接著種植低木、以及地被植物等，最後再把土壤表面整理均勻。事先整備好植栽的場地，是為了要營造一個適合植物生長的土質及地形，並且確認好搬運植物與資材的行經動線，使土壤能在不受污染破壞下好好地養護。

若打算種植樹高 2 公尺以上、且枝葉幅度大的樹木，最好先將多餘的枝幹剪除掉，包覆樹幹[1]也要確實做好。

利用「水固法」進行植栽，要在充分給水後，再依不同的樹種架設支柱。

## 為了搬運方便，必須修剪枝葉

做為住宅象徵樹的樹木，由於種植後會大大地改變庭院的印象，因此栽種前一定要與施工者充分溝通討論過，再做決定。要植栽的樹木可能會由不同的園藝公司配達，有時，植栽設計也會透過其他管道購入。但無論如何，若施工現場與樹木配送地點距離太遠的話，就得利用照片判斷植栽的樹木是否符合所需。

剛被運送到植栽現場的樹木，看起來都會有些虛弱，主要是為了方便搬運、以及減低植栽作業的困擾，多餘的枝葉被剪除掉的緣故。另外，若是根系較為發達的樹木，挖掘時會先將樹根修整到原來的一半左右。因此，考量到植栽後讓樹木均衡地成長，也會大量修剪掉地上部的枝葉。特別是靠近樹幹底部的樹枝，為了怕影響搬運作業的進行，通常都會先被剪除掉。若屋主很在意樹木的外觀，施工前一定要把這個概念清楚傳達給屋主才好。

---

※ 原注
**1 包覆樹幹** 　將樹幹以稻草或草蓆等保護材料包覆。這是為了要防止樹木在移植或修剪後，因活力低下而導致樹木衰弱；其次，也可以防止樹木因氣溫的冷熱變化、或風災等的侵害。

# 植栽工程的基本流程

## ①高木・中木的植栽

將庭院的地面均勻整平，規劃好高木・中木配植的位置。

## ②低木的植栽

種植低木的方式，要像是藉著低木讓高木和中木的底部穩固好一般。

## ③地披植物的植栽（部分）

將地被植物種植在植栽設計中最重要的地方。

## ④地被的種植（全部）

最後在庭院用地上鋪蓋一層草皮等地被植物，這樣植栽工程就算大功告成了。

## 水固法的施工順序

①挖掘一個深度可將樹根全部埋入的植穴，然後將樹木植入。
②以水管往植穴中注水。
③利用棒子戳攪植穴中的泥水，讓樹木根部可吸收到水分，完成植栽。

### 小常識

### 水固法

在植穴中填入大約根球1/2～1/3左右的土量後，開始注水，讓植穴內布滿土和水，再以棍棒仔細戳攪植穴中的泥漿。

這樣做是要為了減少土壤中的空氣，在土壤乾了之後，根球和土之間才不會留有空隙，所以在一邊以棍棒戳攪泥漿時，還要上下搖動樹木，讓水分可滲入根球。

然後再次注水，讓植穴呈泥漿狀，接著填入剩餘的土壤。透過反覆進行這個流程的植栽方式，就是所謂的「水固法」。

等到植穴中的充滿水後，就可以停止注水，然後在等待水退去時，把剩餘的土壤回填，並植穴附近的土壤踩踏緊實。若是栽種低木的話，要改從回填好的土壤上一邊灌水、一邊上下搖動植株，讓細根也能充分浸潤泥水。

233

# — 106 —
# 設置支柱

**Point** | 配合用途及樹種來選擇樹幹的支柱。在出入頻繁的通道上，要避免使用纜繩式的支柱。

## 以支柱固定樹木

在搬運樹木的過程中，樹根往往會先經過整理，把根幅修剪小，然而也因此減低了樹木植栽後的整體支撐力，使得樹身容易傾倒。另外，若植栽的地點有強風吹襲，即便不致被吹倒，也會因為不斷地受風吹而搖動，導致地下的根部無法扎穩生長。植栽後，雖然樹根會開始生長，但由於根部的前端還很纖細，若是一直搖動整棵樹，想也知道根部當然無法順利伸展。因此，要讓樹木牢實地向下札根好好地生長，就必須架設支柱，把樹木固定好。[2]

## 各種支柱的類型

支撐樹木的支柱會因樹木的高度、樹幹的粗細、以及周遭環境等因素，而有多樣的類型。例如，像在經常有人走動的地方就無法架設支柱，而是要利用置於土中的支柱類型來支撐樹身。這種支柱的本體因為是埋設於地底下，所以可在不破壞整體景觀的同時，達到穩定樹身的作用。不過唯一的缺點是，這一類型的支柱一旦施工完成，無論是將來要更新樹種、或是要

在樹木長成後撤除支柱，作業起來都會相當地費工。

另外，有一種支柱是在樹木較高的位置做固定，使風對樹木的搖晃程度降到最低，稱為八字型支柱。這種支柱是在樹木的上方，像畫八字一樣交錯地架設支架，所以架設時樹木周圍需要留有足夠的空間才行。

但若植栽的施工空間狹窄的話，通常會採用比較精省空間的鳥居型支柱。另外，樹木若是以一整排並列的方式種植時，可先固定好一根橫桿、將幾棵樹木分別固定好在同一根橫桿上，這就是所謂的簾掛型支柱（參照第 131 頁）。

若是在建築物周邊種植大型樹木，也可以利用纜繩式的支柱做固定。首先要在建築物或工作物上設置好掛勾，然後再拉鐵線、或是碳纖維製的纜繩將大型樹木的枝幹固定好。不過要注意的是，纜繩也會因為太細而看不清楚，在人來人往的地方使用容易造成危險，這時候還是盡量避免使用纜繩式支柱比較好。

---

※ 原注
2　支架必須在樹木的根部成長穩固後才可拆除，架設期間約在 3 ～ 4 年左右。

# 各種類型的支柱

## ① 埋入土裡的支柱

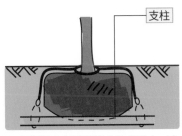

可設置在無法架設支柱的地方。缺點是施工後的維護比較困難。

## ② 八字型支柱

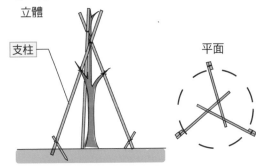

立體

支柱

平面

在樹木上方將支架交錯固定。雖然可有效固定樹木,但支柱周圍會需要較大空。

## ③ 鳥居型支柱(部分)

立體

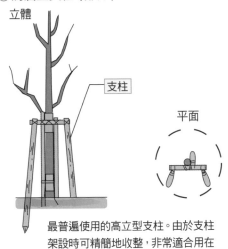

支柱

平面

最普遍使用的高立型支柱。由於支柱架設時可精簡地收整,非常適合用在狹小的植栽用地。

## ④ 簾掛型支柱

立體

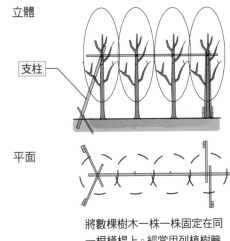

支柱

平面

將數棵樹木一株一株固定在同一根橫桿上。經常用列植樹籬時的支柱。

## ⑤ 纜繩式支柱

在建築物或工作物上裝設掛勾,再拉纜繩固定好樹木的枝幹。即使建築物周邊沒有多餘空間也可以使用這種方法。不過要注意的是,纜繩比較細不容易被看見,用在經常有人往來的地方容易造成危險,所以這種地方還是避免使用比較好。

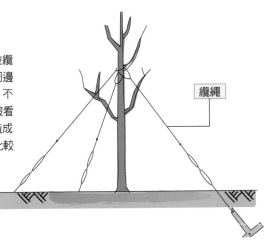

纜繩

# — 107 —
# 植栽工程的前置及後續作業

**Point** | 配線及配管工程要在植栽作業進行前全部完工。此外，植栽時也要多留意用地附近的室外機。

## 植栽工程的前置作業

雖說植栽工程不外乎就是栽種植物、整地等一連串的作業，但在單純進行植栽上，能整合所有外部空間的卻是相當少。也就是說，為了整體景觀的修整、或是後續管理上的方便，其他與植栽有關的相關作業，也都必須與植栽工程同步、或在施工前後進行才可以。

在植栽工程進行前就應該做好的前置作業，有築山、景石、以及砌石等與庭院造景有關的添景物。因為像是有重量的石頭及泥土等材質，光靠人力是很難搬移的，若是在植栽作業完成後才要搬運的話，恐怕無法確保有足夠的作業空間了。

另外，像是電路、瓦斯、以及水管等設備配管工程，也都必須在植栽工程前就要先完成好。在已經埋設了設備管線的地方，多是不能栽種樹木的，有時也會因為管線由道路引入的實際狀況，發生無法按照設計圖進行施工的情形，這點要多加注意。[3] 譬如像是設置庭院的照明，雖然說也可以在植栽工程完成後再行添置，不過若沒有事先在地面下先舖設好電力配線的

話，也可能導致好不容易種好的樹木，必須為了配合施工而又被挖起來。

此外，若要在庭院中設置瀑布、流水、洗手台，或是手水鉢[1]等，也必須先完成自來水的配管工程。同時為了方便替植栽澆水，預先裝設好水栓也是非常重要的。

雖然說在建築工程接近完工時，植栽工程的相關材料就要搬入用地裡，但這時往往因為大門已經安裝好了，經常會因為通道過於狹窄等，出現各種使植栽工程無法順利進行等意外狀況。因此，在施工前，一定要再三確認好作業上搬入口。

## 也要確認空調室外機的位置

植栽工程完工後要進行的作業，通常有舖設砂礫等的最後收尾工作。在植栽的工程中，土壤是最有可能弄髒環境的原因，因此最好能確實掌握好施工時機。另外，在植栽計畫中最容易被忽略的，莫若於像空調室外機這種需要安裝於室外的設備了。所以，事先確認清楚，並且先沙盤推演過如果遇到問題的話，如何變更配植的對策會比較好。

---

※ 原注

3　有不少案例都是因為希望在玄關前種植象徵樹，卻往往在施工的過程中，必須為了配合相關設備的管線配置而不得不作罷。由於象徵樹的栽植與庭院設計的概念息息相關，為了避免這種情形發生，不外乎是在施工前與業主充分討論確認。

※ 譯注

1　手水鉢指的就是洗手盆，是日式茶庭中強調「淨身、淨手」時用來汲水的工具。現已演變成日式庭園造景的添景物。

# 植栽工程的前置施工要點

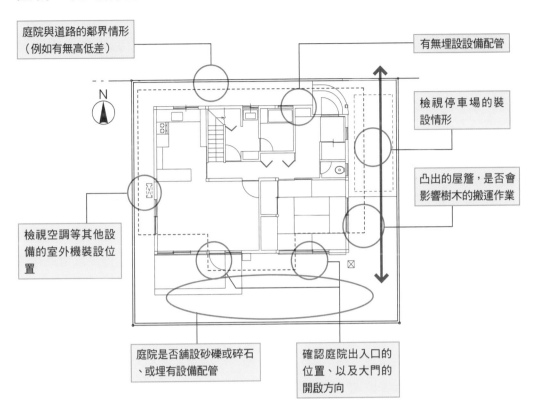

庭院與道路的鄰界情形
（例如有無高低差）

有無埋設設備配管

檢視停車場的裝設情形

凸出的屋簷，是否會影響樹木的搬運作業

檢視空調等其他設備的室外機裝設位置

庭院是否舖設砂礫或碎石、或埋有設備配管

確認庭院出入口的位置、以及大門的開啟方向

確認以上各個要點，一旦發現有問題，就應重新檢討是否需要更改樹種、或更改植栽設計。

# 建築工程完成後，樹木搬運路徑的評估

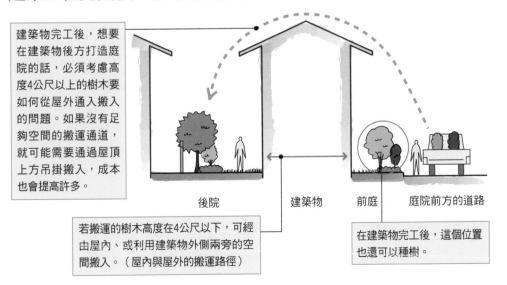

建築物完工後，想要在建築物後方打造庭院的話，必須考慮高度4公尺以上的樹木要如何從屋外通入搬入的問題。如果沒有足夠空間的搬運通道，就可能需要通過屋頂上方吊掛搬入，成本也會提高許多。

後院　　　建築物　　前庭　　庭院前方的道路

若搬運的樹木高度在4公尺以下，可經由屋內、或利用建築物外側兩旁的空間搬入。（屋內與屋外的搬運路徑）

在建築物完工後，這個位置也還可以種樹。

# — 108 —
# 植栽工程的後續管理

**Point** | 確認施工業者是否提供植栽澆水的服務。若屬於大規模的植栽工程，則必須事先確認有無「乾枯保證」的協議、以及保證的規模範圍。

## 定時澆水是最基本的管理

剛移植好的植物，可能因為移植作業前根部被切除修整過、造成損傷的緣故，所以植物吸收水分的能力會比較差。因此這時管理上的重點是，移植好之後就要充分地澆水。在植栽工程完成時，如果有專門負責照護這些植栽的居民，那就不會有什麼問題；但如果植栽完成與居民入住有一段時間差的話，這段期間就要安排人員專門負責澆水的工作。

澆水時，如果水能很快地浸透土壤的話最好，這樣就不會有什麼問題；但如果排水不良而導致積水，有可能造成植物的根部腐爛[4]，這時候就必須想辦法改善。像是與砂土與砂礫混合來改善庭院的土質、或是把庭院調整為有點斜度的地形，以及加裝排水井等設備，都是可行的辦法。

## 乾枯保證

在較具規模的植栽工程中，多半會與施工業者協議、訂定好「乾枯保證」的契約。所謂的乾枯保證，是指在植栽工程完成後的一年內，不管庭院主人是否有確實地管理，只要植物枯萎，施工業者必須免費更新種植的一項協議。在擬訂植栽施工契約時，是否有此項保證、以及保證的範圍等相關事項都要確認清楚。

所謂「確實地管理」，首要之務就是要適時地進行澆水作業。雖然植栽空間中，大多會選擇只靠雨水的滋潤就可以存活的樹木。不過，就算不需到過度緊張的程度，但對於狹小的植栽空間還是要多加注意澆水的問體比較好。因為在狹小的植栽空間裡，土容量和面積相對來得小，土壤中水分的涵養受到限制，使得土壤容易變得乾燥，所以定期地澆水是不能忘記的。尤其是都會地區，土壤的表土多被鋪設成道路，土壤因而無法順利吸收雨水，酷暑的夏季時務必多留意。

此外，一般而言，在無法盛接雨水的屋簷底下、以及設有天花板的半室外等處，都不在施工業者的承保範圍內。還有，草花類的植物通常也都不在保證的範圍之內。

---

※ 原注
**4 根部腐爛** 是指植物根部枯死的現象。原因可能是根腐病、或遭根腐性線蟲等害蟲所致；當然也可能會因為排水不良、地下水水位過高，或是地底土壤環境劣化所導致。

## 澆水的標準

### ① 澆水的基本原則

澆水時，務必確保水有浸透到樹木根部的最
前端。若中木的話，只要讓土壤達到半濕狀
態就夠了。

### ② 不正確的澆水方式

若只有土壤表面淋濕的程度，水分將無法透
達地底下的根部，這樣的澆水方式NG。

### ③ 低窪處的澆水

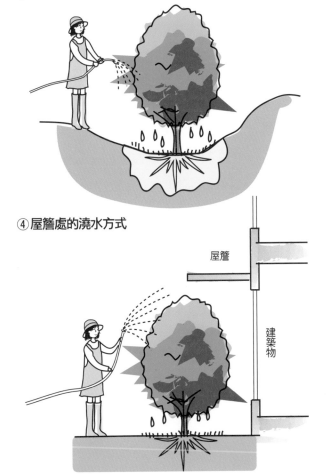

植栽用地的低窪處容易積水。
若澆水過多，樹木的根部會因
此腐爛，導致樹木枯死。所以
在澆水時，必須注意要一邊澆
水、一邊觀察水分滲入土壤的
情形才好。

### ④ 屋簷處的澆水方式

屋簷

建築物

屋簷附近的土壤，會比其他地
方乾燥許多，因此需要澆更多
一些水。另外，種在屋簷下的
樹木因為不容易淋到雨水，樹
葉容易乾燥、附著灰塵。所以
澆水時，除了澆在樹根處之
外，有時也要好好地給樹葉灑
水。

# ― 109 ―
# 季節的管理

**Point** | 要維持庭院的美觀，就必須充分了解如何順應不同季節地施肥與修剪等管理方法。

## 四季的管理要訣

植物的栽培管理，要在植栽工程結束後立即開始施行。住宅的植栽通常是由該住戶自行管理。植栽工程結束後，施工業者必須向業主詳細說明植栽的管理方法，這是非常重要的。相關的管理內容，多以澆水、修剪為主。

①春季的管理（3～6月）

開花的植物要在開過花後，要不嫌麻煩地把花殼摘除掉。這段時間也是雜草開始生長的時候，記得趁早除草才好。

②初夏季節的管理（6～7月）

由於日本本州地區開始進入梅雨季，這段期間幾乎都不用澆水；不過這段期間也是最容易發生病蟲害的時間。對一些已在春季結束花期的樹種，最好趁此季節也把糾結在一起的枝葉分開。除此之外，也要仔細檢查是否有害蟲，及早撲滅。

③夏季的管理（7～9月）

由於每天都會處於炎熱的狀態，所以勤於澆水就是這個時節的最大重點。只要土壤一乾燥，就要立即澆水。由於在這個時期能夠活潑生長的植物相當少，所以並不建議在這時候進行植栽作業。特別是原產於寒冷地帶的針葉樹種，更要避免進行移植作業。

④秋季的管理（10～11月）

一旦發現樹葉開始飄落，就要勤於掃除。不過樹葉的堆積除了可以防止土壤變得乾燥，同時也具有保溫的效果，所以在樹木根部也要保留一些飄落的枯葉才好。而對果樹和薔薇等植物而言，秋季也是最適合施肥的時機，順便可將長得太長的枝葉剪除，修整一下樹形。除了原產於熱帶地區的樹木之外，其他樹木都很適合在這段期間內進行移植。

⑤冬季的管理（12～2月）

多數的植物此時都已進入休眠期。在落霜較多的地區，不妨在地面上覆蓋草蓆或枯葉來進行除霜（mulching）。此外，若種植像蘇鐵等暖帶地區的植物，最好在迎向寒風的地方，要設置寒冷紗、及草蓆（捲上草蓆）等以防止寒害。而若是降雪頻繁的地區，則可利用吊起樹枝・避雪[5]的方式加以防護，或將低木包捆起來阻絕雪害。

---

※ 原注

**5 吊起樹枝・避雪**　所謂的吊起樹枝，是指沿著樹幹周圍插好圓木或竹子做成立柱，然後再從立柱頂端把一些快要被雪折斷的樹枝，以放射狀的方式吊綁起來。這也是日本北國的冬天，最蔚為特色的景觀。另外所謂的避雪，則是指為了防止積雪的重量導致樹枝折斷、或是樹形崩壞等所做的防護措施。

# 季節管理的時程表

| |
|---|
| 1月 |
| 2月 |
| 3月 |
| 4月 |
| 5月 |
| 6月 |
| 7月 |
| 8月 |
| 9月 |
| 10月 |
| 11月 |
| 12月 |

基本上是落葉樹、常綠闊葉樹等樹種最適合進行植栽工程的時期。

花期過後，摘除花殼、整枝‧剪定，以及除草作業。

為防止樹木過於悶熱，要加強枝葉的通風管理（如摘除花殼、整枝‧剪定等事項。）。同時也要注意病害、及蟲害的發生。

是常綠闊葉樹、竹類、以及椰子類等樹種，最適合進行植栽工程的時期。

受夏季強烈日照的影響，植栽用地容易變得乾燥。早、晚、以及一出現乾燥時，就要充分澆水，也要勤於清除雜草。

清掃落葉、枯枝、以及花木以外的整枝及剪定作業。

在寒冷及多雪的地區，要設置預防雪害的支柱。若植栽原產於靠近熱帶地區，得將樹木搬入室內，或是以寒冷紗及草蓆做好防寒保護。

基本上，這段時期是落葉樹或常綠闊葉樹最適合進行植栽工程的時期。

# — 110 —
# 長期管理的重點

**Point** | 為了維持好樹木整體的均衡，就得定期修剪庭木。另外，對於交纏的枝葉最好是盡快修剪掉比較好。

## 修剪的重點

樹木在移植後的 1 ~ 2 年內，生長速度會較趨於緩慢，這是因為生長環境產生改變，植物得花一段時間重新適應的緣故。不過，一旦適應了環境、經過 3 年左右，就會開始蓬勃生長了。

植物通常都具有向光性，會朝著有陽光的方向伸展枝幹、茂盛地長出葉子，因此樹木的南側、或西側的枝葉量也會明顯增加，但如此一來，也破壞了原本良好的均衡感。而修剪庭木就是要修整回均衡感，進行修剪時最好就依照這樣的原則比較好。此外，若種植的庭木還在幼木階段，也可以利用早春或晚秋時節，把整棵樹木挖掘起來，轉換另一個方向種植。

在交纏的樹枝方面，隨時從樹枝的基部予以剪除，也沒有關係。不過在盛夏時節，若因剪除枝葉，而讓樹幹直接受到強烈的日照，樹皮容易因而曬傷，這點要特別注意。另外，在寒冷的季節，常綠樹的樹幹也會在受寒風吹襲之下發生寒害，所以這段期間得避免修剪庭木。

## 樹幹與樹根的管理

植栽好的庭院在經過一段時間後，由於地面的土壤會變硬，導致排水變差，進而讓樹根伸展不易，植栽整體的生長狀況愈趨惡化。此時最好能適度地耙鬆土壤，使新鮮的空氣流入土裡。特別是植栽空間較為狹窄的庭院、或是屋頂花園等植栽空間相當有限時，因為土量少，所以植物的根系特別容易糾結在一起。這時候最好能在地上挖些小洞，讓空氣進入土壤，除了整理地底的細根 6 之外，也要一併修剪地上部分的樹枝。

經常修剪庭木，可以控制樹木的成長高度、以及枝葉幅度的大小（參照第 60 ~ 61 頁），但卻無法改變樹木樹幹的粗細。因此，事先利用植物圖鑑等蒐集好相關的參考資料，掌握好樹木的生長狀況，也是植栽時非常重要的功課。

另外像是雜木等叢生形的樹木，若樹幹愈來愈粗壯，不妨就大膽地從地面將最粗壯的樹幹砍掉，更新整個樹形外貌。

---

※ 原注

**6 細根** 樹木的根部受重力影響會伸展出主根，而往斜下方生長的則是側根。細根就是側根上再分出的根系，主要的功能是吸收養分及水分。細根上還長有可發揮吸收功能的根毛。

# 長期管理的重點

## ①修剪樹形

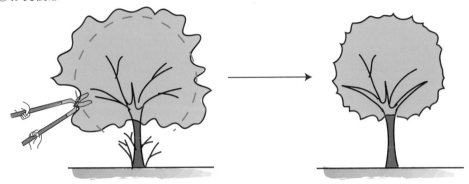

植栽後的1～2年內，會長出徒長枝及纏枝。[2]
這樣會導致樹形變亂，因此要把多餘的樹枝修剪掉（參照第60～61頁）。

## ②調整因日照方位的不同而產生的生長差異

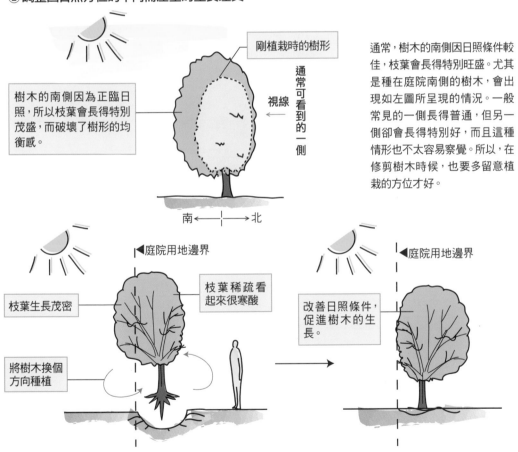

剛植栽時的樹形

通常可看到的一側

視線

樹木的南側因為正臨日照，所以枝葉會長得特別茂盛，而破壞了樹形的均衡感。

南←→北

通常，樹木的南側因日照條件較佳，枝葉會長得特別旺盛。尤其是種在庭院南側的樹木，會出現如左圖所呈現的情況。一般常見的一側長得普通，但另一側卻會長得特別好，而且這種情形也不太容易察覺。所以，在修剪樹木時候，也要多留意植栽的方位才好。

◀庭院用地邊界

枝葉稀疏看起來很寒酸

枝葉生長茂密

將樹木換個方向種植

◀庭院用地邊界

改善日照條件，促進樹木的生長。

再經過更長的時間後，樹木的北側面樹枝會更加稀疏，讓整體看起來顯得很寒酸。
這個時候，就可以把樹木的南北方向對調，讓樹形及生長情形保持在均衡狀態。

---

※ 譯注
2　樹所謂的徒長枝，指的就是樹木受到刺激後，產生了滅絕的危機，因而誘發生長，造成枝葉生長過於茂密的情形。

# 翻譯詞彙對照表

| 中文 | 日文 | 學名 | 頁次 |
|---|---|---|---|
| 一劃 | | | |
| 一葉蘭 | ハラン | Aspidistra elatior Bl. | 95,156,188,189,191,185 |
| 二劃 | | | |
| 二喬木蘭 | サラサモクレン | Magnolia × soulangiana | 161 |
| 八角金盤 | ヤツデ | Fatsia japonica | 46,47,57,92,93,95,133,135,137,189,199 |
| 十大功勞 | ヒイラギナンテン | Berberis japonica | 63,67,83,92,93,95,213 |
| 十字花科 | アブラナ科 | Brassicaceae | 202 |
| 三劃 | | | |
| 三白草 | ハンゲショウ | Saururus chinensis Baill. | 156,195 |
| 三角械 | トウカエデ | Acer buergerianum | 159,175 |
| 三椏烏藥 | ダンコウバイ | Lindera obtusiloba Bl. | 99,159 |
| 三菱果樹參 | カクレミノ | Dendropanax trifida | 66,67,89,93,137,157,158,159 |
| 三葉杜鵑 | ミツバツツジ | Rhododendron dilatatum | 63,99,153,162,163,169 |
| 三葉草 | クローバー | Trifolium repens L. | 100 |
| 久留米杜鵑 | クルメツツジ | Rhododendron spp. | 95,105,169,203 |
| 千屈菜 | ミソハギ | Lythrum anceps | 205,207 |
| 千葉蓍 | ヤロウ | Achillea millefolium | 227 |
| 千葉蘭 | ワイヤープランツ | Muehlenbeckia complexa | 117 |
| 大灰蘚 | ハイゴケ | Hypnum plumaeforme | 221 |
| 大明竹 | ダイミョウチク | Semiarundinaria fastuosa | 216 |
| 大花六道木 | アベリア | Abelia x grandiflora | 35,44,63,69,77,93,95,107,148,153,162,164,165,167,169,201,203 |
| 大花四照花（花水木） | ハナミズキ | Cornus florida | 88,89,93,95,148,162,166 |
| 大花曼陀羅 | キダチチョウセンアサガオ | Datura suaveolens | 198 |
| 大金髮蘚 | オオスギゴケ | Polytrichum commune Hedw. | 221 |
| 大島櫻 | オオシマザクラ | P.lannesiana var.speciosa | 77,83,167 |
| 大紫杜鵑 | オオムラサキツツジ | Rhododendron pulchrum | 137 |
| 大葉冬青 | タラヨウ | Ilex latifolia Thunb. | 159,189,190 |
| 大葉釣樟 | クロモジ | Lindera umbellata Thunb. | 73,99,160 |
| 大葉醉魚草 | ブッドレア | Buddleja davidii | 164,167,202,203 |
| 大葉藺 | サンカクイ | Scirpus triqueter | 205 |
| 大葉蘚 | カサゴケ | Rhodobryum roseum | 221 |
| 大鄧伯花 | ベンガルヤハズカズラ | Thunbergia grandiflora | 111 |
| 大檜蘚 | ヒノキゴケ | Rhizogonium dozyanum | 221 |
| 女郎花 | オミナエシ | Patrinia scabiosaefolia Fisch. | 195 |
| 小羽團扇葉楓 | コハウチワカエデ | Acer sieboldianum | 95 |
| 小果紫花械 | コハウチワカエデ | Acer sieboldianum Miquel | 73 |
| 小紫珠（白棠子樹） | コムラサキ | Callicarpa dichotoma | 170,208 |
| 小隈竹 | コグマサザ | Sasa glabra 'Minor' | 95,216 |
| 小隈笹 | コグマザサ | Sasa glabra 'Minor' | 213 |
| 小溲疏 | ヒメウツギ | Deutzia gracilis | 96 |
| 小葉桑 | クワ | Morus bombycis Koidz | 199,201 |
| 小葉梣 | コバノトネリコ | Fraxinus langinosa Koidz. | 99,142 |
| 小葉椴樹 | フユボダイジュ | Tilia cordata Mill. | 159 |
| 小葉瑞木 | ヒュウガミズキ | Corylopsis pauciflora | 66,67,95,99,159,169,209 |

| 小蔓長春花 | ビンカミノール | Vinca minor | 167 |
|---|---|---|---|
| 小蘗 | メギ | Berberis kawakamii Hayata | 63,104,130,131,167,199 |
| 四劃 | | | |
| 山杜鵑 | ヤマツツジ | Rhododendron kaempferi | 99,178 |
| 山茱萸 | サンシュユ | Cornus officinalis S. et Z. | 95,167,175 |
| 山菊 | ツワブキ | Farfugium japonicum | 159,197,194,199,213 |
| 山衛矛 | マユミ | Euonymus sieboldianus | 98,149,178,182,195 |
| 山蘇 | オオタニワタリ | Asplenium antiquum Makino | 223 |
| 山蘇鐵 | ヤマソテツ | Plagiogyria matsumurana | 22 |
| 山櫻桃 | ユスラウメ | Prunus tomentosa | 94 |
| 丹桂 | ウスギモクセイ | Osmanthus fragrans var. aurantiacus | 164 |
| 五加木 | ウコギ | Acanthopanax sieboldianum | 201 |
| 五色桐 | ウグイスカグラ | Lonicera gracilipes var. glabra | 179,195,199,201 |
| 五葉黃連 | バイカオウレン | Coptis quinquefolia | 214 |
| 天鵝絨草（高麗芝） | ヒメコウライシバ | Zoysia tenuifolia | 219 |
| 日本七葉樹 | トチノキ | Aesculus turbinata | 159,167 |
| 日本女貞 | ネズミモチ | Ligustrum japonicum Thunb. | 95 |
| 日本石櫟 | マテバシイ | Lithocarpus edulis | 136 |
| 日本冷杉 | モミ | Abies firma | 47,63,78,182,185 |
| 日本辛夷 | コブシ | Magnolia kobus | 94,159,210 |
| 日本花柏 | サワラ | Chamaecyparis pisifera | 223 |
| 日本厚朴 | ホオノキ | Magnolia obovata | 159,165,167 |
| 日本苦竹 | マダケ | Phyllostachys bambusoides | 88,89,138 |
| 日本常山（小臭木） | コクサギ | Orixa japonica | 203 |
| 日本莢迷 | ハクサンボク | Viburnum japonicum | 95 |
| 日本莽草 | シキミ | Illicium religiosum | 160,198,199 |
| 日本紫珠 | ムキサキシキブ | Callicarpa japonica | 95,183,201 |
| 日本紫莖 | ヒメシャラ | Stewartia monadelpha | 90,91,169 |
| 日本椴樹 | シナノキ | Tilia japonica | 174 |
| 日本鳶尾 | シャガ | Iris japonica Thunb. | 95,99,213 |
| 月桂樹 | ゲッケイジュ | Laurus nobilis | 94,160 |
| 木瓜 | カリン | Pseudocydonia sinensis | 94,170 |
| 木芙蓉 | フヨウ | Hibiscus mutabilis | 63,67,83,129,162,163,167 |
| 木曼陀羅 | キダチチョウセンアサガオ | Brugmansia | 199 |
| 木通 | アケビ | Akebia quinata | 100,101,110,111,116,117,173 |
| 木賊 | トクサ | Equisetum hyemale | 223 |
| 木藜蘆 | セイヨウイワナンテン | Leucothoe catesbaei | 213 |
| 木藤蓼 | ナツユキカズラ | Polygonum aubertii | 111 |
| 木蘭 | モクレン | Magnolia liliflora | 162,164 |
| 毛瑞香 | ジンチョウゲ | Daphne odora Thunb. | 159,164,169 |
| 水葵 | ミズアオイ | Ottelia alismoides | 205 |
| 水蔥 | フトイ | Scirpus tabernaemontani | 205 |
| 水燭 | ヒメガマ | Typha angustifolia L. | 205 |

| | | | |
|---|---|---|---|
| 水蠟樹 | イボタ | Ligustrum obtusifolium | 201 |
| 水鱉 | トチカガミ | Hydrocharis dubia | 205 |
| 火棘 | ピラカンサ | Pyracantha coccinea | 95,167,170,201 |
| 五劃 | | | |
| 凹葉柃木 | ハマヒサカキ | Eurya emarginata | 95,184,213 |
| 加拿大唐棣 | ジューンベリー | Amelanchier canadensis | 94,169,173 |
| 加拿利棗椰 | カナリーヤシ | Phoenix canariensis | 75,76,77,82,83,124,192 |
| 北美香柏 | ニオイヒバ | Thuja occidentalis | 95,98,161,184,185,213 |
| 北美香柏<br>（丹妮卡種） | ニオイヒバダニカ | Thuja occidentalis 'Danica' | 229 |
| 北美香柏<br>（金球種） | ニオイヒバゴールデング<br>ローブ | Thuja occidentalis<br>'Globosa Aurea' | 229 |
| 北美香柏<br>（萊茵黃金種） | ニオイヒバラインゴール<br>ド | Thuja occidentalis<br>'Rheinngold' | 229 |
| 北美香柏<br>（綠毬種） | ニオイヒバグリーンコー<br>ン | Thuja occidentalis  'Green<br>Cone', | 229 |
| 北美香柏<br>（歐洲黃金種） | ニオイヒバヨーロッパゴ<br>ールド | Thuja occidentalis<br>'EuropeGold' | 229 |
| 北美藍雲杉 | プンゲンストウヒグロボ<br>ーサ | Picea pungens 'Glauca<br>Globosa' | 229 |
| 北美鵝掌楸 | ユリノキ | Liriodendron tulipifera | 132,159 |
| 卡羅來納茉莉<br>（馬錢科） | カロライナジャスミン | Gelsemium sempervirens | 140 |
| 卡羅萊納茉莉 | カロライナジャスミン | Gelsemiumsempervirens | 100 |
| 卡羅萊納茉莉花 | カロライナジャスミン | Gelsemium sempervirens | 111 |
| 四方竹 | シホウチク | Tetragonocalamus<br>quadrangularis | 95,216 |
| 四照花<br>（山茱萸） | ヤマボウシ | Benthamidia japonica | 45,47,52,59,63,88,89,90,94,95,99,12<br>9,146,148,149,16,169,179,195 |
| 布迪椰子 | ココスヤシ | Butia capitata Becc | 224 |
| 布袋竹 | ホテイチク | Phyllostachys aurea | 227 |
| 布袋蓮 | ホテイアオイ | Eichhornia crassipes | 204,205 |
| 玉簪花 | ギボウシ | Hosta undulata var.<br>erromena | 95,16,194,195 |
| 瓦葦 | ノキシノブ | Lepisorus thunbergianus | 222 |
| 白芨 | シラン | Bletilla striata | 99 |
| 白棠子樹 | コムラサキ | Callicarpa dichotoma | 95 |
| 白樺 | シラカンバ | Betula platyphylla | 174,184 |
| 矢竹 | ヤダケ | Pseudosasa japonica | 216 |
| 石月 | ムベ | Stauntonia hexaphylla | 100,114,191 |
| 石楠花 | シャクナゲ | Rhododendron<br>degronianum Carr. | 129,143 |
| 立寒椿 | タチカンツバキ | Camellia x hiemalis cv.<br>Tachikantsubaki | 167 |
| 交讓木 | ユズリハ | Daphniphyllum<br>macropodum | 122,188,210 |
| 六劃 | | | |
| 光蠟樹 | シマトネリコ | Iris japonica | 90,91,95,99,105,159,190,191,209,21<br>3 |
| 全緣貫眾蕨 | オニヤブソテツ | Cyrtomium falcatum | 222 |
| 吊鐘花 | ドウタンツツジ | Enkianthus perulatus | 95,159,177,204 |
| 地中海柏木 | イタリアンサイプレス | Italian cypress | 228,229 |
| 地錦 | ナツヅタ | Parthenocissus<br>tricuspidata | 100,110,135,199 |

| 多花素馨 | ハゴロモジャスミン | Jasminum polyanthum | 111,164 |
|---|---|---|---|
| 多福南天竹 | オタフクナンテン | Nandina domestica | 153,189 |
| 江戸彼岸櫻 | エドヒガン | Prunus spachiana f.ascendens | 167 |
| 百子蓮 | アガパンサス | Agapanthus | 95,105,167,213 |
| 百里香 | タイム | Thymus vulgaris L. | 106,226 |
| 百慕達草 | コロニアルベントグラス | Agrostis tenuis | 218,219 |
| 西伯利亞草 | クリーピングベントグラス | Agrostis stolonifera | 219 |
| 西南衛矛 | マユミ | Euonymus hamiltonianus | 63,98,99,126,178,195,213 |
| 西洋石楠花 | セイヨウシャクナゲ | Rhododendron cv | 167 |
| 西洋柊 | セイヨウヒイラギ | Ilex aquifolium | 99 |
| 西洋草坪 （寒帯草坪） | セイヨウシバ | Cool season turfgrass | 185 |
| 西洋蓍草 | セイヨウノコギリソウ | Achillea millefolium L. | 227 |
| 西番蓮 | トケイソウ | Passiflora caerulea | 111 |
| 七劃 | | | |
| 伽羅木 | キャラボク | Taxus cuspidata var. unbraculifera | 47,181,228 |
| 佛手柑 | ベルガモット | Citrus × bergamia | 227 |
| 含笑花 | カラタネオガタマ | Michelia figo Spreng. | 107,165,213 |
| 含羞草 | ミモザ | Mimosa pudica | 58,195 |
| 夾竹桃 | キョウチクトウ | Nerium indicum | 55,63,77,78,79,83,113,133,135,198,199 |
| 扶桑花 | ハイビスカス | Hibiscus cv | 167 |
| 扶桑花 | ハイビスカス | Hibiscus cv | 190 |
| 杉樹 | スギ | Cryptomeria japonica | 88,89,95 |
| 杜若 | カキツバタ | Iris laevigata Fisch. | 195,201 |
| 杜英 | ホルトノキ | Elaeocarpus sylvestris var.ellipticus | 83,156 |
| 杜鵑草 | ホトトギス | Tricyrtis | 194 |
| 杞柳 | イヌコリヤナギ | Salix integra | 205,207 |
| 秀雅杜鵑 | ヒカゲツツジ | Rhododendron keiskei | 95 |
| 豆瓣黄楊 | マメツゲ | Ilex crenata var.convexa | 177,196 |
| 貝利氏相思樹 | ギンヨウアカシア | Acacia baileyana | 187 |
| 里櫻 | サトザクラ | Prunus lannesiana var. lannesiana | 169 |
| 兔兒草 | ヤブレガサ | Syneilesis palmata | 195 |
| 八劃 | | | |
| 刺桐 | デイゴ | Erythrina variegata | 167 |
| 刺楸 | ハリギリ | Kalopanax pictus | 199 |
| 孟宗竹 | モウソウチク | P. heterocycla f. pubescens | 82,83,132,211 |
| 昆欄樹 | ヤマグルマ | Trochodendron aralioides | 213 |
| 松田氏莢迷 | オトコヨウゾメ | Viburnum phlebotrichum Sieb. et Zucc. | 95,167,171,179,207 |
| 松球 | マツボックリ | conifer cone | 228 |
| 松葉菊 | マツバギク | Lampranthus spectabilis | 106,167 |
| 松樹 | マツ | Pinus thunbergii Parl. | 90,91 |
| 枇杷 | ビワ | Eriobotrya japonica | 63,83,172,173,199 |
| 法桐 （三球懸鈴木） | スズカケノキ | Platanus orientalis | 175 |

| | | | |
|---|---|---|---|
| 法國長梗薰衣草 | フレンチラベンダー | Lavandula dentata | 187 |
| 法國梧桐（二球懸鈴木） | プラタナス | Platanus × ace ビ rifolia | 47,175 |
| 法國薰衣草 | フレンチラベンダー | Lavandula stoechas | 165 |
| 爬地柏 | ハイビャクシン | Juniperus chinensis var. procumbens | 184,209 |
| 狗牙根 | ギョウギシバ | Cynodon dactylon | 219 |
| 肯塔基藍草 | ケンタッキーブルーグラス | Kentucky bluegrass | 219 |
| 花柏 | サワラ | Chamaecyparis pisifera | 126,229 |
| 花葉複葉槭 | ネグンドカエデオーレオマルギナタム | Acer negundo 'Aureomarginatum' | 229 |
| 虎耳草 | ユキノシタ | Saxifraga stolonifera Meerburg | 159 |
| 金合歡 | ギンヨウアカシア | Acacia baileyana | 167 |
| 金明孟宗竹 | キンメイモウソウチク | P. heterocycla f. bicolor | 217 |
| 金芽伽羅木 | キンキャラ | Taxus cuspidata ver. nana'Gold' | 228 |
| 金桂 | キンモクセイ | Osmamthus fragrans var. thunbergii | 44,45,55,59,63,67,79,81,97,107,113,126,135,137,164,165,168,169 |
| 金雀兒 | エニシダ | Cytisus scoparius Cytisus | 47,.59,63,69,167 |
| 金絲桃 | ビヨウヤナギ | Hypericum chinense | 159 |
| 金銀花 | スイカズラ | Lonicera japonica Thunb. | 116,140 |
| 金銀蓮花 | ガガブタ | Nymphoides indica | 205 |
| 金線海棠 | ビヨウヤナギ | Hypericum monogynum | 169 |
| 金髮蘚 | ウマスギゴケ | Polytrichum commune | 221 |
| 金鍊花 | キングサリ | Laburnum anagyroides | 166 |
| 金邊胡頹子 | グミギルトエッジ | Elaeagnus ×ebbingei 'Gilt Edge' | 213 |
| 長春藤葉槭 | ミツテカエデ | Acer cissifolium | 159 |
| 長春藤類 | ヘデラ類 | Hedera helix | 63,89,95,113,117,137,140,190,191 |
| 長葉草 | ケンタッキーブルーグラス | Poa pratensis | 218 |
| 雨久花 | サワギキョウ | Monochoria korsakowii | 205 |
| 青苦竹 | アズマネザサ | Pleioblastus chino | 178 |
| 青莢葉 | ハナイカダ | Helwingia japonica | 170,182 |
| 九劃 | | | |
| 冠蕊木 | コゴメウツギ | Stephanandra incisa | 95,159,178,189 |
| 南五味子 | ビナンカズラ | Kadsura japonica Dunal | 111 |
| 南天竹 | ナンテン | Nandina domestica Thunb. | 92 |
| 南洋杉 | シマナンヨウスギ | Araucaria excelsa | 95 |
| 厚皮香 | モッコク | Ternstroemia gymnanthera | 45,59,69,79,90,91,97,123,127,133,135,137,143,152,153,155,180,181 |
| 厚朴 | ホオノキ | Magnolia obovata | 171 |
| 垂枝梅 | シダレウメ | Prunus mumevar. pendula | 177 |
| 垂花紅千層 | ブラッシノキ | Callistemon speciosus | 113 |
| 垂柳 | シダレヤナギ | Salix babylonica | 159,177 |
| 垂絲海棠 | ハナカイドウ | Malus halliana | 95,167,199,203 |
| 垂絲衛矛 | ツリバナ | Euonymus oxyphyllus | 98 |
| 垂絲櫻 | シダレザクラ | Prunus spachiana f.spachiana | 167,177 |

| 姥芽櫟 | ウバメガシ | Quercus phillyraeoides | 54,55,58,60,63,76,77,78,79,82,97,213 |
|---|---|---|---|
| 挖耳草 | ミミカキグサ | Utricularia bifida | 205 |
| 星花木蘭 | シデコブシ | Magnolia tomentosa Thunb. | 95,163 |
| 枸骨 | チャイニーズホーリー | Ilex cornuta | 131 |
| 枹樹 | コナラ | Quercus serrata Murray | 98 |
| 枹櫟 | コナラ | Quercus serrata | 174,178,182,198 |
| 柃木 | ヒサカキ | Eurya japonica | 93,95,179,182,200,201,210 |
| 染井吉野櫻 | ソメイヨシノ | Prunus yedoensis Matumura | 162,201 |
| 柳薄荷 | ヒソップ | Hyssopus officinalis L. | 227 |
| 毒豆 | キングサリ | Laburnum anagyroides | 111 |
| 毒空木 | ドクウツギ | Coriaria japonica | 199 |
| 洋玉蘭 | タイサンボク | Magnolia grandiflora | 159,165,166,167,189 |
| 洋甘菊 | カモミール | chamomile | 226 |
| 洛神花 | ハイビスカス　ローゼル | Roselle、Hibiscus sabdariffa | 227 |
| 珊瑚樹 | サンゴジュ | Viburnum odoratissimum | 45,47,77,78,79,83,84,85,105,126,132,133,135,136,137,170 |
| 珍珠花 | ユキヤナギ | Spiraea thunbergii | 45,50,51,59,63,67,95,162,166,167,169 |
| 秋海棠 | シュウカイドウ | Begonia grandis Dryand. | 159 |
| 科羅拉多雲山（蒙哥馬利種） | プンゲンストウヒモンゴメリー | Picea pungens Montgomery | 229 |
| 紅千層 | マキバブラッシノキ | Callistemon rigidus | 113,167,182 |
| 紅花百里香 | クリーピングタイム | Thymusserpyllum | 161,227 |
| 紅芽石楠 | カナメモチ | Photinia glabra | 81,104,105 |
| 紅淡比 | サカキ | Cleyera japonica | 95,174 |
| 紅楠 | タブノキ | Persea thunbergii | 113 |
| 紅蓋鱗毛蕨 | ベニシダ | Dryopteris erythrosora | 222,223 |
| 紅鵝耳櫪 | アカシデ | Carpinus laxiflora | 47,124,178,153,179 |
| 胡椒木 | サンショウ | Zanthoxylum piperitum | 94,199,201,226 |
| 胡頹子 | ナワシログミ | Elaeagnus pungens | 107,193,201 |
| 郁李 | ニワウメ | Prunus japonica | 167 |
| 食茱萸 | カラスザンショウ | Fagara ailanthoides | 199 |
| 香冠柏 | ゴールドクレスト | Cupressus macrocarpa cv.Goldcrest | 177 |
| 香桃木 | ギンバイカ | Myrtus communis | 187 |
| 香棕櫚蘭 | ニオイシュロラン | Cordyline australis | 193 |
| 香葉天竺葵 | ローズゼラニウム | Pelargoniumgraveolens | 227 |
| 倭海棠 | クサボケ | Chaenomeles japonica | 161167 |
| 凌霄花 | ノウゼンカズラ | Campsis grandiflora | 111,167 |
| 凍子椰子 | ヤタイヤシ、ココスヤシ | Butia yatay | 77,83,224 |
| 十劃 | | | |
| 唐棕櫚 | トウジュロ | Trachycarpus wagnerianus | 95,189 |
| 唐棣 | ザイフリボク | Amelanchier asiatica | 207 |
| 夏山茶 | ナツツバキ | Stewartia pseudo-camellia | 89,91 |
| 姬金絲桃 | ヒペリカムカリシナム | Hypericum calycinum | 167 |
| 姬梔子花 | ヒメクチナシ | Gardenia jasminoides Ellis | 208 |

| | | | |
|---|---|---|---|
| 射干 | ヒオウギ | Iris domestica | 43 |
| 栓皮櫟 | アベマキ | Quercus variabilis | 175 |
| 桂櫻 | セイヨウバクチノキ | Prunus laurocerasus | 95,191 |
| 桃樹 | モモ | Prunus persica | 88 |
| 海仙花 | ハコネウツギ | Weigela coraeensis | 95 |
| 海州常山（臭梧桐） | クサギ | Clerodendron trichotomum | 203 |
| 海桐 | トベラ | Pittosporum tobira | 45,47,63,69,75,77,79,83,133,135,136,159,210,211 |
| 海衛矛 | マサキ | Euonymus japonicus | 63,75,77,78,85,95,201 |
| 烏心石 | オガタマノキ | Michelia compressa | 159 |
| 烏來杜鵑 | ヤマツツジ | Rhododendron nudiflorum | 73,99,178,179 |
| 珙桐 | ハンカチツリー | Davidia involucrata | 173 |
| 珠芽慈姑 | アギナシ | Sagittaria aginashi | 211 |
| 皐月杜鵑 | サツキ | Rhododendron indicum (L.) Sweet | 45,47,59,63,68,71,80,91,95,97,103,105,155,163,169,180,181,199,203,209 |
| 窄葉西南紅山茶 | オオバベニガシワ | Camellia pitardii var. yunnanica | 159 |
| 紐西蘭麻 | ニューサイラン | Phormium | 190 |
| 臭牡丹 | ボタンクサギ | Clerodendrum bungei | 63,167 |
| 茱萸類 | グミ類 | Cornus mas | 173 |
| 草珊瑚 | センリョウ | Sarcandra glabra | 95,199,210 |
| 蚊母樹 | ハイノキ | Distylium racemosum | 95,167 |
| 迷你黃金柏 | オウレアナナ | Aurea nana | 228 |
| 針葉樹類 | コニファー | conifer | 99 |
| 馬刀葉椎 | マテバシイ | Lithocarpus edulis | 113 |
| 馬醉木 | アセビ | Pieris japonica | 63,71,79,95,135,167,198,199 |
| 十一劃 | | | |
| 密生刺柏 | ジュベルススエシカ | Juniperus suecica | 228 |
| 密生刺柏（哨兵種） | ジュニベルスセンチネル | Juniperus communis Sentinel | 229 |
| 密生刺柏（黃金海岸種） | ジュニベルスゴールドコースト | Juniperus conferta 'Gold Coast' | 229 |
| 密生刺柏（綠藻種） | ジュニベルススエシカ | Juniperus communis Suecica | 229 |
| 密生刺柏（藍色天堂） | ジュニベルスブルーヘブン | Juniperus communis "Blue Heaven" | 229 |
| 密生刺柏（藍色太平洋種） | ジュベルスブルーパシフィック | Juniperus conferta "Blue -Pacific" | 229 |
| 密生刺柏（藍色太平洋種） | ジュニベルスブルーパシフィック | Juniperus conferta "Blue -Pacific" | 229 |
| 密生刺柏（藍色地毯種） | ジュニベルスブルーカーペット | Juniperus conferta ’Blue carpet' | 229 |
| 常春藤 | ヘデラ | Hedera helix | 89,100,197 |
| 常春藤葉槭 | ミツデカエデ | | 158 |
| 彩葉金絲桃 | ビヨウヤナギ | Hypericum chinense | 167 |
| 接骨木 | ニワトコ | Sambucus sieboldiana | 95 |
| 旌節花 | キブシ | Stachyurus praecox | 99 |
| 梅花草 | イチリンソウ | Parnassia palustris | 195 |
| 梔子花 | クチナシ | Gardenia jasminoides Ellis | 95,164 |
| 梧桐 | アオギリ | Firmiana simplex | 63 |

| 深紅茵芋 | ミヤマシキミ | Skimmia japonica | 198,198 |
|---|---|---|---|
| 清水圓柏 | ミヤマハイビャクシン | Juniperus chinensis var. pacifica | 228,229 |
| 球柏 | タマイブキ | Juniperus chinensis f.globosa | 228 |
| 甜菜 | スイスチャード | Beta vulgaris var. cicla (L.) K.Koch) | 197 |
| 異匙葉藻 | ヒルムシロ | Potamogeton distinctus | 205 |
| 疏葉卷柏 | クラマゴケ | Selaginella remotifolia | 222 |
| 硃砂根 | マンリョウ | Ardisia crenata Sims | 95,199,210 |
| 細梗絡石 | テイカカズラ | Trachelospermum asiaticum | 95,156 |
| 細梗溲疏 | ヒメウツギ | Deutzia gracilis | 47,97 |
| 細葉黃楊 | クサツゲ | Buxus microphylla | 196 |
| 莢迷 | カマズミ | Viburnum dilatatum | 95,170,178,201 |
| 貫月忍冬 | ツキヌキニンドウ | Lonicera sempervirens | 100,111 |
| 貫眾 | ヤブソテツ | Cyrtomium fortunei | 222 |
| 貫眾蕨 | ヤブソテツ | Cyrtomium fortunei var. fortunei | 189,222,223 |
| 貫葉忍冬 | ツキヌキニンドウ | Lonicera sempervirens | 100,111,167 |
| 連香樹 | カツラ | Cercidiphyllum japonicum | 89,94 |
| 野山楂 | サンザシ | Crataegus cuneata | 159 |
| 野村紅葉 | ノムラモミジ | Acer palmatum var. amoenum cv. Sanguineum | 93 |
| 野牡丹科 | ノボタン科 | Melastomataceae | 169 |
| 野芝麻 | ラミューム | Lamium maculatum | 188,189,191 |
| 野芝麻屬 | ラミューム | Lamium | 188,191 |
| 野花菖蒲 | ノハナショウブ | Iris ensata var. spontanea | 205 |
| 野迎春 | ウンナンオウバイ | Jasminum mesnyi | 167 |
| 野春菊 | ミヤコワスレ | Gymnaster savatieri | 195 |
| 野茉莉 | エゴノキ | Styrax japonica | 51,52,63,88,89,90,93,95,96,97,99,107,126,146,167,178,179,198,199,201,213 |
| 野慈姑 | オモダカ | Sagittaria trifolia L. | 205 |
| 野薄荷 | オレガノ | Origanum vulgare | 227 |
| 雪松 | ヒマラヤスギ | Cedrus deodara | 185 |
| 雪花草 | スノードロップ | Galanthus nivalis | 184 |
| 魚刺草 | タヌキモ | Utricularia australis | 205 |
| 麥李 | ニワザクラ | Prunus glandulosa | 167 |
| 麥門冬 | ヤブラン | Liriope platyphylla | 167 |
| 麻葉綉線菊 | コデマリ | Spiraea cantoniensis | 94,167,169 |
| 麻櫟 | クヌギ | Quercus acutissima Carruth. | 45,47,53,59,63,98,148,174,175,178,179,198,199 |
| 十二劃 ||||
| 傘形科 | セリ科 | Apiaceae | 202 |
| 單蓋鐵線蕨（長石生） | ハコネシダ | Adiantum monochlamys | 222,223 |
| 富士櫻 | マメザクラ | Prunus incisa Thunb. ex Murray | 67,95 |
| 富貴草 | フッキソウ | Pachysandra terminalis | 90,95 |
| 寒椿 | カンツバキ | Camellia sasanqua Thunb. | 95 |

| 寒椿<br>（冬紅短柱茶） | カンツバキ | Camellia sasanqua var. fujikon | 163 |
|---|---|---|---|
| 寒葵 | カンアオイ | Heterotropa nipponica | 159,203 |
| 戟葉耳蕨 | ジュウモンジシダ | Polystichum tripteron | 222 |
| 掌葉鐵線蕨 | クジャクシダ | Adiantum pedatum | 222 |
| 斐濟果 | フェイジョア | Feijoa sellowiana | 95,172,192 |
| 棕竹 | シュロチク | Rhapis humilis | 95,189,227 |
| 棣棠花 | ヤマブキ | Kerria japonica DC | 94,95,99,166,169,203 |
| 無花果 | イチジク | Ficus carica L. | 63,173 |
| 無患子 | ムクロジ | Sapindus mukorossi | 199 |
| 猢猻樹 | バオバブ | Adansonia digitata | 230 |
| 筋骨草 | アジュガ | Ajuga reptans | 63,143,167,208 |
| 紫丁香 | ライラック | Syringa vulgaris | 164,167,169 |
| 紫竹（黑竹） | クロチク | Phyllostachys nigra | 95,150,216 |
| 紫花野牡丹 | シコンノボタン | Tibouchina urvilleana | 167,169,191,199 |
| 紫金牛 | ヤブコウジ | Ardisia japonica | 47,73,67,73,93,95,181,211,213 |
| 紫珠 | ムラサキシキブ | Callicarpa japonica | 45,68,69,95,99,171,178,179,201,213 |
| 紫荊花 | ハナズオウ | Cercis chinensis | 159,167,169 |
| 紫馬蘭菊 | エキナセア | Echinacea purpurea | 227 |
| 紫陽花 | ガクアジサイ | Hydrangea macrophylla | 167 |
| 紫薇 | サルスベリ | Lagerstroemia indica | 47,50,51,52,53,63,69,77,83,85,86,169,173,175,203,210 |
| 紫藤 | フジ | Wisteria floribunda | 110 |
| 結縷草 | ノシバ | Zoysia japonica | 113,218 |
| 絲葵 | ワシントンヤシ | Washingtonia filifera H. Wendl | 75,77,82,83,192,224,225 |
| 絲蘭 | ユッカ | Yucca | 77,80,81,103,109 |
| 絲蘭類 | ユッカ類 | Yucca | 113 |
| 腎蕨 | タマシダ | Nephrolepis auriculata | 222,223 |
| 菖蒲 | ショウブ | Acorus gramineus Soland | 205 |
| 華北珍珠梅 | ニワナナカマド | Sorbaria kirilowii | 152 |
| 華盛頓棕櫚 | ワシントンヤシ | Washingtonia filifera | 195,178,230 |
| 菱葉常春藤 | キヅタ | Hedera rhombea | 195,197,205 |
| 萊蘭柏 | レイランドヒノキ | Cupressocyparisleylandii | 105,169,218,219,235 |
| 萊蘭柏<br>（黃金種） | レイランドサイプレス | Cupressocyparis leylandii 'Gold Rider' | 235 |
| 萍蓬草 | コウホネ | Nuphar japonicum | 209 |
| 雲杉類 | トウヒ類 | Picea jezoensis var. hondoensis | 190 |
| 雲實 | ジャケツイバラ | Caesalpinia japonica | 117,125 |
| 黃花木蘭 | マグノリアエリザベス | Magnolia 'Elizabeth' | 173 |
| 黃花菖蒲 | キバナショウブ | Iris pseudacorus | 210 |
| 黃花龍芽草 | オミナエシ | Patrinia scabiosifolia | 57,201 |
| 黃金扁柏 | コノテガシワエレガンテシマ | Thuja orientalis "Elegantissima" | 235 |
| 黃楊 | クサツケ | Buxus microphylla | 105 |
| 黃瑞香 | ミツマタ | Edgeworthia chrysantha | 53,69 |
| 黃褐雲杉 | ブンゲンストウヒホープシー | Picea pungens Hoopsii | 235 |
| 黑荊 | モリシマアカシア | Acacia mearnsii | 58,59 |
| 十三劃 | | | |
| 圓柏 | カイヅカイブキ | Juniperus chinensis | 47,63,77,79,97,104,105,136 |

| 圓扇八寶 | ミセバヤ | Hylotelephium sieboldii | 192,193 |
|---|---|---|---|
| 奥氏虎皮楠 | ヒメユズリハ | Daphniphyllum teijsmannii | 66,67,213 |
| 奥古斯丁草 | セントオーガスチングラス | St. Augustine grass | 219 |
| 慈姑 | オモダカ | Sagittaria trifolia L | 205 |
| 楊梅 | ヤマモモ | Myrica rubra (Lour)Sieb | 45,47,54,55,59,63,68,75,76,77,78,79,83,85,113,126,127,138,141,137,159,213 |
| 楓樹 | カエデ類 | Aceraceae | 94 |
| 業平竹 | ナリヒラダケ | S. fastuosa | 217 |
| 楸子 | ヒメリンゴ | Malus prunifolia | 95 |
| 溲疏 | ウツギ | Deutzia crenata | 94 |
| 瑞竹 | ハチク | Phyllostachys nigra f.henonis | 217 |
| 瑞香 | ジンチョウゲ | Daphne odora | 90,93 |
| 義大利香芹 | イタリアンパセリ | Italian parsley | 197 |
| 萬年青 | オモト | Rohdea japonica Roth | 156 |
| 落霜紅 | ウメモドキ | Ilex serrata | 63,95,137,170 |
| 葉薊 | アカンサス | Acanthus mollis | 167,213 |
| 葉蘭 | ハラン | Aspidistra elatior Bl. | 95 |
| 葛藤 | クズ | Pueraria lobata | 203 |
| 鈴蘭 | スズラン | Convallaria majalis | 185,199 |
| 鼠尾草 | セージ | Salvia officinalis | 199 |
| 十四劃 | | | |
| 夢幻薰衣草 | ラベンダードリーム | Lavendery Dream | 163 |
| 榲桲果 | マルメロ | Cydonia oblonga | 149,172.173. |
| 熊笹 | コグマザサ | Sasa glabra 'Minor' | 100,213 |
| 箒桃 | ホウキモモ | Prunus persica 'Fastigiata' | 88,89 |
| 蒙古櫟 | ミズナラ | Quercus mongolica var. grosseserrata | 159 |
| 銀桂 | ギンモクセイ | Osmanthus fragrans var. latifolius | 164 |
| 銀荊（含羞草科） | フサアカシア（ミモザ） | Acacia dealbata | 186 |
| 銀梅花 | ギンバイカ | Myrtus communis | 226 |
| 銀葉百里香 | タイム | Thymus vulgaris L. | 199 |
| 銀葉常春藤 | ヘデラヘリックス | Hedera helix Glacier | 189 |
| 鳳仙花 | ミヤコワスレ | Impatiens balsamina | 192 |
| 鳳尾草 | イノモトソウ | Pteris multifida | 189 |
| 鳳尾蕨 | イノモトソウ | Pteris multifida | 222 |
| 鳳尾蘭 | アツバキミガヨラン | Yucca gloriosa | 193 |
| 鳳凰木 | ホウオウボク | Delonix regia | 197 |
| 鳶尾 | アヤメ | Iris sanguinea | 195 |
| 十五劃 | | | |
| 墨西哥鼠尾草 | サルビアレウカンサ | Salvia leucantha | 187 |
| 寬葉香蒲 | ガマ | Typha latifolia L. | 204,207 |
| 廣葉南洋杉 | モンキーパズル | Araucaria bidwilli | 192 |
| 德國洋甘菊 | ジャーマンカモミール | German chamomile | 227 |
| 槲樹 | カシワ | Quercus dentata | 199 |
| 歐洲赤松 | オウシュウアカマツ | Pinus sylvestris | 184 |
| 歐洲紫杉（長靴種） | ヨーロッパイチイファスティギアータ | Taxus baccata 'Fastigiata' | 229 |

| 歐洲雲杉 | ドイツトウヒ | Picea abies | 184,229 |
|---|---|---|---|
| 熨斗蘭 | ノシラン | Ophiopogon jaburan | 105,167 |
| 線葉黃金柏 | フィリフェラオーレアナナ | Chamaecyparis pisifera Filifera Aurea | 228 |
| 蓪草 | カミヤツデ | Tetrapanax papyriferus | 189 |
| 蓮華杜鵑 | レンゲツツジ | Rhododendron molle subsp.japonicum | 73,167,198,199 |
| 蓴菜 | ジュンサイ | Brasenia schreberi | 205 |
| 蔦蘿 | ルコウソウ | Quamoclit pennata | 111 |
| 蝦夷赤松 | アカエゾマツ | Picea glehnii | 184,212 |
| 蝦夷松 | エゾマツ | Picea jezoensis | 184 |
| 蝴蝶灌木 | バタフライブッシュ | Butterfly bush | 202 |
| 衛矛 | ニシキギ | Euonymus alatus | 93,143 |
| 醉魚草 | ブットレア | Buddleja | 95,187 |
| 醉蝶花 | クレオメ | Cleome | 203 |
| 鋪地柏 | ハイビャクシン | Juniperus procumben | 113,184,209,213 |
| 齒葉木樨 | ヒイラギモクセイ | Osmanthus × fortunei | 97,104,131,164,169 |
| 齒葉冬青 | イヌツゲ | Ilex crenata | 59,63,84,95,99,127,213 |
| 齒葉溲疏 | ウツギ | Deutzia crenata | 63,68,94,95,97 |
| **十六劃** | | | |
| 橄欖 | オリーブ | Olea europaea | 59,63,68,77,81,83,84,95,108,109,113,159,186,187 |
| 橡樹類 | カシ類 | Quercus acuta | 198 |
| 澤八繡球 | ヤマアジサイ | Hydrangea serrata | 195 |
| 燈台草（澤漆） | トウダイグサ | Euphorbia helioscopia | 193 |
| 錐栗 | スダジイ | Castanopsis sieboldii | 137,198 |
| 錦葵 | マロウ | Malva sylvestris | 227 |
| 錦繡杜鵑 | ヒラドツツジ | Rhododendron × pulchrum | 47,77,91,95,107,127,137,143,157,159,172,213 |
| 頭花蓼 | ヒメツルソバ | Polygonum capitatum | 167 |
| 髭脈榿葉樹 | リョウブ | Clethra barbinervis | 59,63,95,96.99 |
| 龍膽草 | リンドウ | Gentiana scabra Bunge var. orientalis Hara | 195 |
| 龜甲竹 | キッコウチク | Phyllostachys heterocycla | 95 |
| 檉柳 | ギョリュウ | Tamarix chinensis | 113 |
| **十七劃** | | | |
| 檜柏 | カイヅカイブキ | Juniperus chinensis 'Kaizuka' | 104,105,178,185 |
| 磯菊 | イソギク | Chrysanthemum pacificum | 81,193 |
| 穗花杜荊 | セイヨウニンジンボク | Vitex agnus-castus L. | 161,167,227 |
| 糙葉樹 | ムクノキ | Aphananthe aspera | 201 |
| 薊草類 | アザミ類 | Cirsium | 199 |
| 薏苡 | ジュズダマ | Coix lacryma-jobi L. | 199 |
| 薔薇 | ノイバラ | Rosa multiflora | 26,199,201 |
| 闊葉麥門冬 | ヤブラン | Liriope muscari (Deane.) Bailey | 42,47,63,67,73,95,96,97,101,102,103,145,157,159,167,178,179,181,213 |
| 韓國草 | コウライシバ | Zoysia matrella | 158,183,218,219 |
| **十八劃** | | | |
| 檸檬草 | レモンバーム | lemon balm | 227 |
| 繡球花 | アジサイ | Hydrangea macrophylla | 94,84,163,167,199 |
| 繡線菊 | ホザキシモツケ | Spiraea salicifolia | 95 |

| 薰衣草 | ラベンダー | Lavandula angustifolia | 86,87,161,165,167,221,227 |
|---|---|---|---|
| 藍花鼠尾草 | サルビアグアラニティカ | Salvia guaranitica | 187 |
| 藍莓 | ブルーベリー | Vaccinium sp. | 187 |
| 藍雪花 | ルリマツリ | Plumbago auriculata | 111,167 |
| 藍葉雲杉 | プンゲンストウヒ | Picea pungens Engelm | 184 |
| 藍鐘花 | シラー | Scilla hispanica | 185 |
| 覆輪侘助 | ワビスケ | Camellia wabisuke | 167 |
| 雞爪槭 | イロハモミジ | Acer palmatum | 42,45,47,52,55,63,85,96,97,142,143,152,181,199 |
| 雞冠刺桐 | アメリカデイゴ | Erythrina crista-galli | 167 |
| 鵝耳櫪 | イヌシデ | Carpinus tschonoskii | 45,59,69,98,99,123,174,175,178,180,209 |
| 鵝掌草 | ニリンソウ | Anemone flaccida | 195 |
| 十九劃 ||||
| 羅漢松 | イヌマキ | Podocarpus macrophyllus | 35,45,47,72,75,76,77,83,95,96,97,105,113,126,132,1323,167,181 |
| 羅漢柏 | アスナロ | Thujopsis dolabrata | 59,95,212,223 |
| 臘梅 | ロウバイ | Chimonanthus praecox | 63,165,165,167,169 |
| 關山櫻 | カンザン | Prunus lannesiana Wils. cv. Sekiyama | 167 |
| 霧島杜鵑 | キリシマツツジ | Rhododendron obtusum | 95,203 |
| 二十劃 ||||
| 懸鈴木 | プラタナス | Platanus | 175 |
| 糯米樹 | オトコヨウゾメ | Viburnum phlebotrichum | 95,167,170,178,207 |
| 繼木 | トキワマンサク | Loropetalum chinense Oliv. | 159 |
| 蘆生杉 | ダイスギ | Cryptomeria japonica var. radicans | 176 |
| 蘆葦 | ヨシ | Phragmites communis | 204,207 |
| 蘆葦屬 | ヨシ（アシ） | Phragmites communis | 244 |
| 二十一劃 ||||
| 櫸木 | ケヤキ | Zelkova sarrata Makino | 47,53,54,55,59,60,63,73,80,85,89,95,122,144,145 |
| 櫻桃李 | ヒメリンゴ | Malus ×cerasifera | 45,93,172,173,199 |
| 櫻桃鼠尾草 | チェリーセージ | Salvia greggii | 167 |
| 蘘荷 | ミョウガ | Zingiber mioga Rosc. | 226 |
| 蠟梅 | ロウバイ | Chimonanthus praecox | 165 |
| 蠟瓣花 | トサミズキ | Corylopsis spicata | 165 |
| 鐵夫頓草 | ティフトンシバ | Tifton | 218,219 |
| 鐵絨草 | バミューダグラス | Bermuda Grass | 219 |
| 鐵線蓮 | クレマチス | Clematishybrida | 111 |
| 二十二劃 ||||
| 彎葉畫眉草 | ウィーピングラブグラス | Eragrostis curvula | 219 |
| 二十三劃 ||||
| 欒樹 | モクゲンジ | Koelreuteria paniculata | 167 |
| 二十四劃 ||||
| 鷺草 | サギソウ | Pecteilis radiata | 205 |

國家圖書館出版品預行編目(CIP)資料

住宅植栽 / 山崎誠子作；施金英譯. -- 修訂一版. -- 臺北市：易博士文化, 城邦文化出版：
家庭傳媒城邦分公司發行, 2019.07

　　面；　公分

譯自：世界で一番やさしい住宅用植栽

ISBN 978-986-480-082-7(平裝)
1.盆栽 2.園藝學 3.家庭佈置

435.11　　　　　　　　　　　　　　　　　　　　　　108006386

DO3310

# 住宅植栽：110個栽植重點與主題設計╳
植栽選用規劃全圖解

原 著 書 名 ／ 世界で一番やさしい住宅用植栽　增補改訂カラー版
原 出 版 社 ／ X-Knowledge
作　　　者 ／ 山崎誠子
譯　　　者 ／ 施金英
選 書 人 ／ 蕭麗媛
執 行 編 輯 ／ 涂逸凡、呂舒峮

業 務 經 理 ／ 羅越華
總 編 輯 ／ 蕭麗媛
視 覺 總 監 ／ 陳栩椿
發 行 人 ／ 何飛鵬
出　　　版 ／ 易博士文化
　　　　　　　城邦文化事業股份有限公司
　　　　　　　台北市中山區民生東路二段141號8樓
　　　　　　　電話：（02）2500-7008　傳真：（02）2502-7676
　　　　　　　E-mail: ct_easybooks@hmg.com.tw
發　　　行 ／ 英屬蓋曼群島商家庭傳媒股份有限公司城邦分公司
　　　　　　　台北市中山區民生東路二段141號11樓
　　　　　　　書虫客服服務專線：（02）2500-7718、2500-7719
　　　　　　　服務時間：週一至週五上午09:30-12:00；下午13:30-17:00
　　　　　　　24小時傳真服務：（02）2500-1990、2500-1991
　　　　　　　讀者服務信箱：service@readingclub.com.tw
　　　　　　　劃撥帳號：19863813
　　　　　　　戶名：書虫股份有限公司
香港發行所 ／ 城邦（香港）出版集團有限公司
　　　　　　　香港灣仔駱克道193號東超商業中心1樓
　　　　　　　電話：（852）2508-6231　傳真：（852）2578-9337
　　　　　　　E-mail：hkcite@biznetvigator.com
馬新發行所 ／ 城邦（馬新）出版集團Cite(M) Sdn. Bhd.
　　　　　　　41, Jalan Radin Anum, Bandar Baru Sri Petaling,
　　　　　　　57000 Kuala Lumpur, Malaysia.
　　　　　　　電話：（603）90578822　傳真：（603）90576622
　　　　　　　E-mail：cite@cite.com.my

美 術 編 輯 ／ 羅凱維
封 面 構 成 ／ 陳姿秀
製 版 印 刷 ／ 卡樂彩色製版印刷有限公司

SEKAI DE ICHIBAN YASASHII JYUTAKUYO SHOKUSAI ZOUHO KAITEI COLOR BAN
© MASAKO YAMAZAKI 2013
Originally published in Japan in 2013 by X-Knowledge CO., Ltd.
Chinese（in complex character only）translation rights arranged with
X-Knowledge CO.,Ltd.

■2015年03月24日　初版
■2019年07月09日　修訂一版
ISBN 978-986-480-082-7

定價800元　HK＄267

城邦讀書花園
www.cite.com.tw